MATHEMA
&
APPLICATIONS

Directeurs de la collection:
X. Guyon et J.-M. Thomas

38

Springer

Paris
Berlin
Heidelberg
New York
Barcelone
Hong Kong
Londres
Milan
Tokyo

Jean François Maurras

Programmation Linéaire, Complexité

Séparation et Optimisation

Springer

Jean François Maurras
Faculté des Sciences de Luminy
Laboratoire d'Informatique Fondamentale
163, Avenue de Luminy
13288 Marseille Cedex 9
France

maurras@lim.univ-mrs.fr

Mathematics Subject Classification 2000: 05Cxx, 11H06, 11J13, 52B55
65Y99, 68Q05, 68Q25, 90C05, 90C10, 90C25, 90C27

ISBN 3-540-43671-5 Springer-Verlag Berlin Heidelberg New York

Springer-Verlag Berlin Heidelberg New York
est membre du groupe BertelsmannSpringer Science+Business Media GmbH.
© Springer-Verlag Berlin Heidelberg 2002
http://www.springer.de
Imprimé en Allemagne

Imprimé sur papier non acide   SPIN: 10763008   41/3142/So - 5 4 3 2 1 0 -

Préface

You are indebted to Maurras for the low cost of your electricity. Since the sixties he has designed specially structured linear programming methods for efficient distribution of power in France. Some of them are published in [59].

Maurras insisted back then that he wanted to change from engineering to academic math so that he could return from Paris to his beloved Marseilles. I still look at a rock which I picked up when he took me hiking high over the kulunks of Luminy and pointed to where his University would someday be. Clearly however, his love for math, such as the contents of this book, was as important.

At that time, not many people took an interest in trying to find polytime algorithms, that is algorithms known to have running time bounded by some polynomial function of the input size. Does there, or does there not, exist a polytime algorithm for whatever– such as :

1. "the node-packing problem" : deciding whether or not a given independent set J of nodes, in a given graph G, is a largest independent set of nodes in G ;

2. "linear programming problem" : deciding whether or not a given solution of a given system of linear inequalities maximizes a given linear function over solutions of the system.

Thanks to the theorem of Steve Cook in North America, and Leonid Levin in Russia, around 1970, question (1) became famous in the difficult-to-understand form, "Does $\mathcal{P} = \mathcal{NP}$?", and computing theory as we know it began with a vengeance. In this sophisticated form, question (1) is now recognised as the biggest open question in mathematics.

By the mid seventies there was still no known polytime algorithm for linear programming. Maurras took a new approach to the subject and had some remarkable success. A matrix is called *tum* (totally unimodular) if every submatrix determinent, including the entries, is 0, 1, or -1. A *tum* LP is a linear program whose matrix of coefficients is *tum*. The objective coefficients and the constant "right hand sides" can be anything. Network flow problems are *tum* LPs, and they were well-solved, but general *tum* LPs were not - not until Maurras did it in 1977.

Then in 1979 a super nova exploded out of Russia. Khachian had discovered that a simple "ellipsoid-volume" algorithm for linear programming was polytime. Though the algorithm had been known, except for numerical details, in Russian non-linear programming circles, possibly no one but Khachian dreamed that it might be an interesting approach to linear programming. Possibly no one else who knew of the approach realized that a polytime algorithm for linear programming would be of interest. Along with probably everyone in the west, I was indeed shocked that such a ridiculous method finally answered for linear programming our favorite question, is there a polytime algorithm.

Kitchener, february 2002   *Jack Edmonds*

Avant-propos

Le sujet de cet ouvrage est la complexité des algorithmes et la programmation linéaire. Le chapitre "Digression" de l'article "Paths, Trees, and Flowers" de Jack Edmonds est généralement considéré comme fondateur de la théorie de la complexité des algorithmes. Dans cet article, Jack Edmonds utilise des arguments de programmation linéaire pour résoudre le problème du couplage de cardinal maximum, et justifier son algorithme. Il a, par la suite, intensivement utilisé ces arguments pour justifier des algorithmes polynomiaux résolvant des problèmes d'optimisation combinatoire. Il a fait école auprès de tous les chercheurs de ce domaine.

En complexité, les problèmes polynomiaux, ceux de la classe $\mathcal{P}$, sont tous polynomialement équivalents. Notre propos, ici, est de montrer qu'il y en a de "plus équivalents" que d'autres. Le résultat principal de cet ouvrage dit que lorsque l'on sait au moyen d'un plan, *séparer* (polynomialement) un point d'un polyèdre, on sait (polynomialement) *maximiser une fonction linéaire* sur ce polyèdre. On obtient ainsi un algorithme général pour résoudre, polynomialement, la plupart des problèmes d'optimisation combinatoire.
En un certain sens, savoir séparer, décrire un oracle (algorithme) séparateur polynomial, permet de résoudre ces problèmes. En ce sens on réduit polynomialement la plupart des problèmes combinatoires à la programmation linéaire qui est alors "plus polynomiale" que les autres problèmes polynomiaux.
Il ne faut pas oublier que le simple fait de ne pas savoir fournir de plan séparateur nous informe que ce point appartient au polyèdre ; inversement le plan séparateur est une preuve que ce point n'appartient pas au polyèdre. Dans l'avant dernier chapitre nous montrons que, sous certaines conditions relativement peu restrictives, cette simple connaissance permet, lorsque le point n'appartient pas au polyèdre, de construire polynomialement un plan séparateur.

De nombreux ouvrages traitent de ce sujet, ils sont souvent très bons. J'aurais pu proposer de les traduire dans la mesure où le (ou les) auteur(s) m'y auraient autorisé, voire encouragé. Je ne l'ai pas fait. Je vais essayer d'expliquer pourquoi j'ai préféré écrire mon propre texte.

Les ouvrages dont je viens de parler sont destinés à un public de chercheurs confirmés en optimisation polyédrique. Je voulais m'adresser à des chercheurs débutants, des étudiants de DEA par exemple. Je voudrais m'adresser aussi à des chercheurs non spécialistes de cette discipline.

Un étudiant qui sort de *DEUG*, **doit**, par exemple, savoir qu'*une matrice symétrique (définie positive) est diagonalisable,* en tout cas il est supposé le savoir. L'expérience prouve que les notions que l'on ne manipule pas régulièrement s'oublient. J'ai voulu que le lecteur curieux et sceptique, celui qui a besoin de comprendre le pourquoi des choses, ne soit pas rebuté par des affirmations comme celle que je viens de citer. Cependant, dans ces rappels, je me suis strictement limité à ceux qui étaient nécessaires dans le contexte de cet ouvrage.

D'autre part, j'ai essayé d'éviter les phrases du style : L'affirmation précédente se déduit aisément du lemme... et de l'inégalité... Je pense à un exemple très précis d'un des meilleurs ouvrages sur le sujet. Que signifie une telle phrase ? Le plus souvent elle peut se traduire par : Je suis sûr de ce résultat. Je pourrais sans doute le démontrer à partir du lemme... et de l'inégalité... pour l'instant je ne vois pas bien la démonstration. Je ne suis, bien entendu, pas à l'abri de ce type de critique. J'ai essayé de placer mon évidence à un niveau plus élémentaire .

Une deuxième raison, est que mon objectif est un peu différent de celui de ces auteurs. Le leur, est d'exposer le résultat fondamental de programmation combinatoire : *séparer polynomialement est équivalent à optimiser polynomialement.* Lorsque c'est possible, ils énoncent ces résultats, ainsi que leurs conséquences, dans le cadre des convexes.

Je me limite aux polyèdres tout en commençant par un développement complet des bases de la complexité des algorithmes. Je n'oublie cependant jamais le problème : *séparation polynomiale implique optimisation polynomiale.*

Lorsque l'on parle de complexité sur un plan théorique, on suppose que les algorithmes sont des *Machines de Turing* à une bande. D'un autre côté, la plupart des algorithmes sont décrits dans un langage (algorithmique) qui peut (assez) facilement se traduire en Pascal ou en C. On fait toujours l'hypothèse implicite que l'on saurait les traduire en "Machines de Turing".

J'ai voulu éclairer cette traduction dans notre contexte :

  1. nos algorithmes sont finis,

  2. on connaît, a priori, une borne du nombre d'étapes de nos algorithmes.

Il se trouve que ces hypothèses simplifient le passage d'une machine de Turing à plusieurs bandes à celle à une bande. Il se trouve aussi que les machines de Turing à plusieurs bandes sont assez proches des programmes écrits en C ou en Pascal. Nous développons donc minutieusement les notions de base de complexité des algorithmes. Nous décrivons aussi de façon très détaillée la méthode du Simplexe et ses conséquences.

J'ai pris, autant que faire se peut, le point de vue informatique. Les objets dont je parle, sont, le plus souvent, représentés. Lorsque l'objectif est, comme ici, de proposer des résultats de complexité, la façon de représenter les objets manipulés est fondamentale. Lorsqu'un mathématicien va parler de limite d'une série réelle, l'informaticien va proposer de construire, pour l'entier n donné, une approximation à 10^{-n} de cette limite. De même pour l'informaticien, les indices des lignes et des colonnes d'une matrice, ainsi que leurs ensembles, ont un sens. Dans la description de celles-ci, nous nous sommes efforcé de toujours rappeler les ensembles qui les numérotent. De ce fait les algorithmes que nous décrivons seront sans doute plus facilement implémentables. Il est cependant des cas où, pour alléger l'écriture, nous dérogeons à ces principes. Ce peut être le cas lorsque nous voulons établir une propriété mathématique. C'est le cas lorsque nous estimons le quotient des volumes des deux ellipsoïdes E_k et E_{k+1} dans la section (10.2.1) du chapitre (10).

Cet ouvrage n'aurait pas pu voir le jour sans l'aide d'un certain nombre de personnes, Jack Edmonds bien sûr pour tout ce qu'il m'a apporté , Michel Kovalev, Dominique Fortin, Jean Fonlupt, Vašek Chvátal, Jacques Wolfmann, Jacques Gispert, Yann Vaxès, Viet Hung Nguyen, Michel Minoux, les lecteurs-rapporteurs anonymes, Xavier Guyon directeur de la collection, sans oublier Béatrice qui a relu plusieurs fois ce texte.

J'ai longtemps enseigné, à différents niveaux, des parties de cet ouvrage. J'ai voulu rafraîchir mes notes. Cette rédaction a été effectuée, en un certain sens, en un seul jet. Elle devrait avoir, une unité de sujet, une unité de style, une unité de notation...

Marseille, octobre 2001,   *Jean François Maurras*

Table des matières

1 Introduction

Une ménagère économe part faire son marché quotidien et se propose d'acheter diverses denrées alimentaires prises dans la liste C suivante :

$C = \{carottes, poireaux, pommes\ de\ terre, céleri, choux\ vert, pâtes, riz,$
    $poulet, bifteck, pot\ au\ feu, carré\ d'agneau, petite\ friture, sars, rougets,$
    $pageots, pommes, bananes, oranges, fraises, abricots, cerises\}$

On note $x(a)$ la quantité de a achetée (ex. $x(sars)$). On remarque que ces quantités sont non-négatives (notre ménagère ne peut qu'acheter !). De plus chacun de ces produits a un coût unitaire f (ex. $f(sars)$). Notre ménagère veut, d'autre part, que son marché satisfasse aux différentes conditions caloriques, diététiques et de goût de la liste L suivante :

$L = \{calories, vitamine\ a, vitamine\ b, vitamine\ c, vitamine\ d, vitamine\ b1,$
    $protides, protides\ de\ poisson, glucides, lipides, fruits\}$

Pour ce faire elle va imposer aux quantités achetées des conditions, à savoir d'apporter globalement au moins la quantité b de chacun des éléments de la liste précédente (ex. $b(lipides)$). On dispose d'autre part d'un tableau A exprimant les quantités unitaires des différents éléments de la liste L apportées par les éléments de la liste C (ex. 1kg de sar apporte $A(sars, calories)$ calories). À chaque élément l de L correspond donc une inégalité :

$$\sum_{c \in C} A(l,c)x(c) \geq b(l). \tag{1.1}$$

De plus notre ménagère veut que son marché soit de coût minimum. Elle a donc à résoudre le problème suivant :

$$\begin{cases} \min f(C)x(C), \\ A(L,C)x(C) \geq b(L), \\ x(C) \geq 0. \end{cases} \tag{1.2}$$

C'est un Programme Linéaire (PL en abrégé).

La méthode du Simplexe introduite en 1948 par G.B. Dantzig s'est avéré très efficace dans la pratique. Un grand nombre de variantes ont été décrites, parmi lesquelles nous mentionnerons la méthode de relaxation des contraintes et celle de génération de colonnes. L'étude des problèmes de complexité des algorithmes est née dans l'environnement immédiat des problèmes de programmation linéaire. Jusqu'à la fin des années 70 le statut du problème de programmation linéaire est inconnu : "Polynomial ?" ou simplement "$\mathcal{NP}$ et Co$\mathcal{NP}$". En 1978 j'ai décrit une méthode de point intérieur qui résout en temps polynomial les programmes linéaires à matrice totalement unimodulaire. L'année d'après Khachiyan résout le problème général au moyen d'une autre méthode de point intérieur. Ces deux méthodes ne nécessitent pas la connaissance explicite de toutes les inégalités du problème linéaire. Comme dans la méthode de relaxation, un moyen polynomial de reconnaître une inégalité violée suffit.

Rapidement de nombreux auteurs se rendent compte que l'algorithme de Khachiyan a de nombreuses applications en combinatoire. De nombreux algorithmes par oracles polynomiaux sont alors décrits. Parmi ceux-ci, le plus utilisé est "optimiser à partir de séparer" dont la version la plus élaborée est due à Grötschel, Lovász et Schrijver. Un nombre impressionnant d'applications de ce résultat sont décrites. Certains résultats combinatoires n'ont actuellement que cet algorithme général pour les résoudre. Son utilisation est cependant délicate.

Le sujet principal de cet ouvrage est une description que nous espérons complète de ce résultat et de la construction associée ; nous montrons aussi que, inversement, l'oracle "séparer" se réduit à l'oracle "optimiser". Nous montrons enfin une réduction "naturelle" de l'oracle "séparer" à l'oracle "appartenir". Chaque fois que c'est possible, nous décrivons les liens de ces problèmes avec les grandes questions : "$\mathcal{P}$ est-il égal à $\mathcal{NP}$?" et "$\mathcal{NP}$ est-il égal à Co$\mathcal{NP}$?".

2 Notations et rappels

2.1 Définition d'une matrice

On se propose dans ce chapitre de rendre cet ouvrage aussi autonome que possible. Celui qui dans un passé plus ou moins éloigné aura connu et approfondi les notions d'espace vectoriel, de matrice, de déterminant de diagonalisation, pourra y trouver matière à rafraîchir ses connaissances. La présentation de ces notions y est cependant complète.

Définition 2.1 *Soient R un anneau, L(lignes) et C(colonnes) deux ensembles finis, $|L| < \infty, |C| < \infty$ (le cardinal de L est noté $|L|$). On appelle matrice A sur R une application de $L \times C$ dans R.*

Ceux que le mot anneau rebuterait peuvent le remplacer par $\mathbb{Z}$, l'ensemble des entiers relatifs. Ils peuvent aussi, dans le contexte de ce cours, le remplacer par corps. Ils peuvent enfin le remplacer par $\mathbb{R}$, le corps des réels. Personnellement, je préférerais $\mathbb{Q}$, le corps des nombres rationnels. En d'autres termes, une matrice A est une famille d'éléments de R indicée par les éléments de L et C. On identifie quelques fois L à $\{1, 2, \ldots, m\}$ et C à $\{1, 2, \ldots, n\}$; il est clair que, L et C étant finis, on peut toujours, pour un choix judicieux de m et n, les mettre en bijection avec ces deux ensembles. Cependant nous préférerons abandonner cette définition (restrictive?) d'une matrice quand bien même L serait l'ensemble $\{1, 2, \ldots, m\}$ et C $\{1, 2, \ldots, n\}$. Les avantages de cette définition sont multiples tant pratiques que théoriques. Le lecteur aura compris que le tableau A dont se servait notre ménagère dans l'exemple précédent est une matrice. L' élément $A(sars, calories)$ a des indices "abstraits" sars, calories qui sont bigrement concrets! Dans un problème relatif à un réseau électrique par exemple, une matrice peut être indicée par les sommets du réseau électrique et par les lignes (électriques) de ce réseau; dans ce cas L est l'ensemble des sommets du réseau, C celui des lignes de ce réseau. On devrait noter $A(L, C)$ la matrice A accompagnée de son format (L, C). C'est cette notation que l'on utilise lorsque l'on effectue des calculs, en Pascal par exemple, le coefficient de la ligne l et de la colonne c de la matrice A se note $A[l, c]$. Pour ne pas alourdir l'écriture, on la notera $A_{L,C}$. La colonne c de A (il faut lire la colonne de la matrice A indicée par $c \in C$) sera notée $A_{L,c}$ plutôt que $A_{L,\{c\}}$, de même la ligne l sera notée $A_{l,C}$ plutôt que $A_{\{l\},C}$. De même on confondra la matrice $A_{l,c}$ et l'élément de l'anneau correspondant.

Définition 2.2 *Un vecteur est simplement ici une matrice $x_{C,.}$, ou $y_{.,L}$. Le point représente ici un ensemble à un seul élément. Par abus d'écriture, on les notera x_C ou y_L. Cependant, selon la position des ensembles C ou L, seuls les produits à gauche ou à droite sont envisageables.*

La définition d'une matrice que nous venons de donner permet de simplifier les différentes opérations sur les celles-ci.

2.2 Opérations sur les matrices

2.2.1 Sous-matrice

Soit $A_{L,C}$ une matrice et $I \subset L$, $J \subset C$, $A_{I,J}$ est appelée sous-matrice de $A_{L,C}$. Une sous-matrice est une matrice comme une autre.

2.2.2 Produit de matrices

Le produit de $A_{L,C}$ par $B_{I,J}$ (à droite) existe ssi $C = I$. On a alors $D_{L,J} = A_{L,C} \times B_{C,J}$ avec pour $l \in L$ et $j \in J$:

$$D_{l,j} = \sum_{c \in C} A_{l,c} \times B_{c,j}.$$

On rappelle que le produit de matrices est associatif :

$$E_{L,J} = (A_{L,C} \times B_{C,I}) \times D_{I,J} = A_{L,C} \times (B_{C,I} \times D_{I,J}).$$

Pour le vérifier il suffit de considérer pour $l \in L$ et $j \in J$ les éléments $E_{l,j}$ et $E'_{l,j}$:

$$E_{l,j} = \sum_{i \in I} \sum_{c \in C} (A_{l,c} \times B_{c,i}) \times D_{i,j}.$$

$$E'_{l,j} = \sum_{c \in C} A_{l,c} \times \sum_{i \in I} B_{c,i} \times D_{i,j}.$$

On remarque que ces deux termes s'expriment comme une somme de $|C| \times |I|$ monômes de degré trois dont chacun vaut, pour $c \in C$ et $i \in I$:

$$(A_{l,c} \times B_{c,i}) \times D_{i,j}.$$

L'addition dans un anneau étant commutative cette somme ne dépend pas de l'ordre dans lequel elle est écrite.

2.2.3 Transposition

Définition 2.3 (Matrice transposée) *Considérons la matrice $A_{L,C}$, la transposée de $A_{L,C}$ est une matrice $A'_{C,L}$, notée $^tA_{L,C}$, telle que pour tout $l \in L$ et $c \in C$, $^tA'_{c,l} = A_{l,c}$.*

On a convenu d'appeler *lignes* les éléments de L et *colonnes* ceux de C. Dans la transposition, les lignes deviennent des colonnes et les colonnes deviennent des lignes.

Définition 2.4 (Transposé d'un produit) *Le produit $A_{L,C} x_C$ se transpose, par définition, en le produit $^t x_C\, ^t A_{C,L}$. Dans cette opération le vecteur x_C, écrit à droite, et donc considéré comme une colonne, devient, écrit à gauche, une ligne.*

2.2.4 Matrices particulières

Définition 2.5 (Matrice carrée) *La matrice $A_{L,C}$ est dite carrée, lorsque les deux ensembles finis L et C sont tels que $|L| = |C|$.*

Définition 2.6 (Diagonale d'une matrice) *Soit $A_{L,C}$ une matrice carrée. Considérons les ordres $(l_1, l_2, \ldots, l_j, \ldots)$ et $(c_1, c_2, \ldots, c_j, \ldots)$ sur les éléments de L et C. On appelle diagonale de A les éléments de A indicés par (l_j, c_j).*

Définition 2.7 (Matrices diagonales) *Une matrice $A_{L,C}$ est dite diagonale s'il existe des ordres $(l_1, l_2, \ldots, l_j, \ldots)$ et $(c_1, c_2, \ldots, c_j, \ldots)$ tels que la diagonale de A correspondante soit telle que :*

$$\forall j,\ A_{l_j,c_j} \neq 0 \text{ et } \forall i \neq j,\ A_{l_i,c_j} = 0.$$

La définition des matrices diagonales que nous venons de donner implique que lorsque l'on travaille sur un corps, ces matrices sont inversibles (voir plus bas). Dans ce cas l'inverse est une matrice diagonale $A'_{C,L}$ telle que :

$$\forall j,\ A'_{c_j,l_j} = 1/A_{l_j,c_j}.$$

On pourra trouver des définitions de matrices diagonales où l'on n'impose pas d'avoir une diagonale (les éléments indicés par (l_j, c_j)) composée d'éléments non nuls, et donc (pour les matrices sur un corps) d'être inversibles.

Définition 2.8 (Matrice unité) *Une matrice diagonale est dite matrice unité si : $\forall j, A_{l_j,c_j} = 1$. Une matrice unité sur un anneau quelconque est donc inversible.*

Définition 2.9 (Matrices identité) *Ce sont des matrices unité, $U_{L,L}$, dont la diagonale est (l_j, l_j).*

Définition 2.10 (Matrices triangulaires) *Soit L et C deux ensembles finis tels que $|L| = |C|$. Une matrice $A_{L,C}$ est dite triangulaire inférieure s'il existe un ordre des éléments de L et un ordre des éléments de C tels que :*

$$A_{l_j,c_j} \neq 0 \text{ et } \forall i < j, A_{l_i,c_j} = 0.$$

Elle est dite triangulaire supérieure si :

$$A_{l_j,c_j} \neq 0 \text{ et } \forall i > j, A_{l_i,c_j} = 0.$$

Définition 2.11 (Matrice inverse) *Lorsque R est un corps K, une matrice $A_{L,C}$ avec $|L| = |C|$ est inversible à droite (resp. à gauche) s'il existe $B_{C,L}$ (resp. $D_{C,L}$) telle que $A_{L,C} \times B_{C,L} = U_{L,L}$ matrice unité (resp. $D_{C,L} \times A_{L,C} = U_{C,C}$). La matrice $B_{C,L}$ est dite inverse à droite et $D_{C,L}$ inverse à gauche.*

Remarque 2.1 *Très généralement si A a une inverse à droite B et une inverse à gauche D, alors $B = D$.*

Preuve. En effet :

$$D = D \times (A \times B) = (D \times A) \times B = B.$$

$\square$

L'inverse est unique : s'il y en avait deux, B et B', le calcul précédent donnerait $D = B = B'$. L'établissement de l'existence de D nécessite une construction qui met en évidence la notion de rang d'un système de vecteurs, construction que l'on va considérer au chapitre suivant.

Une matrice $A_{L,C}$ telle que $|L| < |C|$ peut avoir une inverse à droite (à gauche lorsque $|L| > |C|$) non unique :

$$(1, -1) \times \begin{pmatrix} 3 \\ 2 \end{pmatrix} = (1, -1) \times \begin{pmatrix} 2 \\ 1 \end{pmatrix} = (1)$$

2.2.5 Multiplication par blocs

Soient $\bar{L}$ et $\hat{L}$, $\bar{K}$ et $\hat{K}$ et $\bar{C}$ et $\hat{C}$ des partitions de L, K et C, on a :

$$D_{L,C} = A_{L,K} \times B_{K,C},$$

avec :

$$D_{\bar{L},\bar{C}} = A_{L,\bar{K}} \times B_{\bar{K},\bar{C}} + A_{\bar{L},\hat{K}} \times B_{\hat{K},\bar{C}},$$

$$D_{\hat{L},\bar{C}} = A_{\hat{L},\bar{K}} \times B_{\bar{K},\bar{C}} + A_{\hat{L},\hat{K}} \times B_{\hat{K},\bar{C}},$$

$$D_{\bar{L},\hat{C}} = A_{\bar{L},\bar{K}} \times B_{\bar{K},\hat{C}} + A_{\bar{L},\hat{K}} \times B_{\hat{K},\hat{C}},$$

$$D_{\hat{L},\hat{C}} = A_{\hat{L},\bar{K}} \times B_{\bar{K},\hat{C}} + A_{\hat{L},\hat{K}} \times B_{\hat{K},\hat{C}}.$$

2.2.6 Inversion par blocs

Appelons $0_{I,J}$ la matrice nulle. Lorsque $D_{L,L}$ est la matrice identité $U_{L,L}$ les formules précédentes deviennent :

$$U_{\bar{L},\bar{L}} = A_{\bar{L},\bar{C}} \times B_{\bar{C},\bar{L}} + A_{\bar{L},\hat{C}} \times B_{\hat{C},\bar{L}}, \tag{2.1}$$

$$0_{\hat{L},\bar{L}} = A_{\hat{L},\bar{C}} \times B_{\bar{C},\bar{L}} + A_{\hat{L},\hat{C}} \times B_{\hat{C},\bar{L}}, \tag{2.2}$$

$$0_{\bar{L},\hat{L}} = A_{\bar{L},\bar{C}} \times B_{\bar{C},\hat{L}} + A_{\bar{L},\hat{C}} \times B_{\hat{C},\hat{L}}, \tag{2.3}$$

$$U_{\hat{L},\hat{L}} = A_{\hat{L},\bar{C}} \times B_{\bar{C},\hat{L}} + A_{\hat{L},\hat{C}} \times B_{\hat{C},\hat{L}}. \tag{2.4}$$

On va supposer que $A_{\bar{L},\bar{C}}$ est inversible. On sait que si A est inversible, tout sous-ensemble de ses lignes est de rang maximum. C'est donc le cas de $\bar{L}$. En conséquence on peut toujours choisir $\bar{C}$ tel que $|\bar{C}| = |\bar{L}|$ et que notre hypothèse soit vérifiée. Prémultiplions les égalités (2.1) et (2.3) par $(A_{\bar{L},\bar{C}})^{-1}$, on obtient :

$$A_{\bar{L},\bar{C}}^{-1} = B_{\bar{C},\bar{L}} + A_{\bar{L},\bar{C}}^{-1} \times A_{\bar{L},\hat{C}} \times B_{\hat{C},\bar{L}}, \tag{2.5}$$

$$0_{\bar{C},\hat{L}} = B_{\bar{C},\hat{L}} + A_{\bar{L},\bar{C}}^{-1} \times A_{\bar{L},\hat{C}} \times B_{\hat{C},\hat{L}}, \tag{2.6}$$

d'où :

$$B_{\bar{C},\bar{L}} = A_{\bar{L},\bar{C}}^{-1} \times (U_{\bar{L},\bar{L}} - A_{\bar{L},\hat{C}} \times B_{\hat{C},\bar{L}}), \tag{2.7}$$

$$B_{\bar{C},\hat{L}} = -A_{\bar{L},\bar{C}}^{-1} \times A_{\bar{L},\hat{C}} \times B_{\hat{C},\hat{L}}, \tag{2.8}$$

Remplaçons, dans les égalités (2.2) et (2.4), $B_{\bar{C},\bar{L}}$ et $B_{\bar{C},\hat{L}}$ par leurs valeurs tirées de (2.7) et (2.8), puis mettons en facteur à droite $B_{\hat{C},\bar{L}}$ et $B_{\hat{C},\hat{L}}$, on a :

$$-A_{\hat{L},\bar{C}} \times A_{\bar{L},\bar{C}}^{-1} = U_{\hat{L},\hat{L}} = (A_{\hat{L},\hat{C}} - A_{\hat{L},\bar{C}} \times A_{\bar{L},\bar{C}}^{-1} \times A_{\bar{L},\hat{C}}) \times B_{\hat{C},\bar{L}}. \tag{2.9}$$

De cette égalité on déduit que $(A_{\hat{L},\hat{C}} - A_{\hat{L},\bar{C}} \times A_{\bar{L},\bar{C}}^{-1} \times A_{\bar{L},\hat{C}})$ est inversible et que son inverse est $B_{\hat{C},\hat{L}}$. En prémultipliant à gauche l'égalité (2.9) par $B_{\hat{C},\hat{L}}$, on obtient :

$$B_{\hat{C},\bar{L}} = -B_{\hat{C},\hat{L}} \times A_{\hat{L},\bar{C}} \times A_{\bar{L},\bar{C}}^{-1}, \tag{2.10}$$

On remplace $B_{\hat{C},\bar{L}}$ par sa valeur dans l'égalité (2.7), et on obtient les formules :

$$\begin{aligned}
B_{\bar{C},\bar{L}} &= A_{\bar{L},\bar{C}}^{-1} \times (U_{\bar{L},\bar{L}} + A_{\bar{L},\hat{C}} \times B_{\hat{C},\hat{L}} \times A_{\hat{L},\bar{C}} \times A_{\bar{L},\bar{C}}^{-1}), \\
B_{\bar{C},\hat{L}} &= -A_{\bar{L},\bar{C}}^{-1} \times A_{\bar{L},\hat{C}} \times B_{\hat{C},\hat{L}}, \\
B_{\hat{C},\bar{L}} &= -B_{\hat{C},\hat{L}} \times A_{\hat{L},\bar{C}} \times A_{\bar{L},\bar{C}}^{-1}, \\
B_{\hat{C},\hat{L}} &= (A_{\hat{L},\hat{C}} - A_{\hat{L},\bar{C}} \times A_{\bar{L},\bar{C}}^{-1} \times A_{\bar{L},\hat{C}})^{-1}.
\end{aligned} \tag{2.11}$$

On remarquera que dans ces formules, seule la matrice $B_{\bar{C},\bar{L}}$ intervient comme partie de l'inverse. On utilise de plus $A_{L,\bar{C}}^{-1}$, l'inverse de la sous matrice $A_{\bar{L},\bar{C}}$ de A. Ces formules sont utilisées dans de nombreux calculs, qu'elles simplifient. En se souvenant que $A_{\bar{L},\bar{C}}^{-1}$ est indicée par $(\bar{C},\bar{L})$ on vérifiera que les produits et les sommes de matrices effectués sont possibles.

Proposition 2.1 *Une application élémentaire du résultat précédent est que les matrices triangulaires définies en (2.10) sont inversibles à droite comme à gauche.*

Il suffit de faire l'hypothèse de récurrence que les matrices triangulaires telles que $|L| = n - 1$ sont inversibles pour, par les formules précédentes, pouvoir (toujours) calculer l'inverse de celles telles que $|L| = n$.

2.2.7 Notations particulières

On note R^L l'ensemble des $|L|$-uples de l'anneau R indicés par L. C'est aussi l'ensemble des matrices à une colonne $A_{L,\{1\}}$ ou à une ligne $A_{\{24\},C}$. Les éléments de R^L sont aussi appelés vecteurs indicés par L. Remarquons que lorsqu'une matrice est stockée dans la mémoire d'un ordinateur , elle ne l'est pas, a priori, sous forme de tableau rectangulaire (e.g. imaginez-la stockée sur une bande magnétique), ce qui n'empêche pas de calculer avec.

2.2.8 Opérations sur les sous-ensembles

Soient $M \subset R^K$, $N \subset R^K$ on a :

$$M + N = \{X + Y, X \in M, Y \in N\},$$
$$M - N = \{X - Y, X \in M, Y \in N\},$$

$M + \{x\}$ est le translaté de M de vecteur x. Pour $l \in R, l \times M = \{l \times X, X \in M\}$ est l'homothétique de M. La différence ensembliste $\{X \in M, X \notin N\}$ est notée $M \setminus N$.

2.3 Rappels d'Algèbre Linéaire

Soit $(V_{i,\ i \in I})$ une famille de $n = |I|$ vecteurs (on dit un "système" de vecteurs, sans doute parce que les problèmes d'algèbre linéaire se sont initialement posés lors de la résolution des ensembles d'équations linéaires, ensembles que l'on appelait systèmes pour signifier que les solutions devaient être communes à toutes les équations de l'ensemble).

Définition 2.12 *On dit que les vecteurs de V sont Linéairement Dépendants, si, pour $i \in I$, il existe des λ_i non tous nuls, tels que :*

$$\sum_{i \in I} \lambda_i V_i = 0.$$

Des vecteurs qui ne sont pas linéairement dépendants sont *Linéairement Indépendants*. On remarquera que si l'un des vecteurs de V est le vecteur nul (V_j par exemple), le système V est linéairement dépendant :

$$V_j + \sum_{i \in I, i \neq j} 0 V_i = 0.$$

Remarque 2.2 *Les vecteurs colonnes d'une matrice triangulaire (définition 2.10) sont linéairement indépendants.*

Preuve. Démontrons le pour les matrices triangulaires supérieures. C'est bien le cas pour les matrices triangulaires telles que $|L| = |C| = 1$. Supposons que ce soit le cas pour celles telles que $|L| = |C| = n - 1$ et considérons la dernière colonne d'une matrice triangulaire A telle que $|L| = |C| = n$. Comme $A_{l_n, c_n} \neq 0$, la dernière ligne d'une combinaison linéaire nulle nous donne $\lambda_{c_n} \times A_{l_n, c_n} = 0$. On a donc $\lambda_{c_n} = 0$, ce qui nous ramène à une combinaison linéaire nulle des $n - 1$ premières colonnes. $\square$

2.3.1 Une transformation élémentaire

Considérons $(V'_{i, i \in I})$ la famille déduite de (V_i) de la façon suivante :

$$V'_{i_0} = V_{i_0} \text{ et } \forall i \in I, i \neq i_0, V'_i = V_i + \lambda_i V_{i_0}, \lambda_i \in R.$$

Remarque 2.3 *Les (V_i) se déduisent des (V'_i) par la même construction.*

$$V_{i_0} = V'_{i_0}, \forall i \in I, i \neq i_0, V_i = V'_i + (-\lambda_i) V'_{i_0}.$$

Proposition 2.2 *Les (V_i) sont linéairement dépendant ssi les (V'_i) sont linéairement dépendant.*

Avant de démontrer cette affirmation remarquons qu'elle implique que les (V_i) sont linéairement indépendant ssi les (V'_i) sont linéairement indépendant.

Preuve. Supposons donc que les (V_i) sont linéairement dépendants et que les (V'_i) sont linéairement indépendants. Il existe donc des μ_i non tous nuls tels que :

$$\sum_{i \in I} \mu_i V_i = 0.$$

Exprimons les (V_i) en fonction des (V'_i) et réécrivons que les (V_i) sont linéairement dépendants. On a donc :

$$\sum_{i \in I} \mu_i V'_i - \sum_{i \in I, i \neq i_0} \mu_i \lambda_i V'_{i_0} = 0.$$

On obtient donc une combinaison linéaire nulle des V'_i :

$$\sum_{i\in I, i\neq i_0} \mu_i V_i' + (\mu_{i_0} - \sum_{i\in I, i\neq i_0} \mu_i \lambda_i) V_{i_0}' = 0.$$

Si ces coefficients sont tous nuls, en particulier $\mu_i = 0$ pour $i \neq i_0$. Le coefficient de V_{i_0}' qui est nul vaut donc μ_{i_0} qui est donc nul. On vient de démontrer que les μ_i sont tous nuls, ce qui est une contradiction. $\square$

2.3.2 Effet sur les lignes

Représentons à présent les vecteurs de V, par rapport à une base, comme les vecteurs lignes d'une matrice $V_{L,I}$ de terme générique $V_{l,i}$. Soit $J \subset L$, On a :

Proposition 2.3 *Le fait pour les lignes de J d'être linéairement dépendantes ou indépendantes n'est pas modifié par la transformation (de colonnes) précédente.*

Supposons qu'il existe des μ_j non tous nuls tels que pour tout $i \in I$ on ait :

$$\sum_{j\in J} \mu_j V_{j,i} = 0.$$

Remarquons que la colonne i_0 n'a pas changé, on a donc :

$$\sum_{j\in J} \mu_j V_{j,i_0}' = 0.$$

D'autre part pour $i \neq i_0$ on a :

$$\sum_{j\in J} \mu_j V_{j,i}' = \sum_{j\in J} \mu_j (V_{j,i} + \lambda_i V_{j,i_0}).$$

Soit :

$$\sum_{j\in J} \mu_j V_{j,i}' = \sum_{j\in J} \mu_j V_{j,i} + \lambda_i \sum_{j\in J} \mu_j V_{j,i_0}.$$

Les deux sommes partielles étant nulles, cette somme est nulle, les vecteurs (lignes) de J restent linéairement dépendants.

Corollaire 2.1 *Si on ajoute aux lignes de $L \setminus \{l\}$ un multiple de la ligne $l \in L$, le fait pour les colonnes de J d'être linéairement dépendantes n'est pas modifié, et donc aussi le fait d'être linéairement indépendantes.*

2.3.3 Notion de rang

Définition 2.13 *On appelle rang des colonnes (resp. des lignes) d'une matrice le nombre maximum de ses colonnes (resp. de ses lignes) linéairement indépendantes.*

Une conséquence de la proposition précédente est le résultat fondamental suivant :

Théorème 2.1 *Le rang des lignes est égal au rang des colonnes.*

Preuve. On vient de montrer que le rang r_L des lignes (resp. r_I des colonnes) n'est pas affecté par la transformation précédente. Choisissons donc $J \subset L$ tel que $|J| = r_L(V_{L,I})$. On va effectuer la transformation précédente sur les vecteurs lignes de V en choisissant successivement les vecteurs $V_{l_t,I}$ pour que $l_t \in J$. L'hypothèse de maximalité du rang faite sur J nous assure qu'à chaque étape la ligne $V_{l_t,I}$ est non-nulle. Il y a donc, à chaque étape, une colonne, que nous appellerons i_t, telle que, à chaque étape, $V_{l_t,i_t} \neq 0$. Appelons $K_t \subset J$ l'ensemble des lignes ayant déjà été choisies à l'étape t. Choisissons λ_l, le coefficient multiplicateur de la ligne l de la façon suivante :

$$\forall l \in K_t \setminus \{i_t\}, \ \lambda_l = 0,$$

$$\forall l \in L \setminus K_t, \ \lambda_l = -\frac{V_{l,i_t}}{V_{l_t,i_t}}.$$

Avec ce choix, après la transformation effectuée à l'étape t pour $l \in L \setminus K_t$, on a $V_{l,i_t} = 0$. De plus ces valeurs ne sont pas modifiées par les choix ultérieurs.

Proposition 2.4 *Lorsque $K_t = J$, $V_{L \setminus K_t, I} = 0_{L \setminus K_t, I}$, la matrice nulle.*

Preuve. Cette transformation ne changeant pas la dépendance (ou indépendance) linéaire, cette transformation peut se poursuivre tant que l'on a une nouvelle ligne dans J, et ne peut plus se poursuivre après. □

Remarque 2.4 *Appelons C l'ensemble des i_t. La matrice $V_{J,C}$ est une matrice triangulaire.*

En conséquence les autres colonnes de V sont liées à celles de $V_{J,C}$.

Remarque 2.5 *On vient de démontrer que le rang des colonnes est, au moins, celui des lignes. Supposons qu'il existe $K \subset I$, avec $K > |C|$, tel que les colonnes de $V_{L,K}$ soient linéairement indépendantes. La transformation que nous venons de faire sur les lignes n'a pas changé cette propriété (corollaire (2.1)), nous ne pourrons donc pas la refaire sur les colonnes de K car les lignes nulles restent nulles. Le nombre de colonnes libres en nombre maximal est donc constant, c'est leur rang, il est donc égal aux nombre d'éléments de J, le rang des lignes.*

Ce qui termine la preuve du théorème. □

Le rang des colonnes est donc égal à celui des lignes : c'est le *rang de la matrice*.

Proposition 2.5 *Une matrice carrée A dont le rang est égal au nombre de ses colonnes est inversible.*

Preuve. Appelons $A^t_{L_t,C_t}$ la matrice obtenue à l'étape t. A l'étape $n-1$ cette matrice sera triangulaire supérieure. La transformation précédente peut être interprétée comme un produit à gauche par une matrice triangulaire inférieure $G^t_{L,L}$. On a :

$$G^t_{L_t\setminus\{l_t\},L_t\setminus\{l_t\}} = U_{L_t\setminus\{l_t\},L_t\setminus\{l_t\}},$$

matrice identité, et

$$G^t_{l_t,L_t\setminus\{l_t\}} = 0_{l_t,L_t\setminus\{l_t\}},$$

matrice nulle,

$$G^t_{l_t,l_t} = 1,$$

et,

$$\forall l \in L_t \setminus K_t,\ G^t_{l,l_t} = \frac{-A_{l,l_t}}{A_{l_t,c_t}}.$$

On vérifie que ces matrices sont **toutes** triangulaires inférieures pour l'ordre de l'ensemble L obtenu à l'étape $n - 1$. Le produit de ces matrices triangulaires inférieures est une matrice triangulaire inférieure. Appelons G le produit de ces G_t. La matrice G a ses lignes et ses colonnes indicées par L. On a $A^{n-1}_{L,C} = G_{L,L} \times A_{L,C}$. On a donc $A_{L,C} = G^{-1}_{L,L} \times A^{n-1}_{L,C}$. Les matrices triangulaires étant inversibles, $A_{L,C}$ est inversible. □

Définition 2.14 (Forme LU) *On vient de mettre la matrice $A_{L,C}$ sous la forme LU (L pour Lower et U pour Upper), le produit d'une matrice triangulaire inférieure $G^{-1}_{L,L}$ et d'une matrice triangulaire supérieure $A^{n-1}_{L,C}$.*

Proposition 2.6 *Inversement, une matrice A inversible a un rang égal au nombre de ses colonnes.*

La matrice $G_{L,L}$ précédente est inversible comme matrice triangulaire.
Le produit de matrices inversibles est inversible :

$$(A_{L,C} \times B_{C,J})^{-1} = B^{-1}_{C,J} \times A^{-1}_{L,C}$$

Une matrice contenant une ligne nulle (la ligne l) n'est pas inversible car son produit (à droite) par une matrice quelconque fait que la ligne l est nulle. La transformation précédente $A^{n-1}_{L,C}$, d'une matrice carrée dont le rang des lignes n'est pas égal au nombre de celles-ci, est une matrice dont une ligne est nulle.

2.4 Déterminants

Dans les problèmes que nous étudierons, les données numériques seront, soit des nombres rationnels représentés par des couples d'entiers, soit des entiers. Suivant le langage que nous définirons dans le chapitre consacré à la complexité des algorithmes, on *réduit polynomialement* les problèmes dont les données contiennent des nombres rationnels à ceux dont les données numériques ne sont que des entiers. Il suffit de réduire toutes les données rationnelles au même dénominateur. Les solutions des systèmes linéaires s'exprimeront alors comme des quotients de déterminants. On utilisera cette propriété pour, a priori, donner des bornes de la longueur d'écriture, la taille des nombres utilisés pour représenter des solution des systèmes linéaires qui ont ce type de données. On pourrait ici se passer de la notion de déterminant puisque l'on sait résoudre ces systèmes en exprimant les composantes des solutions comme quotient d'entiers pas "trop longs", ce que nous verrons section 5.4. Cette notion sera cependant indispensable à l'étude du polynôme caractéristique d'une matrice. Il n'est donc pas inutile de la rappeler ici. Nous suivrons une démarche voisine de celle de B.L. Van Den Waerden [79].

Considérons une application f de $\mathbb{R}^C \times \mathbb{R}^C$ dans $\mathbb{R}$ qui à x_C et y_C fait correspondre $f(x_C, y_C) \in \mathbb{R}$, linéaire en x_C et y_C. L'expression de la linéarité donne :

$$f(x_C + z_C, y_C + w_C) = f(x_C, y_C) + f(x_C, w_C) + f(z_C, y_C) + f(z_C, w_C).$$

Supposons de plus :
$$f(x_C, x_C) = 0,$$

on aura :

$$f(x_C + y_C, x_C + y_C) = 0 = f(x_C, y_C) + f(y_C, x_C).$$

Définition 2.15 *Une application ayant cette dernière propriété est dite alternée, ou antisymétrique.*

Explicitons cette application (linéaire) en fonction des composantes x_i et y_i des vecteurs x_C et y_C :

$$f(x_C, y_C) = \sum_{i \in C, j \in C} t(i,j) x_i y_j.$$

Choisissons des vecteurs x_C et y_C dont les seules composantes non-nulles sont x_i et y_j. On aura, par définition :

$$t(i,j) = -t(j,i),$$

$$t(i,i) = 0.$$

De la même façon on considère les applications antisymétriques de k vecteurs dans $\mathbb{R}$.

Définition 2.16 *L'application $f(x_{C,1}, \ldots, x_{C,k})$ des vecteurs $(x_{C,1}, \ldots, x_{C,k})$ dans $\mathbb{R}$:*

$$f(x_{C,1}, \ldots, x_{C,k}) = \sum_{i_1 \in C, \ldots, i_k \in C} t(i_1, \ldots, i_k) x_{i_1,1} \ldots x_{i_k,k},$$

est dite antisymétrique si elle possède les deux propriétés suivantes :

1. $t(\ldots, i, \ldots, j, \ldots) = -t(\ldots, j, \ldots, i, \ldots)$,
2. $t(\ldots, i, \ldots, i, \ldots) = 0$.

Proposition 2.7 *La première propriété de la définition (2.16) implique que lorsque $k = n = |C|$, les seuls coefficients $t(i_1, i_2, \ldots, i_n)$ non-nuls sont ceux pour lesquels la suite d'indices $(i_1, i_2, \ldots, i_n)$ est une permutation de $(1, 2, \ldots, n)$.*

Posons alors $t(1, 2, \ldots, n) = a$. La première propriété de la définition (2.16) implique $t(2, 1, 3, \ldots, n) = -a$.

Définition 2.17 *Une transposition est une permutation qui échange deux éléments consécutifs.*

Les coefficients t de deux permutations ayant deux indices consécutifs permutés seront donc égaux (en valeur absolue) et de signe opposé. Considérons alors une permutation quelconque des indices $(i_1, i_2, \ldots, i_n)$. Par permutation successive de deux indices consécutifs, on pourra amener l'indice 1 en position 1, puis l'indice 2 en position 2, et ainsi de suite.

Proposition 2.8 *Selon la permutation $(i_1, i_2, \ldots, i_n)$, le coefficient t vaudra donc a ou $-a$.*

Soient $e_{C,1}, e_{C,2}, \ldots, e_{C,n}$, les n vecteurs de base. On a :

$$f(e_{C,1}, \ldots, e_{C,n}) = t(1, \ldots, n) = a.$$

Proposition 2.9 *Le nombre de transpositions qui permet de passer, de la permutation naturelle $(e_{C,1}, \ldots, e_{C,n})$ à elle-même est pair.*

Preuve. Sinon on aurait alors $f(e_{C,1}, \ldots, e_{C,n}) = -a$, ce qui est une contradiction. $\square$

Corollaire 2.2 *Le nombre de transpositions qui permet de passer d'une permutation quelconque à elle-même est pair.*

Preuve. Soit $(i_1, i_2, \ldots, i_n)$ cette permutation, les transpositions des i_j sont aussi des transposition des indices j, qui sont initialement dans l'ordre naturel, et dont, par la proposition précédente, le nombre est pair. $\square$

Définition 2.18 *Si $t(1, 2, \ldots, n) = a = 1$, alors $f(x_{C,1}, \ldots, x_{C,n})$ est appelé déterminant des vecteurs $(x_{C,1}, \ldots, x_{C,n})$, et noté :*

$$det(x_{C,1}, \ldots, x_{C,n}).$$

Remarque 2.6 *Dans le calcul du déterminant, on considère les permuta-tions des indices de lignes par rapport aux colonnes numérotées dans l'ordre naturel. Comme l'on prend toutes les permutations, et que la parité d'une per-mutation est la même que celle de sa permutation inverse (le produit des deux, la permutation identique, a une parité paire), on obtient le même résultat en numérotant les lignes, puis en considérant les permutations des colonnes.*

Remarque 2.7 *Comme* $det(x_{C,1}, x_{C,1}, x_{C,3}, \ldots, x_{C,n}) = 0$, *on a :*

$$det(\alpha x_{C,1}, \beta x_{C,1}, x_{C,3}, \ldots, x_{C,n}) = 0.$$

Soit $A_{L,C}$ une matrice carrée. Considérons les n vecteurs $y_{L,i} = A_{L,C} x_{C,i}$. Par définition du produit de matrice, on a :

$$y_{L,i} = \sum_{c \in C} A_{L,c} x_{C,i}.$$

Numérotons de 1 à n les éléments de C, ainsi que ceux de L. Dorénavant, nous considérerons que cette numérotation est **fixée**.

Le vecteur $y_{L,i}$ est donc **combinaison linéaire** des vecteurs $A_{L,c}$ avec les $x_{C,i}$ pour coefficients. On a donc :

$$det(y_{L,i}, \ldots, y_{L,n}) = \sum_{j=1}^{n} x_{j,1} det(A_{L,j}, y_{L,2}, \ldots, y_{L,n}),$$

et donc :

$$det(y_{L,i}, \ldots, y_{L,n}) = \sum_{j_1=1}^{n} \ldots \sum_{j_n=1}^{n} x_{j_1,1} \ldots x_{j_n,n} det(A_{L,j_1}, \ldots, A_{L,j_n}).$$

Comme $det(A_{L,j_1}, \ldots, A_{L,j_n}) = 0$ si deux colonnes sont identiques, et que $det(A_{L,j_1}, \ldots, A_{L,j_n}) \neq 0$, on a :

$$det(A_{L,j_1}, \ldots, A_{L,j_n}) = \pm det(A_{L,1}, \ldots, A_{L,n}),$$

alors suivant la parité de la permutation $(j_1, \ldots, j_n)$, on a :

$$det(y_{L,i}, \ldots, y_{L,n}) = det(A_{L,1}, \ldots, A_{L,n}) \sum_{j_1, \ldots, j_n} \pm x_{j_1,1} \ldots x_{j_n,n}.$$

On vient de démontrer :

Théorème 2.2 *Le déterminant du produit de deux matrices est le produit des déterminants des deux matrices :*

$$det(A_{L,C} B_{C,D}) = det(A_{L,C}) det(B_{C,D}).$$

Corollaire 2.3 *Soit $B_{C,L} = A_{L,C}^{-1}$; on a :*

$$det(I_{L,L}) = det(A_{L,C}B_{C,L}) = det(A_{L,C})det(B_{C,L}) = 1.$$

Donc si $A_{L,C}$ est régulière, $det(A_{L,C}) \neq 0$.

Remarque 2.8 *Inversement si la matrice $A_{L,C}$ n'est pas régulière, ses colonnes sont linéairement dépendantes. L'une d'entre elles, au moins, peut s'exprimer linéairement en fonction des autres. Soit :*

$$A_{L,c_0} = \sum_{c \neq c_0} \alpha_c A_{L,c}.$$

Le déterminant de $A_{L,C}$ s'exprime donc comme combinaison linéaire de n déterminants de matrices ayant deux colonnes identiques. Il est donc nul.

Définition 2.19 *On appelle cofacteur de l'élément $A_{i,j}$ l'élément $B'_{i,j}$ tel que :*

$$B'_{i,j} = det(A_{L \setminus \{i\}, C \setminus \{j\}}).$$

Proposition 2.10 *On a :*

1. $\sum_{i=1}^{n} (-1)^{i+j} A_{i,j} B'_{i,j} = det(A_{L,C})$,

2. $\forall k \neq j, \sum_{i=1}^{n} (-1)^{i+j} A_{i,k} B'_{i,j} = 0$.

Preuve. Considérons l'expression :

$$det(A_{L,C}) = \sum_{i_1,\ldots,i_j,\ldots,i_n} \pm A_{i_1,1} \ldots A_{i_j,j} \ldots A_{i_n,n}.$$

Regroupons tous les termes ayant $A_{i_j,j}$ en facteur, au signe près, $A_{i_j,j}$ est multiplié par :

$$B_{i,j} = det(A_{L \setminus \{i\}, C \setminus \{j\}}).$$

Ce signe est $(-1)^{i+j}$, il suffit pour s'en convaincre de ramener la colonne j en première position. Cette somme se réinterprète donc comme dans le 1 de la proposition. De la même façon le point 2 de la proposition s'interprète comme le déterminant de la matrice $A_{C,C}$ dans laquelle on a remplacé la colonne j par la colonne k. Ce déterminant est donc nul. □

Remarque 2.9 *Cette proposition nous donne n façons de calculer un déterminant en le **développant** suivant l'une des n colonnes. La remarque 2.6 nous dit que l'on peut aussi le développer suivant l'une des n lignes.*

Soit à présent la matrice régulière $A_{L,C}$ et le vecteur b_L, et soit x_C une solution du système linéaire :

$$A_{L,C}x_C = b_L.$$

Remarque 2.10 *Cette solution est unique. Les colonnes de $A_{L,C}$ étant linéairement indépendantes, toute dépendance linéaire des colonnes de $A_{L,C}$ et de la colonne b_L est de la forme :*

$$\sum_{c \in C} A_{L,c} y_C - b_L = 0.$$

Si $y_C \neq x_C$, $z_C(= x_C - y_C \neq 0)$ est une combinaison linéaire nulle des colonnes (indépendantes) de $A_{L,C}$, ce qui est une contradiction.

Soient $L' = L \cup \{0\}$, $C' = C \cup \{0\}$. Considérons la matrice $A_{L',C'}$ avec :

$$A_{L,0} = b_L, \ \forall c \in C \, A_{0,c} = 1/x_C, \ A_{0,0} = n.$$

On a :

$$\sum_{c \in C} x_C A_{L',c} - A_{L',0} = 0.$$

On a vu dans la remarque 2.9 que l'on pouvait développer ce déterminant par rapport à la première ligne. Comme les colonnes de $A_{L',C'}$ sont, par construction, linéairement dépendantes, on a :

$$n \, det(A_{L,C}) + \sum_{j=1}^{n} (-1)^j \frac{det(A_{L,C'\setminus\{j\}})}{x_j} = 0.$$

On vient de démontrer :

Théorème 2.3 *Une solution de l'équation précédente est :*

$$x_j = (-1)^j \frac{det(A_{L,C'\setminus\{j\}})}{det(A_{L,C})}.$$

La remarque 2.10 nous dit que cette solution est solution unique de l'équation matricielle :

$$A_{L,C} x_C = b_L.$$

Corollaire 2.4 *En mettant, dans la matrice $A_{L,C'\setminus\{j\}}$, la colonne 0 à la place de la colonne j, on effectue j transpositions. Appelons C_j l'ensemble $C' \setminus \{j\}$ ordonné, dans lequel la colonne 0, b_L, a été mise en position j. On a les formules de Cramer [11] :*

$$x_j = \frac{det(A_{L,C_j})}{det(A_{L,C})}.$$

2.5 Matrices symétriques réelles

Soit $n = |C|$, et $A_{C,C}$ une matrice carrée réelle.

Définition 2.20 *On appelle vecteur propre, un vecteur x_C tel que :*

$$A_{C,C} x_C = \lambda x_C.$$

Le nombre λ réel ou complexe est appelé valeur propre.

On a :

$$(A_{C,C} - \lambda I_{C,C}) x_C = 0.$$

Remarque 2.11 *Pour chaque valeur propre λ, le déterminant de la matrice $A_{C,C} - \lambda I_{C,C}$ est nul. Lorsqu'on le développe formellement, c'est un polynôme de degré n en λ, dont chacune des racines est valeur propre.*

Remarque 2.12 *Pour chacune des valeurs propres, le déterminant de la matrice $A_{C,C} - \lambda I_{C,C}$ étant nul, les colonnes de cette matrice sont linéairement dépendantes. La liste des coefficients d'une dépendance linéaire des colonnes est un vecteur x_C, qui, par définition est vecteur propre. Il y en a donc toujours un au moins, et l'algorithme de Gauss nous donne un moyen de calculer ses coefficients, et donc ce vecteur x_C.*

Définition 2.21 *Une matrice $B_{C,C}$ est dite orthonormale, si $\forall c \in C$, la norme euclidienne notée $\|B_{C,c}\|$ ($\|B_{C,c}\| = \sqrt{\sum_{l \in C} B_{l,c}^2}$), est égale à 1, et si pour tout $i < j$, ${}^t B_{C,i} B_{C,j} = 0$.*

Définition 2.22 *Une matrice $A_{C,C}$ est dite diagonalisable, s'il existe une matrice $B_{C,C}$ orthonormale telle que :*

$$A'_{C,C} = {}^t B_{C,C} A_{C,C} B_{C,C},$$

soit une matrice diagonale.

Remarque 2.13 *Un polynôme de degré n, réel ou complexe, a n racines (distinctes ou comptées avec leur multiplicité) sur $\mathbb{C}$, le corps des complexes. Lorsque ces racines sont toutes distinctes, on peut attribuer un vecteur propre à chacune d'entre elles. On peut alors **diagonaliser** cette matrice.*

On va utiliser ces résultats pour les matrices symétriques définies positives. Montrons que les matrices symétriques réelles sont diagonalisables. Soit donc $A_{C,C}$ une matrice symétrique réelle. Montrons :

Proposition 2.11 *La matrice $A_{C,C}$ a toutes ses valeurs propres réelles.*

Preuve. Soit $\lambda \in \mathbb{C}$ une valeur propre, et soit $x_C \in \mathbb{C}^C$ un vecteur propre associé :

$$A_{C,C} x_C = \lambda x_C.$$

Appelons $\bar{\lambda}$ le complexe conjugué de λ, et $\bar{x}_C$ le vecteur dont les composantes sont les conjuguées de celles de x_C. Par conjugaison, $A_{C,C}$ étant réelle, on a :

$$A_{C,C} \bar{x}_C = \bar{\lambda} \bar{x}_C,$$

et donc :

$${}^t\bar{x}_C(A_{C,C}x_C) = \lambda {}^t\bar{x}_C x_C = ({}^t\bar{x}_C A_{C,C})x_C = \bar{\lambda} {}^t\bar{x}_C x_C.$$

On a donc $\lambda = \bar{\lambda}$, $\lambda \in \mathbb{R}$. $\square$

Soit λ une valeur propre, l'ensemble des vecteurs propres associés à cette valeur propre est (bien entendu) un espace vectoriel.

Définition 2.23 *L'espace précédent est appelé sous-espace propre associé à la valeur propre λ.*

Proposition 2.12 *La matrice $A_{C,C}$ est diagonalisable.*

Preuve. Appelons $(\lambda_1, \dots, \lambda_p)$ les différentes valeurs propres de $A_{C,C}$, et $(V_1, \dots, V_p)$ les sous espaces propres associés. Ces sous-espaces sont disjoints car si $x_C \in V_i$, et $x_C \in V_j$ on a :

$$A_{C,C}x_C = \lambda_i x_C = \lambda_j x_C,$$

et donc $\lambda_i = \lambda_j$. Appelons F la réunion des V_i, et G le sous-espace vectoriel orthogonal et complémentaire de F.

Remarque 2.14 *Le produit de $A_{C,C}$ par un vecteur de G appartient à G.*

Soit $y_C \in G$, $\forall x_C \in F$, $A_{C,C}x_C \in F$, car x_C est combinaison linéaire de vecteurs des V_i.

$$\forall x_C \in F, \ {}^t(A_{C,C}x_C)y_C = 0,$$

ou encore par associativité du produit de matrices :

$$\forall x_C \in F, \ {}^t x_C(A_{C,C}y_C) = 0.$$

On a donc $A_{C,C}y_C \in G$.

Si on choisit une base de G, on pourra représenter le produit $A_{C,C}y_C$ sur cette base au moyen d'une matrice (réelle) A'. Cette matrice a au moins une valeur propre μ (a priori complexe) et un vecteur propre y_C. Ce sont, bien entendu, des valeurs propres réelles et des vecteurs propres de $A_{C,C}$. De plus μ appartient à la liste des valeurs propres $(\lambda_1, \dots, \lambda_p)$. On vient donc de démontrer que $G = \emptyset$. Il reste à montrer que $A_{C,C}$ est **diagonalisable**.

Remarque 2.15 *Les sous-espaces propres $(V_1, \dots, V_p)$ sont deux à deux orthogonaux.*

Soit pour $i \neq j$, $x_C \in V_i$, $y_C \in V_j$.

$${}^t(A_{C,C}x_C)y_C = {}^t x_C(A_{C,C}y_C) = \lambda_i {}^t x_C y_C = \lambda_j {}^t x_C y_C,$$

On a donc :

$$(\lambda_i - \lambda_j) {}^t x_C y_C = 0,$$

Comme $\lambda_i \neq \lambda_j$, ${}^t x_C y_C = 0$. Considérons donc une base orthonormale des sous-espaces V_i. La réunion de ces bases orthonormales est une base orthonormale de $\mathbb{R}^C$. Tout vecteur $x_C \in \mathbb{R}^C$ peut donc s'écrire :

$$x_C = B_{C,C}y_C,$$

avec y_C dans cette base. $B_{C,C}^{-1}$ n'est rien d'autre que la décomposition de la base canonique de $\mathbb{R}^C$ sur cette base.

Remarque 2.16 *Les colonnes de $B_{C,C}$ ne sont rien d'autre que les vecteurs de cette base orthogonale, et donc $B_{C,C}^{-1} = {}^t B_{C,C}$.*

La matrice $A'_{C,C} = {}^t B_{C,C} A_{C,C} B_{C,C}$ est diagonale. En effet pour tout vecteur unitaire $y_{C,i}$, $B_{C,C} y_{C,i}$ est un vecteur propre $x_{C,i}$ de $A_{C,C}$. On a donc $A'_{C,C} y_{C,i} = \lambda_i y_{C,i}$, la matrice (symétrique) $A'_{C,C}$ est donc diagonale.

3 Complexité des Algorithmes

La notion d'algorithme est très ancienne. On considère souvent que le premier algorithme non trivial est l'algorithme d'Euclide qui permet de trouver le $P.G.C.D.$ de deux entiers, ou de prouver que ces entiers sont premiers entre eux. Comme autre exemple d'algorithme on peut noter le crible d'Eratosthène qui permet de dresser la liste des nombres premiers entre 1 et n en barrant, dans l'ordre naturel, les multiples des coefficients supérieurs à 1 des entiers de 2 à n (non déjà barrés).

L'efficacité des algorithmes a été recherchée de tout temps, en particulier, en ce qui concerne le problème de savoir si un nombre n est premier ; Gauss, déjà, posait la question de l'existence d'un algorithme vraiment efficace. Le développement des ordinateurs a favorisé, sous la poussée des applications, une vision algorithmique. Savoir qu'un problème se résout au moyen d'un algorithme fini n'est pas tout à fait satisfaisant, surtout si cette solution ne peut être obtenue avant plusieurs siècles ! ...

La théorie de la complexité des algorithmes née à la suite de travaux d'Edmonds puis de Cook et Karp, a justement pour objet de lier le nombre de calculs effectués lors de la résolution d'un problème au moyen d'un algorithme donné à la taille des données de ce problème.

3.1 Les notions de base

Si on **ne sait pas** bien définir la notion de problème, en revanche **chacun** des problèmes que nous allons étudier sera parfaitement défini. On **ne sait pas** non plus définir le concept d'algorithme ; en revanche **chacun** des algorithmes que nous allons décrire sera parfaitement défini. Nous ne ferons pas ici de différence entre algorithme et programme. Dans les deux cas la structure des données doit être précisée. Considérons un algorithme A résolvant le problème P sur les données I (Instance en anglais) ; cet algorithme doit tout d'abord **reconnaître** les données I. On peut attacher aux données I un entier $\mu(I)$ qui mesure la longueur d'écriture de ces données I, données écrites au moyen d'un alphabet fini G. De même au couple (A, I) on peut associer un entier $\nu(A, I)$ qui mesure le nombre d'étapes élémentaires de la résolution du problème P sur les données I au moyen de l'algorithme A. C'est cette quantité que l'on appelle communément la *complexité* de l'algorithme A. Quand il n'y a pas d'ambiguïté sur l'algorithme, on notera cette complexité $\nu(I)$.

Les choix de $\mu(I)$ et de $\nu(I)$ dépendent du problème que l'on se pose. Dans les problèmes pratiques $\mu(I)$ est une grandeur caractéristique des données. Pour le tri par exemple $\mu(I)$ est le nombre n d'objets à trier, et $\nu(I)$ est le nombre de comparaisons à effectuer. Dans les problèmes théoriques $\mu(I)$ mesure le nombre de signes d'un alphabet fini G utilisés par un codage *raisonnable* des données du problème. De plus si A est supposé décrit comme une machine de Turing, alors $\nu(I)$ mesure le nombre de pas de cette machine de Turing. Vouloir trop préciser le mot *raisonnable* conduit à des contradictions logiques comparables à celles que peut (se) poser *le barbier qui rase tous ceux qui ne se rasent pas eux-même!...*

3.2 Machine de Turing

Lorsque nous avons parlé d'algorithme, nous n'avons pas donné de définition, disant simplement que pour nous un algorithme sera un programme. Si nous avions à en donner une pour un dictionnaire, nous serions un peu plus général et dirions peut-être "procédé permettant de trouver une solution à un problème posé". Ceci permet de considérer comme *algorithme* des méthodes qui permettent de résoudre effectivement des problèmes sans pour autant se prêter, au moins facilement, à la modélisation informatique.

3.2.1 Un problème à problèmes

En faisant ces restrictions, on pense, en particulier, au procédé suivant donnant le plus court chemin dans un graphe planaire :

Ce problème se pose sur un graphe $G = (X, E)$ non-orienté fini planaire (encore que l'on puisse lever cette restriction) où X est un ensemble de sommets et E un sous-ensemble de l'ensemble des 2-parties de X, $P_2(X)$. Chaque arête e de E est valuée par un entier positif $l(e)$, la "longueur de l'arête" e. Un chemin élémentaire entre deux sommets a et b est une suite de k arêtes $(e_{i1}, e_{i2}, \ldots, e_{ik})$, e_{i1} contenant le sommet a et e_{ik} contenant le sommet b, telle que deux arêtes consécutives de la suite aient un sommet en commun, et telle qu'un sommet apparaisse dans au plus deux arêtes de la suite. La longueur d'un chemin est la somme des longueurs des arêtes qui le composent. Le problème du plus court chemin entre a et b dans G consiste à trouver un chemin de G de longueur minimum. Ce problème se pose relativement souvent lorsque X représente l'ensemble des carrefours d'une carte (routière par exemple), E celui des tronçons de route entre ces carrefours, $l(e)$ étant la longueur du tronçon e.

3.2.2 Un algorithme pour ce problème de plus court chemin

Pour résoudre ce problème considérons la méthode suivante :

1- À chaque carrefour x de X, associons un anneau $r(x)$ de diamètre négligeable,

2- À chaque arête $e = \{x, y\}$ entre deux sommets, associons un fil relié en son extrémité x à l'anneau $r(x)$, en son extrémité y à l'anneau $r(y)$, et de longueur proportionnelle à $l(e)$.

3- Pour trouver le plus court chemin entre a et b fixons l'anneau $r(a)$ et tirons sur l'anneau $r(b)$ jusqu'à ce qu'un chemin soit tendu entre a et b.

Il est facile de se convaincre que ce chemin tendu est le plus court entre a et b (tous les autres étant plus longs). On a bien résolu notre problème de plus court chemin et on peut exploiter le résultat... Mais je ne sais pas bien modéliser cette méthode sous forme de programme.

3.2.3 Machines de Turing comme modèle d'algorithmes

Nonobstant ces restrictions, un algorithme sera dorénavant pour nous une machine de Turing. Nous ne ferons pas une étude théorique des machines de Turing, nous contentant d'en donner des exemples qui nous permettront de nous convaincre de leur efficacité (théorique !...).

Décrivons tout d'abord une machine (de Turing) permettant de reconnaître si une suite de 1 et de 0 se termine par 0 0. Une telle machine se compose d'une bande (infinie des deux côtés) découpée en cases, d'une table à double entrée (le véritable programme ici) et d'une tête de lecture-écriture qui peut se déplacer d'une case à gauche (G) ou à droite (D) sur la bande. Les seuls caractères écrits sur la bande appartiennent à l'alphabet $\{0, 1, b\}$; la tête de lecture-écriture sait les lire et les écrire à l'exclusion de tout autre. Une case de cette table contient trois informations rangées de façon ordonnée (pour pouvoir les reconnaître et les interpréter).

1. Le caractère à écrire dans la case en face de la tête de lecture,

2. le numéro de la colonne de la table que l'on devra utiliser lors de la prochaine consultation ; ce numéro est appelé *état*.

3. le caractère indiquant le déplacement de la tête de lecture, G pour à gauche, D pour à droite.

Notre table est indicée en ligne par les 3 caractères et en colonne par l'ensemble des états. Les colonnes 1 et 2 sont des colonnes d'arrêt, la première correspond à une réponse positive à la question posée (la suite de 1 et 0 écrite sur la bande entre deux b se termine-t-elle par deux 0 ?), la seconde correspond à une réponse négative. La colonne 3 est la colonne initiale.

Lors de la démonstration du théorème de Cook (cf 3.6), nous serons amenés à préciser le rôle de ces trois colonnes.

	1	2	3	4	5	6
0	$fin\ oui$	$fin\ non$	$(0,4,d)$	$(0,4,d)$	$(0,6,g)$	$(0,1,d)$
1			$(1,4,d)$	$(1,4,d)$	$(1,2,d)$	$(1,2,d)$
b		$fin\ non$	$(b,4,d)$	$(b,5,g)$	$(b,2,d)$	$(b,2,d)$

$$\downarrow$$

b	1	1	0	1	1	0	1	0	0	b

La *Machine* précédente va permettre de décider si la suite de $\{0,1\}$ encadrée par deux b se termine par $(0,0)$. Initialement le tête de lecture est positionnée sur l'un des caractères entre le b de gauche inclus et le b de droite exclu. Cet exemple est tiré de l'ouvrage de Garey Johnson [32] "Computers and Intractability".

Remarque 3.1 *Les instructions de la colonne 4 de cette machine se comportent comme une boucle **Tant que** (on n'est pas sur le b de droite).*

Décrivons à présent une machine de Turing qui recopie (à gauche) une chaîne de caractères encadrée par deux b. Par souci d'économie on suppose que la bande, en dehors de notre texte, est initialement remplie de (formatée par des) b. On suppose de plus qu'initialement la tête de lecture est positionnée sur le b de droite.

	$dép\ fin$	1	2	3	4	5	6	7	8	9
0		$b,2,g$	$0,2,g$	$0,3,g$	$0,4,d$	$0,5,d$	$0,6,g$	$0,7,g$	$0,8,d$	$0,9,d$
1		$b,6,g$	$1,2,g$	$1,3,g$	$1,4,d$	$1,5,d$	$1,6,g$	$1,7,g$	$1,8,d$	$1,9,d$
b	$b,1,g$	b,fin,d	$b,3,g$	$0,4,d$	$b,5,d$	$0,1,g$	$b,7,g$	$1,8,d$	$b,9,d$	$1,1,g$

$$\downarrow$$

b	0	1	0	b	1	1	0	b	0	1	0	b

Dans cet exemple on avait à recopier la partie de bande comprise entre le premier et le troisième b. On distingue deux cas, selon que l'on recopie un 0 ou un 1. Dans le premier cas on va utiliser les colonnes (états) $(2,3,4,5)$, dans le second les états $(6,7,8,9)$.

On est en train de recopier le caractère 1 qui a été remplacé (provisoirement) par le deuxième b. Ce b nous sert de marqueur pour retrouver la case d'où l'on est parti, pour finalement y réécrire le caractère 1. Notre machine est dans l'état 6. La tête de lecture écriture est positionnée sur le 6ème caractère de la bande.

- On va rester dans cet état 6 tant que l'on n'aura pas atteint le prochain b de droite.
- On passera dans l'état 7, et l'on continuera sur la droite.
- On va rester dans cet état 7 tant que l'on n'aura pas atteint le prochain b de droite.

- On remplacera ce b par 1, on passera dans l'état 8, et l'on ira sur la gauche.
- On va rester dans cet état 8 tant que l'on n'aura pas atteint le prochain b de gauche.
- On passera dans l'état 9, et l'on continuera sur la gauche.
- On va rester dans cet état 9 tant que l'on n'aura pas atteint le prochain b de gauche.
- On remplacera ce b par 1, on retournera à l'état 1, et l'on ira sur la droite.

Si le caractère effacé avait été un 0, on aurait eu une séquence identique, les états $(6,7,8,9)$ étant remplacés par $(2,3,4,5)$ et le caractère 1 par 0. L'état 1 envoie sur l'une des deux séquences selon que le caractère lu est 1 ou 0. La remarque 3.1 est aussi valable pour chacun de ces 8 états : *Tant que b n'est pas lu, rester dans l'état considéré ; puis lorsque b est lu faire une certaine action.*

On peut facilement calculer le nombre de pas de cette machine en fonction du nombre n de caractères à recopier. On remarque, qu'à chaque étape, on se déplace de $n+1$ cases vers la gauche, puis de $n+1$ cases vers la droite, puis d'une case vers la gauche. Si l'on suppose qu'initialement la tête de lecture-écriture était positionnée sur le b de droite cela fait $n(2(n+1)+1)+1$ déplacements. Le dernier 1 représente le premier déplacement d'une case vers la gauche.

Remarque 3.2 *On se convainc alors facilement que l'on saurait faire une machine M pour additionner deux entiers. Le nombre de calculs serait, comme dans le problème de recopie précédent, de l'ordre de $\mu(I)^2$, où $\mu(I)$ est ici le nombre de caractères nécessaires pour écrire nos deux nombres n_1 et n_2 dans une base finie. Dans la base 2 par exemple, cela donne $\log_2(n_1) + \log_2(n_2) + 3$, 3 étant ici le nombre de séparateurs autour et entre ces deux nombres.*

Remarque 3.3 *On construirait de la même façon une machine à multiplier. En base 2, en effet, multiplier revient à, au plus, $\mu(I)$ additions par l'algorithme classique. Pour la division, l'algorithme classique est relativement subtil à programmer. On peut opérer par dichotomie, et utiliser, au plus, $\mu(I)$ fois la multiplication. On peut aussi affiner cet algorithme, aboutissant à la division dite, suivant les auteurs [52], du paysan russe ou chinois.*

3.3 Problème polynomial et non-polynomial

Définition 3.1 (Algorithme Polynomial) *Un algorithme A résolvant un problème P est dit polynomial si, pour toute donnée I, il existe un polynôme Q tel que $\nu(A,I) \leq Q(\mu(I))$.*

Dans la pratique, on désigne la complexité d'un algorithme polynomial par $O(p_1^a p_2^b \ldots)$, notation dans laquelle les p_i, en nombre fini, sont des paramètres du problème (nombre de sommets d'un graphe, nombre d'arêtes de ce graphe,...) et $a, b, \ldots$ les degrés maximum de ces paramètres dans le polynôme Q. La notation $O()$ signifie, comme d'habitude ordre de, c'est à dire qu'une telle fonction se comporte comme le monôme $p_1^a p_2^b \ldots$ lorsque les p_i tendent vers l'infini. Si Q est un polynôme à une variable et de degré 1, on parle d'un algorithme (de complexité) linéaire. On utilise aussi d'autres fonctions comme le logarithme.

Définition 3.2 (Problème Polynomial) *Le problème P est dit polynomial s'il existe un algorithme polynomial A résolvant ce problème. L'ensemble des problèmes polynomiaux est appelé l'ensemble $\mathcal{P}$.*

3.3.1 Addition de deux nombres

Considérons le problème de l'addition de deux nombres entiers a et b.

Remarque 3.4 *Un nombre entier positif n écrit (représenté) en base 10 avec k chiffres est tel que :*

$$10^{k-1} \leq n < 10^k.$$

La longueur d'écriture $\mu(I)$ des données de ce problème est ici la somme des longueurs d'écriture, en base 10, de a et b, $\mu(I) \simeq \lceil \log_{10}(a) \rceil + \lceil \log_{10}(b) \rceil$ aux délimiteurs près. Ces délimiteurs sont en nombre fini, 3 si les données sont décrite comme (a, b) (deux parenthèses et une virgule).

Proposons un premier algorithme : l'algorithme $CE1$ utilisant des tables d'addition. Illustrons le sur l'exemple suivant :

$$
\begin{array}{r}
1\,7\,8\,9 \\
+\ 1\,5\,1\,5 \\
\hline
3\,3\,0\,4
\end{array}
$$

Aux caractères 5 et 9 correspond le caractère 4 et une *retenue* de 1, et ainsi de suite. Remarquons que le nombre d'étapes de cet algorithme est au moins égal au nombre de chiffres du plus grand des deux nombres, nécessairement inférieur ou égal à $\mu(I)$. A chaque étape t, on fait correspondre aux deux chiffres de rang t (en partant de la droite) et de la "retenue" (0 ou 1) le chiffre de rang t de la ligne du bas et la nouvelle retenue. Ces opérations s'effectuent en consultant deux tables finies (celle donnant la retenue et celle donnant le caractère "somme" qui est consultée deux fois). En tout état de cause, ces calculs de consultation de tables demandent un nombre d'étapes borné par une constante k. On a donc $\nu(CE1, I) \leq k \times \mu(I)$. L'algorithme $CE1$ pour l'addition de deux nombres est donc polynomial. Il est même linéaire pour nous qui travaillons en parallèle sur les trois lignes ; il le serait aussi sur une machine de Turing à trois bandes (cf 3.4.2).

Considérons à présent l'algorithme CP qui consiste à compter sur ses doigts la somme de deux nombres, 17 et 9 par exemple. On fait correspondre au premier 17 bâtons, au second 9 bâtons, puis on les compte tous (IIIIIIIIIIIIIII IIIIIII). Ceux qui auraient besoin d'une représentation physique d'une telle machine peuvent se représenter un compteur à incrément et décrément dont une implémentation pratique se trouve dans chaque automobile : le compteur kilométrique. Un tel compteur incrémente (respectivement décrémente) d'un dixième de tour la roue d'indice $k + 1$ à chaque tour de la roue d'indice k. On dispose de trois compteurs dont on va lier les fonctionnements. À la roue des *unités* de chaque compteur, on associe un engrenage (à 20 dents par exemple).

1. On affiche sur le premier compteur le nombre a (en désolidarisant provisoirement les roues).

2. On affiche b sur le deuxième compteur.

3. On affiche 0 sur le troisième compteur (destiné à recevoir le résultat).

4. Une première fois on solidarise les engrenages des premier et troisième compteurs de façon à ce que lorsque la roue des unités de l'un tourne d'un tour, la roue des unités de l'autre tourne d'un tour en sens inverse.

5. On décrémente le premier compteur jusqu'à 0.

6. On solidarise de la même façon le deuxième compteur au troisième puis on décrémente le deuxième compteur jusqu'à 0.

À la fin de ce processus, le troisième compteur contient une représentation en base 10 de la somme des nombres a et b initialement représentés en base 10. On a bien réalisé notre objectif. Dans cet algorithme, on doit décrire un nombre k de bâtons au moins égal au plus grand des deux nombres et donc, comme on l'a vu, $k \geq 10^{(\mu(I)/2-1)}$. On a donc $\nu(I) \geq k$, et par conséquent

$$\nu(CP, I) \geq 10^{(\mu(I)/2-1)}.$$

On vient de démontrer que l'algorithme CP est exponentiel car $\nu(CP, I)$ est supérieur à une exponentielle en $\mu(I)$; il est donc non-polynomial.

Ces notions introduites en 1965 par Jack Edmonds [16] dans son fameux article "Paths, Trees and Flowers", se sont révélées très riches par la preuve, entre autres, qu'un très grand nombre de problèmes (ces problèmes appartiennent à la classe $\mathcal{NP}$, cf la définition (3.8)) sont polynomialement équivalents dans le sens ou l'existence d'un algorithme polynomial pour l'un quelconque d'entre eux implique l'existence d'un tel algorithme pour tous les autres. L'ensemble de ces problèmes est appelé l'ensemble des problèmes $\mathcal{NP} - complets$, voir définition (3.10).

3.3.2 Transformation polynomiale

Définition 3.3 (Réduction d'un problème à un autre) *On dira que le problème P se réduit au problème P' si :*

1. *Il existe un algorithme A qui transforme les données I de P en données I' de P'.*

2. *Il existe un algorithme A' qui transforme les solutions S' de P' (pour les données I'), en solutions S de P.*

Définition 3.4 (Réduction polynomiale) *On dira que le problème P se réduit polynomialement au problème P' si :*

1. *P se réduit au problème P'.*

2. *Les algorithmes A et A' sont polynomiaux.*

Remarque 3.5 *Si P se réduit polynomialement au problème P' et que le problème P' est polynomial, alors P est polynomial.*

En effet, il existe alors un algorithme polynomial A" qui résout le problème P', et la composition des trois algorithmes polynomiaux A, A", A' est encore un algorithme polynomial.

Définition 3.5 (Équivalence polynomiale) *Si P se réduit polynomialement à P', et que P' se réduit polynomialement à P, on dit que P et P' sont polynomialement équivalents.*

Les codages d'un entier n dans une base finie, différente de la base 1, sont polynomialement équivalents. Les restes de la division par la nouvelle base du nombre donné, puis de son quotient et des quotients successifs, sont la décomposition de ce nombre dans la nouvelle base. Le nombre de divisions par la nouvelle base est égal à la longueur d'écriture dans la nouvelle base. On a $\mu_a(n) = \log_a(n)$, $\mu_b(n) = \log_b(n)$. Les logarithmes dans des bases différentes étant linéairement liés, $(\log_a(n) = \log_a(b) \times \log_b(n))$, $\mu_a(n)$ et $\mu_b(n)$ le sont. C'est pourquoi dorénavant, on écrira, par abus d'écriture, $\mu(n) = \log(n)$ sans préciser la base des logarithmes.

3.4 Les machines de Turing et les autres

L'objet de cette section est de convaincre le lecteur qui a déjà effectué un programme en Fortran, Basic, Pascal, C... , ou qui a l'illusion de savoir le faire, qu'il pourrait le faire aussi, avec une complexité pas trop dégradée, sur une Machine de Turing.

3.4.1 La machine de von Neumann

Les machines que nous utilisons sur nos bureaux sont des machines dites de von Neumann [70].

Ce sont des machines *universelles*, c'est à dire qui peuvent résoudre plusieurs programmes, par opposition aux machines *dédiées* telles une *imprimante*, un *scanner*, une *souris*.

Remarque 3.6 *Ces machines ne sont pas si universelles que ça.*

En effet elles ont des limitations sur la taille de la mémoire qui est figée. Très schématiquement de quoi sont-elles constituées ?

1. D'une mémoire organisée en *octets* de taille fixe.

2. D'une *unité arithmétique* qui travaille sur des représentations de nombres, représentations sur un nombre fixé d'octets. Ce nombre est, aujourd'hui, 4, 8 ou 16...

3. D'organes d'*Entrées Sorties*.

Remarque 3.7 *On peut travailler par programme sur des nombres (entiers ou rationnels) de longueur quelconque. Il existe des bibliothèques de programmes dans lesquelles les différentes opérations arithmétiques sont programmées par des algorithmes satisfaisants. Dans notre contexte il nous suffit que ces algorithmes soient polynomiaux, ce que sont les algorithmes classiques.*

Remarque 3.8 *La seule petite difficulté est l'adressage, c'est à dire l'identification des cases de mémoire de façon à pouvoir y accéder directement. Celui-ci en effet est limité. Il est possible de prévoir, en toute généralité, un adressage de la mémoire indépendant de la taille de celle-ci. Nos machines étant tout à fait réelles, un tel adressage n'est pas prévu. Il est à noter que la transition entre les mémoires de taille inférieure à 65536 octets et celles supérieures a pu se faire tout en conservant un adressage sur deux octets, et ce par des méthodes de pagination.*

Remarque 3.9 *Dans le cas ou l'adressage ne poserait plus de problème, il faudrait aussi gérer celui du temps d'accès qui ne pourrait plus être fixe, égal pour chacun des octets de la mémoire. Cette condition n'est plus possible lorsque la taille de la mémoire peut croître autant que l'on veut!...*

Tous ces attendus sont là pour justifier (pour l'étude de la complexité) l'utilisation d'un modèle de machine plus simple : la machine de Turing. Cependant on voudrait profiter de notre habileté (?) à programmer nos machines pour programmer les machines de Turing.

Les variables Une caractéristique de nos programmes est d'utiliser un certain nombre *fini et (qui peut être) fixé au début du programme* de zones mémoires pour y ranger les différents objets manipulés durant le déroulement de l'algorithme. Dans la machine de Turing correspondante, on considérera une bande pour chaque nom de zone mémoire utilisé. On appelle ces zones des *variables*, il nous faut aussi introduire un ensemble fini de bandes pour effectuer les quatre opérations(au moins 4). Il nous faut donc introduire les machines de Turing à pusieurs bandes. On commencera par deux, et l'on montrera que l'on peut les réduire polynomialement aux machines à une bande, une réduction analogue s'effectuant pour les machines à k bandes.

3.4.2 Les machines de Turing à deux bandes

De la même façon que l'on a défini les machines de Turing à une bande (cf 3.2.3) on définit les machines de Turing à deux bandes. En plus d'avoir deux bandes (infinies des deux côtés), ces machines diffèrent des précédentes par les contenus des cases de la table. Ces cases contiennent des quadruplets, et non plus des triplets. Les éléments de ces quadruplets sont :

- Le caractère à écrire sur la bande considérée.
- La nouvelle colonne de la table.
- Le sens de déplacement d'une case de la bande.
- La bande à consulter à l'étape suivante.

Les trois premiers de ces éléments sont (à une nuance près, le fait que la bande soit spécifiée) ceux du triplet. Le quatrième spécifie justement cette bande.

Remarque 3.10 *On peut, moyennant une modification de la table, ramener un alphabet à trois caractères* $\{0, 1, b\}$ *à un alphabet à deux caractères* $\{0, 1\}$.

Il suffit de transcoder, par exemple, 0 en 00, 1 en 11 et b en 01. À une colonne de la table de la machine initiale correspondront deux colonnes de la nouvelle machine. Ces deux colonnes sont là pour *identifier*, dans cette nouvelle machine, le couple de caractères correspondant au caractère de l'ancienne machine.

Remarque 3.11 *De la même façon, on peut, moyennant une (autre) modification de la table, ramener un alphabet à k caractères* $\{0, 1, \ldots, k-1\}$ *à un alphabet à deux caractères* $\{0, 1\}$. *Les anciens caractères seront représentés par* $\lceil \log_2(k) \rceil$ *caractères binaires, Chacune des colonnes de la table sera remplacée par un ensemble de* $\lceil \log_2(k) \rceil$ *colonnes.*

On va tout d'abord faire une remarque triviale pour montrer qu'on peut *intercaler* entre chaque case significative une case contenant le caractère b (inutile pour le moment). Par la suite on pourra utiliser cette case pour y mettre un *nouveau* caractère qui va nous permettre de repérer la dernière case utilisée.

Remarque 3.12 *Considérons une machine de Turing à deux bandes sur l'alphabet* $\{0, 1\}$. *On peut lui faire correspondre polynomialement (linéairement) une machine telle que sur chacune des bandes, chacun des caractères précédents soit écrit sur des cases séparées par une case dans laquelle on pourra mettre un nouveau caractère b par exemple. Le nouvel alphabet sera donc* $\{0, 1, b\}$.

Preuve. On peut procéder de la façon suivante. À la colonne c de l'ancienne table contenant des triplets pris dans la liste suivante :

$$\{(0, k_1, g), (1, k_2, g), (0, k_3, d), (1, k_4, d)\},$$

on fera correspondre les cinq colonnes numérotées :

$$\{(c,0),(c,1),(c,2),(c,3),(c,4)\}.$$

La colonne $(c,0)$ correspondra à la colonne c. Ne pouvant pas préjuger du contenu de la colonne c, l'énumération suivante dresse la liste des correspondances des contenus possibles des cases de c et de ceux de $(c,0)$:

- $(0, k_1, g)$ sera remplacé par $(0,(c,1),g)$,
- $(1, k_2, g)$ sera remplacé par $(1,(c,2),g)$,
- $(0, k_3, d)$ sera remplacé par $(0,(c,3),d)$,
- $(1, k_4, d)$ sera remplacé par $(1,(c,4),d)$.

À la colonne c pourra correspondre l'ensemble des colonnes suivantes. Le contenu de la colonne $(c,0)$ est laissé vide, car nous ne pouvons préjuger du contenu de la colonne c. On aurait pu énumérer le nombre (fini et petit) de contenus possible de la colonne c, et à chacun de ces cas faire correspondre un ensemble de colonnes de la nouvelle machine.

	$(c,0)$	$(c,1)$	$(c,2)$	$(c,3)$	$(c,4)$
0	$(\ ,\ ,\ )$	$(b,(k_1,0),g)$	$(b,(k_2,0),g)$	$(b,(k_3,0),d)$	$(b,(k_4,0),d)$
1	$(\ ,\ ,\ )$	$(b,(k_1,0),g)$	$(b,(k_2,0),g)$	$(b,(k_3,0),d)$	$(b,(k_4,0),d)$
b	$(\ ,\ ,\ )$	$(b,(k_1,0),g)$	$(b,(k_2,0),g)$	$(b,(k_3,0),d)$	$(b,(k_4,0),d)$

On remarquera que l'on écrit toujours b. C'est normal, notre but est de sauter la case contenant ce caractère b. Une case sur deux contient b. Si la bande a été formatée en mettant un b toute les deux cases, seule la dernière ligne sera utilisée. On retiendra que le nombre de colonnes de la nouvelle machine est cinq fois celui de l'ancienne (on pourrait réduire ce nombre à trois).

Remarque 3.13 *Le nombre de pas de la nouvelle machine (à deux bandes) est le double de celui de l'ancienne. Les deux machines sont donc polynomialement (linéairement) équivalentes (définition 3.5).*

Ce qui termine la preuve de la remarque (3.12) □

3.4.3 Machines dont on connaît une borne p du nombre de pas

Nous ne considérerons ici que les machines dont on connaît, a priori, une borne supérieure p du nombre de pas. Les réductions que nous ferons **ne seront donc pas les plus générales**. Ceendant elles nous suffiront pour l'étude de la complexité et nous permettront de donner des preuves plus simples et plus intuitives.

Supposons donc que l'on dispose d'une machine à deux bandes sur l'alphabet $\{0, 1, b\}$ telle que deux cases (significatives) ne contiennent pas le caractère b, et soient séparées par une case contenant le caractère b. Supposons de plus que le nombre p (pair) soit une borne supérieure du nombre de ses pas. Recopions les contenus initiaux des deux bandes sur une seule bande en séparant les positions initiales des deux têtes de lectures par $2p + 2$ cases.

Remarque 3.14 *Si l'on sait mettre en bijection les déplacements des deux têtes par rapport aux deux bandes et les déplacements de la tête unique de la nouvelle machine à une bande, par rapport aux deux zones définies sur la bande, ces deux zones ne se recouvriront pas.*

En effet la somme p des déplacements de ces positions, dans le cas ou ceux-ci se feraient l'un vers l'autre, est inférieure à $2p + 2$. Il reste :
- À repérer les positions courantes des deux zones.
- À transformer la table à quadruplets en table à triplets.

Introduisons un nouveau caractère, le caractère d. Ce caractère va nous servir de marqueur de position. Il remplacera le caractère b de la case immédiatement à droite de la position courante de la zone de gauche, et celui de celle immédiatement à gauche de la position courante de la zone de droite. Chacun des déplacements significatifs, ceux effectués dans les colonnes indicées par $(c, 0)$ de la machine à deux bandes, sera remplacé par la séquence suivante. Nous n'explicitons ici que le cas où, d'une part il y a changement de zone, et, d'autre part le déplacement se fait de la zone de droite vers celle de gauche :
- Se déplacer d'une case vers la gauche.
- Écrire le caractère d dans cette case.
- Chercher le caractère d à gauche.
- Remplacer ce d par b et aller à gauche.
- Faire l'action demandée.

Lorsqu'on a fait correspondre la zone de gauche à la bande 2 et que l'on considère un caractère (significatif) de la bande 1, au contenu $(0, k, g, 2)$ de la colonne c et de la ligne 0 de la machine initiale correspondra :

	$(c, 0)$	$(c, 1)$	$(c, 2)$
0	$(0, (c, 1), g)$	$(d, (c, 2), g)$	$(0, (c, 2), g)$
1	$(, ,)$	$(d, (c, 2), g)$	$(1, (c, 2), g)$
b	$(, ,)$	$(d, (c, 2), g)$	$(b, (c, 2), g)$
d	$(, ,)$	$(d, (c, 2), g)$	$(b, (k, 0), g)$

La colonne $(c, 2)$ représente une boucle *tant que* (si on ne trouve pas le caractère d, on va à gauche). Sa ligne d s'interprète : lorsque l'on a trouvé le caractère d, on le remplace par b, on va à gauche, on est alors prêt à poursuivre le cours normal de l'algorithme. Il en serait de même pour les autres contenus. À une colonne de notre machine initiale correspondront 5 colonnes de la nouvelle machine.

Remarque 3.15 *Soit p' le nombre de pas de cette nouvelle machine, on a :*

$$p' \le (4p + 2) \times p.$$

Un premier facteur 2 vient du fait que chaque case est doublée. Le deuxième vient du fait que la position courante de la zone de droite peut se déplacer vers la droite, et celle de la zone de gauche vers la gauche. À la fin ces deux positions seront séparées par au plus $2p + 2$ cases, d'où le résultat.

Remarque 3.16 *Supposons que notre machine initiale à deux bandes est polynomiale : $p = \nu(I) \leq Q(\mu(I))$. Le nombre de pas $\nu'(I)$, de la nouvelle machine est donc tel que :*

$$\nu'(I) \leq (4 \times Q(\mu(I)) + 2) \times Q(\mu(I)).$$

La nouvelle machine est donc polynomiale, le degré de ce polynôme est le double de celui de la première machine (à deux bandes).

Remarque 3.17 *Dans le cas de k bandes on pourra faire de même en utilisant k zones séparées par $2p + 2$ cases, et k caractères supplémentaires (non compris le b). La complexité sera toujours de l'ordre de $Q(\mu(I))^2$.*

3.4.4 Problèmes, problèmes de décision et leur contraire

Définition 3.6 (Problèmes de décision) *Soit Ob une famille d'objets, et soit R une propriété. Un problème de décision est un problème de la forme : L'objet ob $\in$ Ob a-t-il la propriété R ?*

Par exemple les objets peuvent être les graphes et la propriété être d'avoir un *cycle hamiltonien* (un cycle élémentaire qui contient tous les sommets cf définition 4.5). La question est alors :

Le graphe $G = (X, E)$ a $-$ t $-$ il un cycle hamiltonien ?

Sur cet exemple faisons la remarque suivante :

Remarque 3.18 *Intuitivement il semble plus facile de vérifier la réponse oui à cette question que la réponse non.*

Il semble clair que si l'on a un sous-graphe $G' = (X, E')$ de G dont on prétend que c'est un cycle hamiltonien, il est facile, *polynomial*, de **vérifier** que G' est bien un cycle hamiltonien de G :

Il suffit de vérifier que chaque sommet $x \in X$, appartient à **exactement** deux arêtes de G', et que G' est connexe. Cette dernière vérification se fait en construisant un *arbre*, en listant les arêtes et en éliminant celles qui forment un cycle avec les précédentes. Dans le cas qui nous intéresse on ne doit éliminer qu'une seule arête. L'algorithme que nous venons de décrire est, bien entendu, polynomial.

Considérons à présent un graphe $G = (X, E)$ dont on prétend qu'il n'est pas hamiltonien, le graphe de la figure 3.1 par exemple :

Une procédure pour vérifier que ce graphe *n'est pas hamiltonien* peut être d'énumérer tous les sous-graphes $G' = (X, E')$ de G tels que $|E'| = 10$ (ce graphe a 10 sommets), et de vérifier, au moyen de la procédure précédente qu'**aucun** d'eux n'est hamiltonien.

Remarque 3.19 *On voit donc, sur cet exemple, que la réponse **oui** semble plus facile à affirmer à un interlocuteur (lorsque l'on peut lui présenter un cycle hamiltonien) que la réponse **non**.*

Fig. 3.1 – Graphe de Petersen

En conséquence on distinguera les deux problèmes :
- G est-il hamiltonien ?
- G est-il non-hamiltonien ?

Définition 3.7 *Un problème posé sous la forme d'une telle question :*

$$Tel\ objet\ a - t - il\ telle\ propriété\,?$$

est appelé problème de décision.

Liens entre les problèmes de décision et de construction Supposons que l'on sache résoudre un problème de décision du type précédent :

$$Tel\ objet\ a - t - il\ telle\ propriété\,?$$

dans lequel la propriété est de contenir un certain type de sous-objet. Précédemment il s'agissait de contenir un cycle hamiltonien.

Remarque 3.20 *Dans ce cas on sait aussi résoudre le problème de construction. De plus si le problème de décision est polynomial, alors le problème de construction est aussi polynomial.*

Voyons ceci dans le cadre du problème : "*G est-il hamiltonien ?*" Rappelons-nous que vérifier qu'un graphe est un cycle hamiltonien est un problème polynomial.

> **Données**: $G = (X, E)$
> **Résultat**: $G = (X, E)$ n'est pas hamiltonien,
>   ou bien le cycle hamiltonien $G = (X, E')$
>
> $E' \leftarrow E$,
> **si** G *n'est pas hamiltonien* **alors**
>   Stop, G n'est pas hamiltonien
> **sinon**
>   **tant que** $\exists e \in E'$ *tel que* $G' = (X, E' \setminus \{e\})$ *est hamiltonien* **faire**
> $E' \leftarrow E' \setminus \{e\}$.
>   **fin**
> **fin**

Lemme 3.1 *Si G est hamiltonien, le graphe G' obtenu à la fin de l'algorithme (3.4.4) est un cycle hamiltonien.*

3.4.5 Problème $\mathcal{P}$, Problème $\mathcal{NP}$, les classes $\mathcal{P}$ et $\mathcal{NP}$

On a déjà dit, définition 3.2, ce qu'était un problème polynomial. La classe des problèmes polynomiaux est appelée la classe $\mathcal{P}$.

Remarque 3.21 *Il vaut mieux parler de classes de problèmes que d'ensembles de problèmes. Parler d'ensembles de problèmes nous obligerait à restreindre la notion de problème à celle de la reconnaissance d'un langage particulier, ce qui revient à figer la représentation des données. Pour chaque représentation d'un graphe G on aurait un problème différent!...*

Définition 3.8 *Considérons un problème de décision P. Considérons les instances I de ce problème pour lesquelles la réponse est oui. Le problème P appartient à la classe $\mathcal{NP}$ s'il existe un algorithme polynomial en $\mu(I)$, qui, en utilisant une information supplémentaire S, permet de vérifier que cette réponse est bien oui pour ces instances I. Notons que $\mathcal{NP}$ ne veut en aucun cas dire non polynomial, mais **non déterministe polynomial**.*

Remarque 3.22 *L'algorithme permettant de vérifier cette réponse oui étant polynomial, borné par $\mathcal{Q}(\mu(I))$, la longueur d'écriture de S est bornée par $\mathcal{Q}(\mu(I))$.*

Illustrons cette définition en nous servant de l'exemple précédent. L'information supplémentaire S est ici le sous-graphe prétendu être un cycle hamiltonien. L'algorithme que nous avons décrit pour vérifier qu'un sous-graphe est bien un cycle hamiltonien 3.4.4, est bien polynomial en $O(|X|)$.
Le problème : G *est-il hamiltonien* appartient donc à $\mathcal{NP}$.

Pourquoi non déterministe?

Le théorème de Cook 3.6 démontré plus loin, permet de réduire tout problème de la classe $\mathcal{NP}$ au problème SAT (définition 3.15). Ce dernier problème peut se résoudre en énumérant les valeurs de ses N variables booléennes. Cette énumération peut s'effectuer de façon arborescente, sur un arbre de profondeur N qui a 2^N chemins de sa racine à ses feuilles. Un chemin correspond à une liste de valeurs des N variables booléennes. Si le problème SAT a une solution, une liste au moins donne la valeur vrai à chacune des clauses (définition 3.14). Non déterministe peut s'interpréter simplement comme le choix d'une de ces (bonnes) listes (s'il y en a une). On imagine que l'ensemble des variables est ordonné, et que en déroulant l'arbre précédent suivant cet ordre on choisit (de façon non déterministe), à chaque étape de choix, une valeur de la variable qui puisse conduire à une de ces bonnes listes.
Dans le cadre des problèmes où la propriété que doit posséder l'objet considéré est un sous-objet d'un certain type, c'est le cas du problème de notre exemple, la preuve que ce problème appartient à $\mathcal{NP}$ se fait souvent en vérifiant qu'une solution proposée a bien cette propriété.

Remarque 3.23 *Pour les problèmes pour lesquels la propriété requise est de contenir un certain type d'objet S, la preuve que ces problèmes appartiennent* *à $\mathcal{NP}$ se fait le plus souvent en donnant un algorithme polynomial permettant de vérifier que le S a la propriété donnée.*

Définition 3.9 (Problème de co$\mathcal{NP}$) *Un problème de décision, Obj a-t-il la propriété P, appartient à la classe co$\mathcal{NP}$ si le problème : Obj a-t-il la propriété non − P appartient à $\mathcal{NP}$.*

Remarque 3.24 *Les problèmes de $\mathcal{P}$ appartiennent donc à la fois à $\mathcal{NP}$ et co$\mathcal{NP}$.*

Les problèmes polynomiaux appartiennent, bien entendu, à $\mathcal{NP}$. En effet le même algorithme qui permet de les *résoudre* (lorsque c'est possible) permet, dans le cas où cette résolution a pu s'effectuer, d'affirmer que l'objet avait bien cette propriété, et dans le cas contraire que l'objet ne l'avait pas.

Un problème de $\mathcal{NP}$ différent : n est-il premier ? Nous n'allons pas étudier complètement ce problème de décision. Celui-ci est un exemple de problème de décision qui ne se pose pas en terme d'objet contenant un sous-objet.

Intéressons nous tout d'abord à son opposé : n est-il composé ($n = p \times q$) ?

Formellement ni p ni q ne sont des sous-objets de n. Il est assez facile si l'on connaît un *facteur* p de n de vérifier, au moyen des algorithmes polynomiaux de division et de multiplication, que p est bien un facteur de n. Le problème n est-il composé ? appartient donc à $\mathcal{NP}$. Le problème n est-il premier ? appartient donc à co$\mathcal{NP}$.

Il existe un algorithme, appelé le test de Pratt [72], qui permet de montrer que ce problème appartient aussi à $\mathcal{NP}$.

On ne sait pas si ce problème appartient à $\mathcal{P}$.

C'est, à ma connaissance, et au moment où j'écris ces lignes, le seul problème appartenant à la fois à $\mathcal{NP}$ et co$\mathcal{NP}$ dont on ne sait pas s'il est polynomial, c'est à dire s'il appartient à $\mathcal{P}$.

3.4.6 Problème $\mathcal{NP}$-Complet

On a terminé la section précédente en définissant et illustrant la notion de problème de $\mathcal{NP}$. Nous allons nous intéresser ici à une sous-classe de la classe des problèmes de $\mathcal{NP}$, celle des problèmes $\mathcal{NP}$-Complets.

Définition 3.10 (Problème $\mathcal{NP}$-Complets) *Un problème de $\mathcal{NP}$ est dit $\mathcal{NP}$-Complet, si **tout** problème de $\mathcal{NP}$ se réduit polynomialement à lui.*

La condition que *tout* problème de $\mathcal{NP}$ se réduise à un problème qui est $\mathcal{NP} - Complet$ semble très contraignante. Rien ne nous dit que cette classe est non-vide. C'est le théorème de Cook démontré au paragraphe 3.6 qui va permettre de capturer l'ensemble des problèmes de $\mathcal{NP}$ et nous dire que le problème SAT (définition 3.15) est $\mathcal{NP}$-Complet.

Un certain nombre de problèmes sont susceptibles d'être, comme SAT, *directement* prouvés $\mathcal{NP}$-Complets. Dans le cadre de cet ouvrage il semblerait plus normal de choisir le problème de la *programmation en nombre entiers*, de la *programmation en* $\{0, 1\}$ et même des programmes en $\{0, 1\}$ où le *premier membre doit être supérieur ou égal au second membre qui vaut 1 dans chacune des lignes...* Ce dernier problème n'est rien d'autre que la formulation en termes d'inégalités linéaires du problème SAT. Il semble donc naturel de présenter le théorème de Cook sous sa forme originale. Faisons ici deux remarques importantes concernant les problèmes $\mathcal{NP}$-Complets :

Remarque 3.25 *Soit P un problème $\mathcal{NP}$-Complet ; si on prouve que le problème P est polynomial, alors **tous** les problèmes $\mathcal{NP}$-Complets le seront.*

Remarque 3.26 *Soit P un problème $\mathcal{NP}$-Complet ; si on prouve que le problème P est co$\mathcal{NP}$, alors **tous** les problèmes $\mathcal{NP}$-Complets seront à la fois $\mathcal{NP}$ et co$\mathcal{NP}$.*

Preuve. Un problème P' $\mathcal{NP}$-Complet appartient, par définition (3.10), à $\mathcal{NP}$. Montrons que sous ces hypothèses il appartient aussi à co$\mathcal{NP}$. Soit I' les données d'un problème P' $\mathcal{NP}$-Complet. Comme P' se réduit polynomialement à P, les données I' de P' se transforment polynomialement en données I de P. La preuve, polynomiale, que les données I ne possèdent pas la propriété du problème P (il y en a une car P appartient à co$\mathcal{NP}$), est une preuve que les données I' ne possèdent pas la propriété de P'. L'existence de cette preuve implique que P' est co$\mathcal{NP}$.

Terminons en donnant deux définitions.

Définition 3.11 *Le problème P est dit $\mathcal{NP}$-Difficile si **tout** problème de $\mathcal{NP}$ se réduit polynomialement à lui.*

Remarque 3.27 *Dans la définition précédente, il **n'est pas dit** que le problème P est $\mathcal{NP}$-Complet, ni même qu'il appartient à $\mathcal{NP}$.*

Proposition 3.1 *Les problèmes $\mathcal{NP}$-Complets sont, bien entendu, **tous** $\mathcal{NP}$-Difficiles.*

Remarque 3.28 *Les problèmes d'optimisation liés à certains problèmes d'existence sont souvent $\mathcal{NP}$-Difficiles.*

Prenons par exemple le problème de la couverture des arêtes E d'un graphe $G = (X, E)$ par au moins k sommets (cf 4.3). Dans le problème d'optimisation correspondant, à chaque sommet $x \in X$ du graphe G est associé un poids $w(x) \in \mathbb{Z}$. Ce problème consiste à trouver une couverture, $Y \subset X$, qui maximise la fonction : $\sum_{y \in Y} w(y)$. Le problème de la k-couverture se réduit, bien entendu, à son problème d'optimisation. Il suffit de prendre les poids $w(i)$ tous égaux à 1, puis, à l'optimum, regarder si le poids total est, ou non, supérieur ou égal à k.

Définition 3.12 *Un algorithme est dit fortement polynomial s'il est polynomial et que de plus, lorsque les opérations arithmétiques, addition, soustraction, multiplication, et division sont comptées pour 1 dans le temps de calcul $\nu(I)$ mesuré pour les données I, celui-ci ne dépend plus de la longueur d'écriture de ces données numériques.*
Les dimensions d'espace, ou nombre d'égalités ou d'inégalités, ne sont pas considérées comme des données numériques.

Équivalence polynomiale, situation paradoxale Supposons que l'on ait une suite infinie de problèmes $P_0, P_1, \ldots, P_n, \ldots$ ainsi que deux suites d'algorithmes $\mathcal{A}_1, \mathcal{A}_2, \ldots, \mathcal{A}_n, \ldots$ et $\mathcal{A}'_1, \mathcal{A}'_2, \ldots, \mathcal{A}'_n, \ldots$ telles que l'algorithme $\mathcal{A}_i$, polynomial et de degré i, permette de réduire polynomialement le problème P_i au problème P_0, et que l'algorithme $\mathcal{A}'_i$, polynomial et de degré supérieur à 1, permette de réduire polynomialement le problème P_{i-1} au problème P_i. Les problèmes P_i sont donc polynomialement équivalents. Il y a une seule classe d'équivalence contenant tous ces problèmes. Cette classe contient des problèmes dont l'équivalence se prouve au moyen d'algorithmes de degré arbitrairement grand.

Remarque 3.29 *Cette situation n'est pas paradoxale. Ce sont les objets de la classe, ici les problèmes, qui sont deux à deux équivalents. Pour chaque paire de problèmes l'équivalence se prouve au moyen d'un algorithme polynomial, ici de degré égal au rang du problème de plus grand rang dans la suite.*

3.5 Le problème SAT

Le nom SAT vient en abréviation du "Satisfiability problem" que nous allons décrire.

Définition 3.13 (Variable booléenne) *Une variable booléenne peut prendre l'une des deux valeurs $\{vrai, faux\}$.*

Nous nous intéressons ici à des équations booléennes particulières appelées *clauses*. Les clauses correspondent pour les variables booléennes aux premiers membres des équations linéaires. Elles prennent leurs valeurs dans l'ensemble $\{vrai, faux\}$.
Intéressons nous tout d'abord à ce que sont les coefficients. Dans l'équation linéaire dont le premier membre est, par exemple, $2 \times x - 3 \times y$, les coefficients sont 2 et -3. À x va correspondre $2 \times x$ et à y, $-3 \times y$. L'ensemble des valeurs possibles d'une variable booléenne est $\{vrai, faux\}$, la seule action possible sur une variable booléenne consiste à lui changer sa valeur de $vrai$ en $faux$, ou de $faux$ en $vrai$. Une seule variable $vrai$ dans une clause donne la valeur $vrai$ à la clause. Plutôt que d'introduire des coefficients on a pris l'habitude de parler des deux formes possibles des variables affectées par ce coefficient. Ces deux valeurs sont appelées les *litéraux* $\{u, \bar{u}\}$ *attachés à la variable booléenne*

u. On aurait pu rester dans le cadre de l'*algèbre de Boole*, le litéral $\bar{u}$ serait, par exemple, $faux \times u$, le litéral u, $vrai \times u$.

Définition 3.14 (Clause) *Une clause est un ensemble fini de litéraux. Une clause prend la valeur vrai si l'un de ses litéraux est vrai, faux sinon. C'est la disjonction de ses litéraux.*

Définition 3.15 (SAT) *Soit C un ensemble fini de clauses. Le problème SAT est : "Existe-t-il une valeur de chacune des variables booléennes telle que chacune des clauses de C prenne la valeur vrai ?"*

Soit c une clause, appelons U_c l'ensemble des litéraux de c de la forme u, $\bar{U}_c$ celui de ceux de la forme $\bar{u}$. Pour $u_i \in U$, convenons de lui donner la valeur (entière) 1 si $u = vrai$, 0 si $u = faux$. Remplaçons $\bar{u}_i$ par $1 - u_i$.

Remarque 3.30 *La clause c prend la valeur vrai si et seulement si :*

$$\sum_{u_i \in U} u_i + \sum_{u_i \in \bar{U}} (1 - u_i) \geq 1.$$

On voit ainsi que SAT se réduit polynomialement à la programmation en $\{0,1\}$, et donc à la programmation en nombres entiers.

3.6 Le théorème de Cook

Théorème 3.1 (Le théorème de Cook [9]) *Tout problème $\mathcal{NP}$ se réduit polynomialement à SAT.*

Preuve. La preuve de ce théorème va prendre le reste de ce chapitre. Le problème SAT appartient bien à la classe $\mathcal{NP}$, vérifier que l'auxiliaire de preuve S est bien une affectation de vérité se fait en temps polynomial en énumérant les clauses.

Soit P un problème de $\mathcal{NP}$, et M la machine de Turing qui nous permet de vérifier, moyennant les données I et l'introduction d'une information supplémentaire S (c'est souvent une solution), que les données I ont bien la propriété désirée par le problème (d'existence) P.

La démonstration de ce théorème repose sur l'établissement d'une bijection entre la machine de Turing M **dont on connaît une borne du nombre de pas**, et un problème SAT que l'on va définir, et qui lui sera polynomialement lié. On considère donc ce problème P, de $\mathcal{NP}$, et la machine de Turing M, polynomiale prouvant que P appartient effectivement à $\mathcal{NP}$. Dans notre exemple précédent de cycle hamiltonien, l'élément de preuve est le sous-graphe hamiltonien.

Remarque 3.31 *Ces données I et S sont écrites sur la bande à l'instant initial. L'essentiel de la preuve de Cook repose sur le fait que dans le problème SAT que l'on va construire, on peut laisser les variables booléennes correspondant à cet état initial de S libres (i.e. non affectées). À une solution de*

SAT va correspondre une affectation de ces variables, et donc une solution initiale S. Dans la mesure où la correspondance entre P et SAT est bien établie, S est donc bien solution de P pour les données I.

3.6.1 Un type de clause particulier : La clause de Horn

Considérons la clause c suivante :

$$c = \{u, \bar{v}_1, \bar{v}_2, \ldots, \bar{v}_k\}.$$

Supposons que chacune des variables *barrées* v prenne la valeur *vrai*. Pour que la clause c soit *vrai*, il **faut** que la variable u prenne la valeur *vrai*. La clause c s'interprète donc comme l'*implication* (logique) :

$$v_1, v_2, \ldots, v_k \Rightarrow u.$$

Définition 3.16 *Soit $c = (u_{i_1}, u_{i_2}, \ldots, u_{i_r}, \bar{u}_{j_1}, \bar{u}_{j_2}, \ldots, \bar{u}_{j_s})$ une clause comportant k litéraux. Cette clause a k interprétations comme clause de Horn. L'une d'entre elle est :*

$$u_{i_2}, \ldots, u_{i_r} = faux, \text{ et } \bar{u}_{j_1}, \bar{u}_{j_2}, \ldots, \bar{u}_{j_s} = vrai, \text{ alors } u_{i_1} = vrai.$$

Remarque 3.32 *Le contenu $(car, k', sens)$ de la case (α, k) de la table d'une machine de Turing s'interprète comme une implication : lorsque α est le caractère lu par la tête de lecture-écriture et k la colonne, l'état de la machine considérée, alors le nouveau caractère de la case de la bande en face de le tête de lecture écriture sera car, la colonne à considérer à l'étape suivante sera k', et le déplacement de la tête sera sens :*

$$\alpha, k \Rightarrow car, k', sens.$$

Dans l'écriture du problème SAT correspondant à la machine de Turing prouvant que notre problème P est $\mathcal{NP}$, nous allons considérer un certain nombre de clauses de Horn.

3.6.2 Les variables

On va considérer une machine M qui a un **nombre de pas borné** par l'entier n.

Remarque 3.33 *En conséquence seules les $2n + 1$ cases comprises sur la bande entre les positions $-n$ et n pourront être atteintes, et donc utilisées.*

Notre machine a un nombre de colonnes m. Parmi ces colonnes il y en a une, la colonne y (pour oui) qui, lorsqu'elle est atteinte, signifie que la machine a **accepté** ses données (I, S). Notre alphabet a un nombre de caractères a. On pourrait prendre $a = 2$.

Appelons t la valeur courante du pas de notre machine (l'étape t), i l'indice d'une case de la bande, j l'indice de colonne de la table et l le caractère de l'alphabet utilisé. On a :

$$0 \leq t \leq n, \ -n \leq i \leq n, \ 1 \leq j \leq m, \ 1 \leq l \leq a.$$

Décrivons à présent les variables booléennes de notre problème.

1. $\forall(t,j) \rightarrow Q(t,j)$, la variable $Q(t,j)$ est *vrai* si à l'étape t la colonne de la table, l'état de la machine, est j. Il y a nm telles variables.

2. $\forall(t,i) \rightarrow H(t,i)$, la variable $H(t,i)$ est *vrai* si à l'étape t la case i est en face de la tête de lecture. Il y a $n(2n+1)$ telles variables.

3. $\forall(t,i,l) \rightarrow S(t,i,l)$ la variable $S(t,i,l)$ est *vrai* si à l'étape t le contenu de la case i est le caractère l. Il y a $n(2n+1)a$ telles variables.

On a vu que les données I sont inscrites à l'instant 0 sur la bande. Appelons I_c l'ensemble des indices des cases où sont inscrites ces données à l'instant 0. Pour $i \in I_c$, les variables boolénnes $S(0,i,l)$ ont donc leur valeur affectée à *vrai* ou *faux*.

Remarque 3.34 *Le nombre de variables booléennes créé est polynomial en n. Il est aussi polynomial en m et a, mais ces valeurs ne dépendent pas de l'instance I considérée.*

Remarque 3.35 *Lorsque n est lui même polynomial en $\mu(I)$, ce nombre de variables est donc aussi polynomial en $\mu(I)$.*

3.6.3 Les clauses

Décrivons à présent les clauses. Leur ensemble C se décompose en trois parties.

Unicité de situation Le premier sous-ensemble C_1 de C est destiné à mettre en bijection une situation de la machine, à l'étape t donnée, et une affectation des variables booléennes satisfaisant C_1. Ce sous-ensemble se décompose lui même en trois sous-ensembles correspondant à :

1. À l'instant t la machine est dans un (seul) état, on (ne) considère (qu') une seule colonne de la table.

2. À l'instant t la tête de lecture-écriture est en face d'une seule case de la bande.

3. À l'instant t chaque case de la bande contient un seul caractère de l'alphabet.

Décrivons les clauses contenues dans ces sous-ensembles.

1. $C_{1.1}$ est composé de $\{\forall t, \ 0 \leq t \leq n, \ \{Q[t,0], Q[t,1], \ldots, Q[t,m]\}\}$ et de $\{\forall i,i', \ 0 \leq i < i' \leq m, \ \{\bar{Q}[t,i], \bar{Q}[t,i']\}\}$. Ces clauses établissent le lien entre un état de la machine à l'instant t et une affectation de vérité des variables correspondantes.

2. $C_{1.2}$ est composé de $\{\forall t,\ 0 \le t \le n,\ \{H[t, -n], H[t, -n+1], \dots, H[t, n]\}\}$ et de $\{\forall j, j',\ -n \le j < j' \le n,\ \{\bar{H}[t, j], \bar{H}[t, j']\}\}$. Ces clauses établissent le lien entre une position de la tête de lecture-écriture à l'instant t et une affectation de vérité des variables correspondantes.

3. $C_{1.3}$ est composé de :
$\{\forall t, j,\ 0 \le t \le n,\ -n \le j \le n,\ \{S[t, j, 1], S[t, j, 2], \dots, S[t, j, a]\}\}$ et de $\{\forall l, l',\ 1 \le l < l' \le a,\ \{\bar{S}[t, j, l], \bar{S}[t, j, l']\}\}$. Ces clauses établissent le lien entre un contenu des cases de la bande à l'instant t et une affectation de vérité des variables correspondantes.

Prouvons que la bijection est bien établie dans le premier de ces trois cas. Les deux autres sont parfaitement symétriques.

Remarque 3.36 *La clause* $\{Q[t, 0], Q[t, 1], \dots, Q[t, m]\}$ *prend la valeur vrai ssi au moins un des $Q[t, j]$ est vrai. Réciproquement, comme à l'instant t la machine est dans l'état j, la clause correspondant à cet instant t prendra la valeur vrai.*

Remarque 3.37 *Les clauses* $\{\bar{Q}[t, j], \bar{Q}[t, j']\}$ *prennent la valeur vrai ssi un seul des $Q[t, j]$ est vrai. Comme à l'instant t on est dans un **seul** état, **toutes** les clauses seront vrai.*

On vient de voir que ces clauses assurent la bijection entre un état de notre machine et une *affectation de vérité* des variables booléennes Q.

Situation initiale L'ensemble des clauses C_2 que nous allons décrire est composé de clauses ne comportant qu'un seul litéral. Ces clauses spécifient :

1. L'état initial de la machine que l'on fixera à 1, la colonne de départ de la table (on convient que c'est la colonne 1).

2. La position initiale de la tête de lecture-écriture que l'on fixera à 0.

3. Le contenu initial des cases de la bande, en d'autre termes les données. N'oublions pas que ces données sont en deux parties, les *données I* de notre problème, et les objets auxiliaires S permettant de prouver que nos données I possèdent bien la propriété demandée. Dans le cadre de notre exemple, les données I sont la représentation de notre graphe G, comprise par la machine, et celle du cycle hamiltonien S, comprise elle aussi par la machine.

Décrivons donc ces clauses.

1. $C_{2.1} = \{Q[0, 1]\}$,

2. $C_{2.2} = \{H[0, 0]\}$,

3. $C_{2.3.1} = \{\{S[0, 1, l_1]\}, \{S[0, 2, l_2]\}, \dots, \{S[0, r_d, l_{r_d}]\}\}$, pour la partie correspondant aux données,

4. $C_{2.3.2} = \{\{S[0, -1, l_{-1}]\}, \{S[0, -2, l_{-2}]\}, \dots, \{S[0, -r_s, l_{-r_s}]\}\}$, pour la partie correspondant aux auxiliaires de preuve (souvent une solution).

La bijection ici ne demande pas d'explications, bien entendu on a adopté une *convention* de représentation des données et des auxiliaires de preuve. On a aussi convenu d'écrire les données à droite sur la bande, et les auxiliaires de preuve à gauche. On a construit la machine en conséquence.

La marche de la machine Les clauses que nous allons décrire à présent sont liées à l'aspect temporel de la machine. Elles lient donc des variables booléennes dépendant de t et de $t + 1$. Elles se regroupent en quatre sous-ensembles qui spécifient :

1. Que le contenu des cases qui, à l'instant t, ne sont pas en face de la tête de lecture-écriture ne change pas.

2. Qu'à l'instant t, en fonction, de la case de la bande en face de la tête de lecture-écriture, du caractère contenu par cette case et de l'état de la machine, le caractère écrit sur la bande sera celui spécifié par la table de la machine.

3. Que dans les mêmes conditions, la nouvelle colonne de la machine sera celle spécifiée par la table de la machine.

4. Que dans les mêmes conditions, la nouvelle case de la bande sera celle (voisine de la case courante) spécifiée par la table de la machine.

Décrivons donc ces clauses.

1. $C_{4.1} = \{\forall t, i, l, (t < n), \{\bar{S}[t, i, l], H[t, i], S[t + 1, i, l]\}\}$. Pour être *vrai* cette clause (de Horn) implique, lorsque $H[t, i] = faux$, ce qui signifie que la case i de la bande n'est pas en face de la tête de lecture-écriture, et lorsqu'elle contient le caractère l, $S[t, i, l] = vrai$, qu'à l'étape $t + 1$, ce même caractère l soit dans cette même case (il faut que la variable $S[t + 1, i, l] = vrai$).

2. $C_{4.2.1} = \{\forall t < n, i \neq 2, 3, j, l, \{\bar{Q}[t, i], \bar{H}[t, j], \bar{S}[t, j, l], Q[t + 1, j']\}\}$. Ces clauses de Horn *impliquent*, lorsque l'état de la machine est l'état i, la tête de lecture-écriture est en face de la case j et que le contenu de cette case est l, qu'alors la nouvelle colonne (état) de la machine est bien celle spécifiée par la table de la machine. Il en sera de même pour les sous-ensembles de clauses suivants. Le traitement de la (ou des) colonne(s) d'arrêt $(2, 3)$ est un peu différent et il sera fait ultérieurement.

3. $C_{4.2.2} = \{\forall t < n, i \neq 2, 3, j, l, \{\bar{Q}[t, i], \bar{H}[t, j], \bar{S}[t, j, l], H[t + 1, j + \delta]\}\}$. On spécifie ici la nouvelle case de la bande (le déplacement), en convenant que dans la table pour la case indicée en ligne par la lettre l et en colonne par i, le sens de déplacement est représenté par $\delta = \pm 1$.

4. $C_{4.2.3} = \{\forall t < n, i \neq 2, 3, j, l, \{\bar{Q}[t, i], \bar{H}[t, j], \bar{S}[t, j, l], S[t + 1, j, l']\}\}$. On spécifie ici le nouveau caractère de la case courante de la bande.

En ce qui concerne ce dernier ensemble de clauses, il est clair que l'affectation des variables correspondant à une *marche* de la machine **va** les satisfaire.

Situation finale Convenons que la colonne correspondant à l'état final de notre machine soit la colonne 2.

Remarque 3.38 *On convient aussi de considérer que l'étape finale est* ***exactement*** *l'étape n. Il est rare que l'on puisse prévoir exactement le nombre d'étapes (de pas) : pour des données I, le nombre de pas k est borné par n.*

Dans la remarque suivante nous montrons comment prendre en compte cette seule borne supérieure n du nombre d'étapes à la place du nombre exact k d'étapes.

Remarque 3.39 *Dans la définition de la classe $\mathcal{NP}$, on demande que (seule) la réponse oui à la question soit vérifiable en temps polynomial. Cependant pour le problème : "l'objet dont les données sont I a-t-il la propriété P ?" Supposons que l'on dispose d'un algorithme polynomial $\mathcal{A}$ qui au moyen d'un auxiliaire de preuve S permette de vérifier que l'objet décrit au moyen de I a cette propriété. Si S ne permet pas cette vérification, l'algorithme doit toutefois aussi s'arrêter en temps polynomial. Il a donc une fin permettant de dire : On n'a pas vérifié la propriété P sur I au moyen de S.*
C'est la cas, par exemple, pour la propriété : "le graphe $G = (X, E)$ est-il hamiltonien ?" et que l'algorithme $\mathcal{A}$ teste si S représente un cycle hamiltonien de G représenté au moyen de I. Si G a n sommets et que le graphe correspondant à J n'a pas n arêtes. L'algorithme $\mathcal{A}$ s'arrêtera tout de même.

Si la machine de Turing s'arrête à l'étape k, en revanche, les variables du problème SAT sont définies jusqu'à n, et doivent être affectées. Pour ce faire, pour les colonnes 2 et 3, on conserve les clauses $C_{4.1}$, en revanche les clauses $C_{4.2.1}$, $C_{4.2.2}$ et $C_{4.2.3}$ seront remplacées par les clauses $C_{4.2.1.1}$, $C_{4.2.2.1}$ et $C_{4.2.3.1}$ suivantes :

1. $C_{4.2.1.1} = \left\{ \forall t < n, j, l,\, i \in \{1,2\},\, \{\bar{Q}[t,i], \bar{H}[t,j], \bar{S}[t,j,l], Q[t+1,i]\} \right\}$.
   Ces clauses de Horn *impliquent*, lorsque l'état de la machine est l'état 2 (respectivement 3), que la tête de lecture-écriture est en face de la case j et que le contenu de cette case est l, qu'alors la nouvelle colonne (état) de la machine est la colonne 2 (resp. 3).

2. $C_{4.2.2.1} = \left\{ \forall t < n, j, l,\, i \in \{1,2\},\, \{\bar{Q}[t,2], \bar{H}[t,j], \bar{S}[t,j,l], H[t+1,j]\} \right\}$.
   On indique ici que la bande ne bouge plus.

3. $C_{4.2.3.1} = \left\{ \forall t < n, j, l, i \in \{1,2\}, \{\bar{Q}[t,2], \bar{H}[t,j], \bar{S}[t,j,l], S[t+1,j,l]\} \right\}$.
   On indique ici que le caractère de la case courante de la bande reste inchangé.

Remarque 3.40 *On peut remplacer* ***toutes*** *les clauses $C_{4.2.1.1}$ par les suivantes :*

1. $C_{4.2.1.2} = \left\{ \forall t\, (t < n,\, i \in \{1,2\})\, \{\bar{Q}[t,i], Q[t+1,i]\} \right\}$. *Ces clauses de Horn impliquent, lorsque l'état de la machine est l'état 2 (respectivement 3), qu'elle reste dans cet état quelle que soit la position de la tête de lecture-écriture et le contenu de la case en face d'elle.*

On pourrait aussi ne pas donner les clauses $C_{4.2.2.1}$ et $C_{4.2.3.1}$, puisque la condition finale porte uniquement sur l'état $Q[n,2]$. On les ajoute cependant pour fixer le contenu des cases et la position de la tête de lecture-écriture à partir de l'étape k.

On peut alors définir l'ensemble de clauses C_3 qui ne contient donc qu'une seule clause à un seul litéral.

1. $C_3 = \{Q[n,2]\}$.

La bijection est bien établie pour cette (simple) clause...

Remarque 3.41 *On remarque que l'on n'a pas d'état final sur la variable $Q[n,3]$. On sait seulement qu'elle n'aura pas la valeur vrai si $Q[n,2]$ prend cette valeur vrai.*

On a vu qu'à une marche de la machine correspondait une affectation de vérité du problème SAT.

Remarque 3.42 *Inversement, supposons que l'on ait une affectation de vérité. On a vu que les clauses C_1 impliquent que, à chaque instant t, la machine est dans un seul état, une seule case de la bande est en face de la tête de lecture-écriture, case qui contient un seul caractère. Les variables correspondant à cette situation sont donc vrai. Les clauses de Horn $C_{4.2.1}$, $C_{4.2.2}$ et $C_{4.2.3}$ correspondantes étant vrai, les variables de l'instant $t+1$ correspondant aux nouveaux état, case et caractère doivent prendre les valeurs vrai et suivent donc la marche de la machine. À une affectation de vérité correspond donc une marche de la machine.*

Nous venons de démontrer que notre machine s'arrête sur *oui* si et seulement si le problème SAT correspondant a une affectation de vérité. Comptons le nombre de clauses :

Proposition 3.2 *Le nombre de clauses est égal à :*

$$n(m(m-1)/2) + (n+1)(2n+1)n + n(2n+1)(a(a-1)/2)$$

$$+(2+n) + 1 + (n+1)(2n+1)a + 3mn(2n+1)a.$$

Ce nombre est polynomial en n.

Nœud de la preuve du théorème de Cook

Remarque 3.43 *Supprimons les clauses de $C_{2.3.2}$, ce sont celles qui spécifient les auxiliaires de preuve (dans le cas de notre exemple le sous-graphe supposé être un cycle hamiltonien). Supposons que SAT ait une affectation de vérité. Les variables booléennes correspondant aux éléments de $C_{2.3.2}$ sont, comme toutes les autres, affectées. Donc cette affectation signifie, en termes de la machine correspondante, que celle-ci accepte ces données, et aussi que notre problème de décision a une réponse oui. Cela signifie aussi que les auxiliaires de preuve qui sont écrits dans la zone de la bande correspondant aux variables de $C_{2.3.2}$ sont acceptés par la machine.*
Ce faisant ce n'est plus la machine que nous avons transformée, mais le problème P que nous avons réduit à SAT.

Dans l'exemple que nous avons choisi, cela signifie que le graphe S est un cycle hamiltonien des données I.

Remarque 3.44 *Si n est polynomial en $\mu(I)$, le nombre des variables booléennes, comme celui des clauses, est aussi polynomial en $\mu(I)$. Cette réduction du problème P est donc polynomiale.*

Cette remarque termine la démonstration du théorème de Cook.

4 Quelques problèmes $\mathcal{NP}$-Complets

Nous allons montrer que les cinq problèmes suivants sont $\mathcal{NP}-Complets$:

1. $3-SAT$,
2. Couverture des arêtes d'un hypergraphe par les sommets,
3. Couverture des arêtes d'un graphe par les sommets,
4. Couplage des éléments de trois ensembles (3DM),
5. Recherche d'un cycle hamiltonien dans un Graphe.

Les réductions de ces problèmes sont décrites dans le célèbre article de Richard Karp : *Reducibility among combinatorial problems* [48]. Ces problèmes appartenant à $\mathcal{NP}$, pour prouver que l'un d'entre eux est $\mathcal{NP}-Complet$, il suffira de montrer que SAT, ou l'un des problèmes auxquels on l'a déjà réduit, se réduit à lui. On montrera donc qu'il est $\mathcal{NP}-Difficile$, ce qui prouvera qu'il est $\mathcal{NP}-Complet$. Dans la dernière section nous insisterons sur les risques de mauvaise utilisation de ces résultats.

4.1 Le problème $3-SAT$

Le problème $3-SAT$ n'est rien d'autre que le problème SAT dans lequel on restreint les clauses à ne porter que sur trois litéraux au plus. Ce problème fait partie du *folklore* de la complexité. On va réduire SAT à $3-SAT$.
Soient u, v deux variables booléennes, et, par exemple, $(\bar{u}, v)$ un couple de litéraux apparaissant dans une clause du problème SAT donné. L'idée est de créer une nouvelle variable booléenne z qui prendra la valeur *vrai* si l'un des deux litéraux $\bar{u}, v$ (au moins) est *vrai*, *faux* sinon. Ici encore on peut utiliser les clauses de Horn :

  – (u, z), si $\bar{u}$ est *vrai*, alors z doit être *vrai*,
  – $(\bar{v}, z)$, si v est *vrai*, alors z doit être *vrai*,
  – $(\bar{u}, v, \bar{z})$, si u et $\bar{v}$ sont tous deux *vrai*, alors z doit être *faux*.

Remarque 4.1 *La variable z ainsi créée prend la valeur de l'union de $\bar{u}$ et de v.*

Soit c une clause contenant n litéraux. On regroupe ces litéraux deux par deux, en créant $\lfloor n/2 \rfloor$ nouvelles variables z et $3\lfloor n/2 \rfloor$ clauses portant sur au plus trois litéraux. On remplace cette clause par une autre dans laquelle on remplace les couples de litéraux par leurs *valeurs* z. Cette nouvelle clause porte sur au plus $n_1 = \lfloor n/2 \rfloor + 1$ litéraux. On recommence tant que $n_i > 3$. On crée ainsi, et au plus, $n \approx n/2 + n/4 + \ldots$ nouvelles variables booléennes et $3n$ clauses. On fait de même pour chacune des clauses.

Proposition 4.1 *On vient de réduire le problème SAT de longueur d'écriture L à un problème $3-SAT$ dont la longueur d'écriture est bornée par la valeur d'un polynôme en L, ici $3L^2$.*

On en déduit donc :

Théorème 4.1 $3-SAT$ est $\mathcal{NP}-Complet$.

Proposition 4.2 *En revanche $2-SAT$ est polynomial.*

Considérons un problème $2-SAT$, S, contenant les deux clauses :

$$(u, v) \text{ et } (\bar{u}, w).$$

Les deux litéraux u et $\bar{u}$ ne pouvant pas être *faux* simultanément, la clause (v, w) doit être vérifiée par toute affectation de vérité du problème donné. Appelons S_u le problème $2-SAT$, défini à partir de S, et contenant les clauses suivantes :

  - $\forall c \in S$, u et $\bar{u} \notin c$, $c \in S_u$,
  - $\forall c_1 = (u, v)$, $c_2 = (\bar{u}, w) \in S$, $(v, w) \in S_u$.

Remarque 4.2 *Toute affectation de vérité de S_u se prolonge par une (des deux) affectation de u en une affectation de vérité de S.*

Preuve.   Considérons une affectation de vérité de S_u. Supposons que S contienne la clause (u, v), et que $v = faux$ dans notre affectation de vérité. On a donc $u = vrai$. Notre problème S **ne peut pas contenir** de clause $(\bar{u}, w)$ avec $w = faux$. Dans ce cas, la clause (v, w) du problème S_u ne serait pas *vrai* par notre affectation de vérité, ce qui est une contradiction. □

Remarque 4.3 *Le nombre de clauses généré par élimination successive des n variables booléennes de notre problème S ne peut excéder le nombre de paires de litéraux, soit le coefficient binomial $\binom{2n}{2}$. Le problème $2-SAT$ est donc polynomial.*

4.2 Couverture des arêtes d'un hypergraphe

Définition 4.1 *On appelle hypergraphe $H = (X, E)$ (voir [3]), le couple formé par l'ensemble fini X et l'ensemble $E \subset P(X)$, où $P(X)$ est l'ensemble des parties de X.*
Lorsque : $\forall e \in E$, $|e| = k$, l'hypergraphe H est dit $k-uniforme$.
Lorsque : $\forall x \in X, |\{e \in E, x \in e\}| = r$, l'hypergraphe H est dit $r-régulier$.

Définition 4.2 *On appelle couverture des arêtes de H un sous-ensemble* $Y \subset X$ *des sommets de H tel que pour toute arête* $e \in E$, $e \cap Y \neq \emptyset$. *Lorsque* Y *a s sommets, Y est dit* $s - couverture$.

Le problème de la $s - couverture$ appartient bien entendu à $\mathcal{NP}$.

Considérons un problème $3-SAT$; on ne change pas ce problème en lui adjoignant toutes les clauses $(u_i, \bar{u}_i)$. Ces clauses sont toutes vraies pour chacune des affectations de vérité. Appelons $X = \{u_1, u_2, \ldots, u_n, \bar{u}_1, \bar{u}_2, \ldots, \bar{u}_n\}$, l'ensemble des litéraux d'un problème $3-SAT$. Une clause c_j peut être considérée comme un $2 - sous - ensemble$ ou $3 - sous - ensemble$ de X. Considérons l'hypergraphe $H = (X, C)$.

Proposition 4.3 *Les problèmes* $3 - SAT$ *et* $n - couverture$ *de H sont des problèmes équivalents.*

Preuve. Les n 2-arêtes $(u_i, \bar{u}_i)$ ont des sommets disjoints, une $n-couverture$ de H contient un seul sommet de chacune de ces arêtes, ce qui constitue une affectation de vérité. Elle couvre d'autre part toutes les autres arêtes. Cette affectation de vérité satisfait donc bien toutes les clauses. Inversement, aux affectations de vérité de $3-SAT$ correspondent bien des couvertures de H. $\square$

4.3 Couverture des arêtes d'un graphe

Soit $G = (X, E)$ un graphe non-orienté.

Définition 4.3 *On appelle couverture des arêtes de G, un sous-ensemble* $Y \subset X$ *des sommets de G tel que pour toute arête* $e = \{s, y\} \in E$, $e \cap Y \neq \emptyset$. *Lorsque Y a k sommets, Y est dit* $k - couverture$.

Ce problème appartient bien entendu à $\mathcal{NP}$.

Soit I une *instance* (une réalisation) de $3 - SAT$ ayant n variables et m clauses. Appelons U son ensemble de variables et C celui de ses clauses. On va montrer que $3 - SAT$ se réduit polynomialement à $k - couverture$, avec $k = n + 2m$.

Soit $c \in C$; représentons c de façon ordonnée par la suite de ses trois litéraux $c = (u, v, w)$. Appelons c_1, c_2, c_3 les trois positions dans cette représentation, et non pas les litéraux contenus : la position c_1 contient ici le litéral u, c_2 contient v et c_3 w. On va faire correspondre un graphe $G = (X, E)$ à ce problème de la façon suivante :

1. $\forall u \in U$, $u, \bar{u} \in X_1$, $\{u, \bar{u}\} \in E_1$,

2. $\forall c \in C$, $c_1, c_2, c_3 \in X_2$, $\{c_1, c_2\}, \{c_2, c_3\}, \{c_1, c_3\} \in E_2$.

3. Soit le litéral u en position c_i dans la clause c ; l'arête $e = \{u, c_i\}$ appartient alors à E_3,

4. $X = X_1 \cup X_2$, $E = E_1 \cup E_2 \cup E_3$.

On illustre cette construction sur la figure 4.1 pour l'instance I suivante :

$$U = \{u_1, u_2, u_3, u_4\}, \ C = \{\{u_1, \bar{u}_3, \bar{u}_4\}, \ \{\bar{u}_1, u_2, \bar{u}_4\}\}.$$

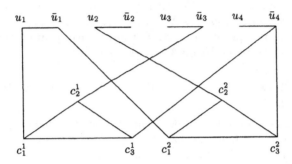

Fig. 4.1 – Graphe correspondant à I

Remarque 4.4 *Le graphe $(X, E_1 \cup E_2)$ est composé de n composantes connexes contenant une seule arête qui correspondent aux n variables, et de m composantes connexes contenant trois arêtes qui correspondent aux m clauses. Ces dernières composantes sont des triangles. Une couverture de ces simples arêtes comporte donc (au moins) $n + 2m$ sommets.*

Considérons une affectation de vérité de notre problème. À partir de cette affectation, on va construire une couverture $Y \subset X$ des arêtes de G. Pour chaque arête $\{u, \bar{u}\}$, le sommet correspondant au litéral *vrai* sera mis dans la couverture Y. Comme on a n variables, il y a n sommets de ce type dans Y, et chacune des arêtes de E_1 est couverte. Comme on a une affectation de vérité, chacune des 3-clause c est *vrai* par au moins un litéral. Lorsqu'il y en a plusieurs, convenons de dire que la clause c est *vrai* par le litéral u contenu dans la *position* c_i de c de plus petit indice. En conséquence l'arête $\{u, c_i\}$ est couverte par le sommet u (déjà dans Y). Les deux autres sommets c_j de c seront dans Y. Les arêtes de E_2 sont donc toutes couvertes. Il en est de même pour les arêtes $\{v, c_j\}$ non encore couvertes. On peut donc affirmer :

Proposition 4.4 *À toute affectation de vérité de notre problème correspond une $n + 2m -$ couverture de $G = (X, E)$.*

Inversement considérons une $n + 2m -$ couverture de $G = (X, E)$. Cette couverture contient donc un sommet par composante connexe de (X_1, E_1), et deux sommets par composante connexe de (X_2, E_2). Montrons que les litéraux correspondant aux sommets de X_1 forment une affectation de vérité de notre problème. Soit c_i le sommet correspondant à la clause c qui n'est pas dans Y. Ce sommet est contenu dans une arête (couverte) $\{u, c_i\}$ (ou

$\{\bar{u}, c_i\}$). Cette arête est couverte par son sommet u (ou $\bar{u}$). La clause c est *vrai* parce que le litéral u (ou $\bar{u}$) est *vrai*. On vient de démontrer :

Proposition 4.5 *À toute $n + 2m$ − couverture de $G = (X, E)$ correspond une affectation de vérité de notre problème.*

Théorème 4.2 *La taille du graphe G est polynomialement (linéairement) liée à celle de l'instance I du problème $3-SAT$. Le problème $3-SAT$ se réduit donc polynomialement à k − couverture. Le problème de la k − couverture d'un graphe G est donc $\mathcal{NP}$-Complet.*

4.4 Couplage de trois ensembles (3*DM*)

Soient X, Y, Z trois ensembles ayant le même nombre n d'éléments et un ensemble F de triples $\{x, y, z\}$ avec $x \in X$, $y \in Y$, et $z \in Z$.

Définition 4.4 *Un couplage est un ensemble M de triples de F deux à deux disjoints. Un sommet est dit saturé, s'il appartient à une arête du couplage. Un couplage M est dit parfait si tous les sommets sont saturés. Dans le cas des triples que nous venons de définir, un couplage parfait contient n triples.*

On s'intéresse ici au problème : F contient-il un couplage parfait M ?
Ce problème appartient bien évidemment à $\mathcal{NP}$. Pour le prouver, trois vérifications suffisent. On commence par vérifier que M est composé de n triples, puis on teste l'appartenance à F (qui a au plus n^3 éléments) de chaque triple de M. On vérifie d'autre part que les triples de M recouvrent les ensembles X, Y et Z.
On va transformer $3-SAT$ en $3DM$. Soit $U = \{u_1, u_2, \ldots, u_n\}$ l'ensemble des variables, et $C = \{c_1, c_2, \ldots, c_m\}$ celui des clauses de notre problème $3-SAT$. On va construire trois ensembles X, Y et Z tels que $|X| = |Y| = |Z|$, et un ensemble $E \subset (X \times Y \times Z)$ tels que E contient un couplage si et seulement si C a une affectation de vérité. L'ensemble des arêtes E va être partagé en trois sous-ensembles disjoints E_1, E_2 et E_3. Dans chacun de ces sous-ensembles les éléments de E sont regroupés en fonction de leur rôle de :

1. fixation de l'état des variables,

2. satisfaction des clauses,

3. ramasse poubelles,

4.4.1 Définition de E_1

À chaque variable u_i de U on va faire correspondre $2m$ éléments de Z qui contiendra donc $2mn$ éléments. Définissons deux ensembles X_{i1} et Y_{i1}, $|X_{i1}| = |C|$ et $|Y_{i1}| = |C|$; numérotons les éléments de ces deux ensembles de 0 à $m - 1$ (mod m). Les éléments de X_{i1} et de Y_{i1} seront respectivement notés $x_1(i, j)$ et $y_1(i, j)$ (rappelons que i est l'indice de la variable et j celui de la clause). Les éléments de Z sont notés $u(i,j)$ et $\bar{u}(i,j)$. Les triples de E_1 sont de deux types : $\{\bar{u}(i,j), x_1(i,j), y_1(i,j)\}$ et $\{u(i,j), x_1(i,j+1), y_1(i,j)\}$, où les j sont pris modulo m. Il y a $2m$ triples de cette forme par variable booléenne u_i. Les sommets de X_{i1} et Y_{i1} ne **sont rencontrés par aucune autre arête de E.**

Remarque 4.5 *La restriction de ces triples aux ensembles X_{i1} et Y_{i1} (dont le nombre total d'éléments est $2m$) est un graphe composé d'un seul cycle de longueur $2m$.*

Remarque 4.6 *La restriction d'un couplage M, 3D parfait, aux ensembles X_{i1} et Y_{i1} est un couplage dans ce cycle (pair). Ce couplage contient :*
  - *soit toutes les arêtes $\{\bar{u}(i,j), x_1(i,j), y_1(i,j)\}$,*
  - *soit toutes les arêtes $\{u(i,j), x_1(i,j+1), y_1(i,j)\}$.*

Si ce couplage contient les premières arêtes on dira que u_i est vrai ; s'il contient les deuxièmes on dira que u_i est faux. Un couplage définit donc une affectation des éléments de U à vrai ou faux.

4.4.2 Définition de E_2

Introduisons les ensembles :

$$X_2 = \{x_2(0), \ldots, x_2(m-1)\} \quad et \quad Y_2 = \{y_2(0), \ldots, y_2(m-1)\}$$

Pour la clause $c_j \in C$ définissons les triples de l'ensemble C_j suivant :

$$C_j = \{\{u(i,j), x_2(j), y_2(j)\}, \forall u_i \in c_j\} \cup \{\{\bar{u}(i,j), x_2(j), y_2(j)\}, \forall \bar{u}_i \in c_j\}.$$

Un couplage devant contenir tous les sommets $x_2(j)$ et $y_2(j)$ (de X_2 et Y_2), l'un des triples de C_j doit appartenir au couplage.

Remarque 4.7 *Supposons que le litéral u_i soit contenu dans les clauses $(c_{j_1}, \ldots, c_{j_k})$. Si dans l'affectation de vérité ces clauses sont vrai, à **cause** de u_i, les arêtes $(\{u(i,j_1), x_2(j_1), y_2(j_1)\}, \ldots, \{u(i,j_k), x_2(j_k), y_2(j_k)\})$ seront dans le couplage. Le fait d'avoir m sommets $u(i,j)$ identifiés par j nous permet cette affectation sans risque de recouvrement.*

Remarque 4.8 *Dans l'affectation précédente des arêtes de E_2, on a choisi de mettre dans la même arête les sommets $u(i,j)$, $x_2(j)$, et $y_2(j)$. Pour les clauses c_{j_s} contenant toutes le litéral u_i, il aurait suffi que les sommets $u(i,j_s)$ soient tous différents. C'est ce que l'on réalise en liant les sommets $x_2(j)$, et $y_2(j)$ correspondant à la clause c_j au sommet $u(i,j)$.*

Remarque 4.9 *Pour pouvoir lier les sommets $x_2(j)$, et $y_2(j)$ à des sommets $u(i,j_s)$ tous différents, il aurait suffit, si k est le nombre maximum de clauses contenant le litéral u_i et de celles contenant $\bar{u}_i$, de créer k sommets X_{i1}, et k sommets Y_{i1}. Le nombre de sommets et d'arêtes ainsi créés serait* *sensiblement réduit. Le nombre total de sommets varierait comme m, et non pas comme nm comme c'est le cas ici.*

Avant de poursuivre la description de notre problème $3DM$, étudions ce qui se passe lorsque les ensembles X et Y sont saturés par un couplage.

1. Le fait que les sommets des ensembles X_{i1} et Y_{i1} soient saturés implique, pour tout j, que, soit tous les sommets $\bar{u}(i,j)$ sont non-saturés, soit tous les sommets $u(i,j)$ sont non-saturés. On fera correspondre au premier cas u_i *vrai*, et u_i *faux* au deuxième.

2. Le fait que les sommets des ensembles X_2 et Y_2 soient saturés implique que l'un des sommets $u(i,j)$ ou $\bar{u}(i,j)$, non-saturé lors de la saturation décrite précédemment, est saturé par l'un des éléments de C_j. On dira alors que la clause c_j est *vrai* grâce à la variable u_i.

Illustrons ces deux constructions sur l'exemple suivant : $c_0 = \{u_1, u_2, u_3\}$, $c_1 = \{\bar{u}_1, \bar{u}_2, u_4\}$, $c_2 = \{u_1, \bar{u}_3, u_4\}$. Les variables sont $\{u_1, u_2, u_3, u_4\}$. La figure 4.2 représente les triples correspondant à la variable u_2 par des cercles ou des triangles.

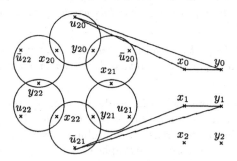

Fig. 4.2 – Hypergraphe partiel

Il reste donc $2nm - nm - m$ sommets de Z non-saturés par une arête du couplage partiel défini précédemment.

4.4.3 Le mécanisme ramasse poubelles, E_3

Pour saturer les $m(n-1)$ sommets de Z non-saturés, on va imaginer un mécanisme *ramasse poubelles*, les poubelles étant ici ces sommets non encore saturés. Pour ce faire, créons des ensembles X_3 et Y_3 à $m(n-1)$ sommets. Créons un triple pour chacun des $2nm$ éléments de Z et tous les couples $(x_i, y_i) \in (X_3, Y_3)$. On crée ainsi $2m^2n(m-1)$ triples.

Remarque 4.10 *À chacun des sommets non-saturés précédents, on pourra faire correspondre un triple saturant une paire de sommets (x_i, y_i) non-saturés (il suffit de les prendre dans l'ordre) et ainsi saturer tous les sommets. On appelle E_3 l'ensemble de ces triples.*

Récapitulons. On a :

1. $|Z| = 2nm$,
2. $X = X_1 \cup X_2 \cup X_3$, $|X| = nm + m + m(n-1) = 2nm$,
3. $Y = Y_1 \cup Y_2 \cup Y_3$, $|Y| = nm + m + m(n-1) = 2nm$,

L'ensemble des arêtes $E = E_1 \cup E_2 \cup E_3$ contient $2nm + 3m + 2m^2 n(n-1)$ triples. Tous ces nombres sont polynomiaux en les données de $3-SAT$ et, inversement, on sait, polynomialement, interpréter les solutions de ce problème $3DM$ en solutions de $3-SAT$. On a donc réduit $3-SAT$ à $3DM$.

4.5 Cycle hamiltonien

Définition 4.5 *Soit $G = (X, E)$ un graphe fini non-orienté. Un sous-graphe $H = (X, F)$ est un cycle hamiltonien si c'est un cycle élémentaire (c'est à dire un cycle qui ne repasse pas deux fois par le même sommet) qui contient tout les sommets.*

Définition 4.6 *Le problème du voyageur de commerce consiste, une fois les arêtes de G valuées par des "longueurs", à trouver un cycle hamiltonien de plus petite longueur.*

Dans cette section, nous montrons que le problème de décision : G contient-il un cycle hamiltonien, est un problème $\mathcal{NP}$-Complet. Pour cela on va réduire le problème de la k- couverture à ce problème. Soit donc une instance du problème de la k-couverture sur le graphe $G = (X, E)$. Nous allons construire un nouveau graphe $G' = (X', E')$ à partir de G, et prouver :

Proposition 4.6 *Le graphe G a une k-couverture si et seulement si G' possède un cycle hamiltonien.*

Soit $e = \{x, y\} \in E$; considérons le graphe $G_e = (X_e, E_e)$ suivant, illustré figure 4.3 :

- $X_x = \{x_1, x_2, \ldots, x_6\}$,
- $X_y = \{y_1, y_2, \ldots, y_6\}$,
- $X_e = X_x \cup X_y$,
- $E_x = \{\{x_1, x_2\}, \{x_2, x_3\}, \ldots, \{x_5, x_6\}\}$,
- $E_y = \{\{y_1, y_2\}, \{y_2, y_3\}, \ldots, \{y_5, y_6\}\}$,
- $E_{xy} = \{\{x_1, y_3\}, \{y_1, x_3\}, \{x_4, y_6\}, \{y_4, x_6\}\}$,
- $E_e = E_x \cup E_y \cup E_{xy}$.

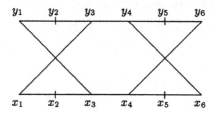

Fig. 4.3 – Graphe G_e

Remarque 4.11 *Dans G_e, une union de chaînes contenant tous les sommets et dont les extrémités sont soit x_1, x_6, soit y_1, y_6, contient en particulier les sommets x_2, x_5, y_2, y_5 et leurs arêtes adjacentes $\{x_1, x_2\}$, $\{x_2, x_3\}$, $\{y_1, y_2\}$, $\{y_2, y_3\}$, $\{x_4, x_5\}$, $\{x_5, x_6\}$, $\{y_4, y_5\}$, $\{y_5, y_6\}$. Il y a donc trois possibilités pour ces chaînes, elles sont illustrées figure 4.4 :*

$1 - \{x_1, x_2\}, \{x_2, x_3\}, \{y_1, x_3\}, \{y_1, y_2\}, .., \{y_5, y_6\}, \{y_6, x_4\}, \{x_4, x_5\}, \{x_5, x_6\},$

$2 - \{y_1, y_2\}, \{y_2, y_3\}, \{x_1, y_3\}, \{x_1, x_2\}, .., \{x_5, x_6\}, \{x_6, y_4\}, \{y_4, y_5\}, \{y_5, y_6\},$

$3 - \{y_1, y_2\}, .., \{y_5, y_6\} \cup \{x_1, x_2\}, .., \{x_5, x_6\}.$

Fig. 4.4 – Chemins dans G_e

Appelons $\delta(x) = Card(\{e \in E, e = \{x, y\}\})$ le nombre d'arêtes de G contenant le sommet x dans le graphe initial $G = (X, E)$. Numérotons **arbitrairement** de 1 à $\delta(x)$ ces arêtes. Chaque arête sera donc numérotée deux fois (une fois par chacun de ses deux sommets). Lorsque l'on en aura besoin, ce numéro sera noté supérieurement (en exposant). Dans le graphe G_{e^i} correspondant à l'arête numéroté i, les sommets x pourront être nommés x^i.

Décrivons à présent la construction du graphe G' à partir de G. Nous avons illustré cette construction sur la figure 4.5 :

1. $X'_k = \{x'_0, x'_1, \ldots, x'_{k-1}\}$, $E'_k = \emptyset$,

2. Pour chaque arête e de E, on construit X_e et E_e,

3. $X'_E = \bigcup_{e \in E} X_e$, $E'_E = \bigcup_{e \in E} E_e$,

4. $E'_x = \{\{x'^1_6, x'^2_1\}, \ldots, \{x'^{\delta(x)-1}_6, x'^{\delta(x)}_1\}\}$, (les sommets y' seront reliés suivant l'ordre du sommet y de G),

5. Appelons $X'_{E_{df}}$, le sous-ensemble suivant de X'_E :

$$X'_{E_{df}} = \bigcup_{x \in X} \{x'^1_1, x'^{\delta(x)}_6\}, \; (X'_{E_{df}} \subset X'_E),$$

6. $E'_{kE} = \{\{x, y\}, \; x \in X'_k, \; y \in X'_{E_{df}}\}$,

7. $X' = X'_k \cup X'_E$,

8. $E' = E'_E \cup (\bigcup_{x \in X} E'_x) \cup E'_{kE}$.

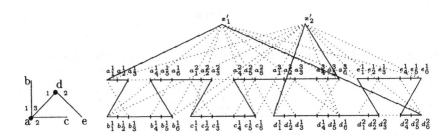

Fig. 4.5 – 2-couverture de G, G' et cycle hamiltonien correspondant

Remarque 4.12 *Les chaînes correspondant aux arêtes $e \in G$ relient toujours un sommet x^i_1 au sommet x^i_6. Lorsque $i < \delta(x)$, la seule arête de G' que peut emprunter le cycle est $\{x^i_6, x^{i+1}_1\}$. Un cycle hamiltonien qui contient l'arête $\{x'_i, x^1_1\}$, contient donc aussi une arête $\{x^{\delta(x)}_6, x'_j\}$.*

Construction d'un cycle à partir d'une couverture

1. numéroter les sommets de la couverture de 0 à $k - 1$,

2. numéroter les arêtes adjacentes à chacun des sommets,

3. mettre dans le cycle les arêtes $\{x'_i, x^1_1\}$ et $\{x^{\delta(x)}_6, x'_{i+1}\}$ (avec j pris modulo k) et une chaîne entre ces sommets. Cette chaîne sera ou bien de type 1 ou 2, ou bien l'une des deux chaînes du type 3 selon que l'arête correspondante de G sera simplement ou doublement couverte.

Proposition 4.7 *Les arêtes décrites précédemment forment un cycle hamiltonien de G'.*

En effet, tous les sommets sont contenus dans cet ensemble, chaque sommet appartient à exactement deux arêtes, le graphe de ces arêtes est connexe, car *au sortir* des chaînes correspondant aux arêtes adjacentes à un même sommet de G, on va vers un sommet différent des précédents.

Construction d'une couverture à partir d'un cycle

Remarque 4.13 *Utilisant la remarque précédente, et par construction de G', les graphes G_e correspondant aux arêtes e adjacentes au même sommet x de G sont tous (même à moitié) consécutivement connectés ou ne le sont pas dans un cycle hamiltonien.*

Lorsque les graphes G_e correspondant aux arêtes e adjacentes au même sommet x de G sont tous (même à moitié) connectés on met le sommet x correspondant dans la $k - couverture$ de G. Dans le cas de sommets isolés x de G, par exemple le sommet b de la figure 4.5, les sommets x'^1_1 et x'^1_6 sont, dans le cycle hamiltonien, connectés à deux des sommets x'_j. C'est bien une couverture, car comme tous les sommets des G_e sont dans le cycle (hamiltonien), toutes les arêtes de E sont couvertes. C'est bien une $k - couverture$ car, d'après la remarque 4.12, on ne *sort* des graphes correspondant aux arêtes adjacentes au même sommet x de G que pour aller vers un (nouveau) sommet x'_j.

4.5.1 Précautions d'usage

Dans la section 4.3 on a montré que le problème : Le graphe $G = (X, E)$ a-t-il une couverture des arêtes par k sommets? était $\mathcal{NP} - Complet$. Les données de ce problème sont le graphe $G = (X, E)$ et l'entier k. Considérons les quatre cas suivants :

1. Supposons que l'on ait un problème où l'entier k prend une valeur fixe indépendante du graphe G : ce problème est alors polynomial. En effet il suffit d'énumérer tous les k-sous-ensembles de sommets de G pour le résoudre. Avec $n = |X|$, cet algorithme est en n^k.

2. Supposons que la valeur de k soit liée au nombre n de sommets, par exemple $k = n - 1$. À nouveau ce problème est polynomial, sa réponse est toujours *oui*, $n - 1$ sommets recouvrent toujours toutes les arêtes.

3. Supposons que nos graphes ne soient pas quelconques, mais aient la forme des graphes que l'on obtient dans la section 4.3, à savoir des graphes dont un sous-graphe contenant tous les sommets est partitionné en p 2-cliques (une clique est un sous-graphe complet) et q 3-cliques. Si $k < p + 2q$, la réponse est toujours *non*, une couverture des arêtes de ce sous-graphe contenant au moins $p + 2q$ sommets.

4. Finalement supposons que la classe de graphes que l'on considère exclut les graphes obtenus dans la section 4.3. On ne peut alors pas affirmer que le problème de k-couverture sur cette classe soit $\mathcal{NP} - Complet$.

Les réductions que l'on effectue dépendent souvent, comme le problème de la k-couverture, d'un entier k. Des résultats plus fins seront de la forme :

Le problème ... est $\mathcal{NP} - Complet$ *pour* $k_1 \leq k \leq k_2$.

Nous terminerons cette section en montrant que le problème de la k-couverture a justement ce type de propriété.

Remarque 4.14 *Le problème de la k-couverture d'un graphe G à n sommets est* $\mathcal{NP} - Complet$ *pour* $\sqrt{n} \leq k \leq \frac{n}{2}$.

Preuve. Supposons que k a une valeur dans ce segment. Parmi tous les graphes G à n sommets, il y a ceux contenant une seule composante connexe à $2p + 3q$ sommets, et $n - (2p + 3q)$ composantes réduites à un seul sommet, et tels que $p + 2q = k$. La transformation d'un problème 3-SAT ayant p variables et q clauses en un problèmes de k-couverture d'un graphe conduit à un graphe ayant ces nombres de sommets et d'arêtes qui, avec les valeurs choisies pour k, restent polynomiaux en n. Ce problème restreint de k-couverture d'un graphe est donc $\mathcal{NP} - Complet$.

5 Algorithme de Gauss et modification d'Edmonds

Nous nous intéressons ici au problème de la résolution d'un système linéaire. Ce n'est pas un problème de décision, mais, au contraire un problème de construction.

5.1 Première phase de l'algorithme de Gauss

On a vu, lors des rappels d'algèbre linéaire, que toute matrice triangulaire (définition 2.10) à diagonale non-nulle était inversible. Considérons donc la matrice triangulaire, et à diagonale non-nulle, $E_{M,M\setminus\{l\}\cup\{c\}}$, avec $M = I \cup J$:

	I	$\{c\}$	$J \setminus \{l\}$
I	$U_{I,I}$	$\begin{matrix}0\\ \vdots \\ 0\end{matrix}$	$0_{I,J\setminus\{l\}}$
$\{l\}$	$0 \quad \ldots \quad 0$	$E_{l,c}$	$0 \quad \ldots \quad 0$
$J \setminus \{l\}$	$0_{J\setminus\{l\},I}$	$\begin{matrix}\vdots \\ E_{i,c} \\ \vdots\end{matrix}$	$U_{J\setminus\{l\},J\setminus\{l\}}$

Son inverse $E^{-1}_{M,M\setminus\{l\}\cup\{c\}}$ est la matrice $E'_{M\setminus\{l\}\cup\{c\},M}$ qui est indicée par $(M \setminus \{l\} \cup \{c\}, M)$:

	I	$\{l\}$	$J \setminus \{l\}$
I	$U_{I,I}$	$\begin{matrix}0\\ \vdots \\ 0\end{matrix}$	$0_{I,J\setminus\{l\}}$
$\{c\}$	$0 \quad \ldots \quad 0$	$\frac{1}{E_{l,c}}$	$0 \quad \ldots \quad 0$
$J \setminus \{l\}$	$0_{J\setminus\{l\},I}$	$\begin{matrix}\vdots \\ \frac{-E_{i,c}}{E_{l,c}} \\ \vdots\end{matrix}$	$\begin{matrix}1 \\ U_{J\setminus\{l\},J\setminus\{l\}} \\ 1\end{matrix}$

On se propose d'inverser la matrice $A_{L,C}$ au moyen de l'algorithme de Gauss. Il se déroule en deux phases. La première phase consiste à prémultiplier la matrice $A_{L,C}$ par une suite de matrice $E'_{M\setminus\{l\}\cup\{c\},M}$ jusqu'à ce que la matrice résultante soit triangulaire inférieure. On a alors :

$$Inf_{C,L} \times A_{L,C} = Sup_{C,C}.$$

Montrons comment obtenir les deux matrices $Inf_{C,L}$ et $Sup_{C,C}$. Posons au départ $I = \emptyset$ et $J = L$. Appelons $B_{M,C}$ la matrice qui, au début de cette phase est égale à $A_{L,C}$ et à la fin sera, si c'est possible, égale à $Sup_{C,C}$. On a $M = I \cup J$, avec $I \subset C$ et $J \subset L$. À cette étape $B_{M,C}$ sera prémultipliée par $E'_{M\setminus\{l\}\cup\{c\},M}$.

Remarque 5.1 *Supposons que $B_{I,I}$ soit une matrice triangulaire supérieure. Dans le produit de $B_{M,C}$ à gauche par $E'_{M\setminus\{l\}\cup\{c\},M}$ on a :*

1. *$B_{I,C}$ reste inchangée,*

2. *$B_{J,I}$ reste inchangée (et nulle),*

3. *$B_{J\setminus\{l\},\{c\}}$ devient nulle,*

4. *$B_{\{c\},\{c\}}$ devient égale à 1.*

En conséquence $B_{I\cup\{c\},I\cup\{c\}}$ devient triangulaire supérieure. Par construction ses éléments diagonaux valent 1.

La première phase de l'algorithme de Gauss est donc l'algorithme suivant :

> **Données**: $A_{L,C}$
> **tant que** $\exists c \in C \setminus I$ et $l \in J$ tels que $B_{c,l} \neq 0$ **faire**
> $E_{J,c} = B_{J,c},$
> $B_{M\setminus\{l\}\cup\{c\},C} \leftarrow E'_{M\setminus\{l\}\cup\{c\},M} \times B_{M,C},$
> $I \leftarrow I \cup \{c\},\ J \leftarrow J \setminus \{l\},\ M \leftarrow M \setminus \{l\} \cup \{c\}.$
> **fin**

Appelons $Inf_{C,L}$ le produit à gauche, et dans l'ordre d'apparition (il faut avoir le droit de les effectuer), des différentes matrices $E'_{M\setminus\{l\}\cup\{c\},M}$. Comme le produit de ces matrices triangulaires inférieures est triangulaire inférieur, $Inf_{C,L}$ est donc une matrice triangulaire inférieure. Par la remarque précédente, $B_{I,I}$ est une matrice triangulaire supérieure.

Remarque 5.2 *Si à la fin de cet algorithme $M = C$, alors $I = C$ et $B_{M,C} = Sup_{C,C}$, est une matrice triangulaire supérieure. Dans ce cas, $A_{L,C}$ est inversible, d'inverse $Sup_{C,C}^{-1} \times Inf_{C,L}$.*

Sinon au moins une ligne de $B_{M,C}$ est nulle, et comme $A_{L,C}$ est inversible si et seulement si (tous les) $B_{M,C}$ le sont, $A_{L,C}$ n'est pas inversible.

5.2 Deuxième phase de l'algorithme de Gauss

Cette phase consiste à inverser la matrice $Sup_{C,C}$ précédente, puis à multiplier $Inf_{C,L}$ à gauche par cette inverse. On va procéder comme lors de la première phase, mais dans l'ordre inverse. Identifions provisoirement $C = I$ avec l'ordre qui a permis de construire i lors de la première phase. À l'étape t on avait $I = \{c_1, c_2, \ldots, c_t\}$. La dernière étape étant l'étape n, C a donc n éléments. On va prémultiplier $Sup_{C,C}$ par des matrices triangulaires supérieures $E'_{C,C}$. Appelons $B_{C,C}$ la matrice obtenue après $n - k$ prémultiplications. Posons $I_k = \{c_1, c_2, \ldots, c_k\}$, $J = C \setminus I_k$. Supposons que $B_{C,C}$ soit la matrice suivante :

$$
\begin{array}{c|c|c|c}
 & I_{k-1} & \{c_k\} & J \\
\hline
I_{k-1} & B_{I_{k-1},I_{k-1}} & \begin{matrix}\vdots \\ B_{I_{k-1},c} \\ \vdots\end{matrix} & 0_{I_{k-1},J} \\
\hline
\{c_k\} & 0 \quad \ldots \quad 0 & 1 & 0 \quad \ldots \quad 0 \\
\hline
J & 0_{J,I_{k-1}} & \begin{matrix}0 \\ \vdots \\ 0\end{matrix} & U_{J,J}
\end{array}
$$

Appelons $E^k_{C,C}$ la matrice suivante :

$$
\begin{array}{c|c|c|c}
 & I_{k-1} & \{c_k\} & J \\
\hline
I_{k-1} & U_{I_{k-1},I_{k-1}} & \begin{matrix}\vdots \\ B_{I_{k-1},c} \\ \vdots\end{matrix} & 0_{I_{k-1},J} \\
\hline
\{c_k\} & 0 \quad \ldots \quad 0 & 1 & 0 \quad \ldots \quad 0 \\
\hline
J & 0_{J,I_{k-1}} & \begin{matrix}0 \\ \vdots \\ 0\end{matrix} & U_{J,J}
\end{array}
$$

Son inverse est la matrice $E'^k_{C,C}$ suivante :

$$
\begin{array}{c|c|c|c}
 & I_{k-1} & \{c_k\} & J \\
\hline
I_{k-1} & U_{I_{k-1},I_{k-1}} & \begin{matrix}\vdots \\ -B_{I_{k-1},c} \\ \vdots\end{matrix} & 0_{I_{k-1},J} \\
\hline
\{c_k\} & 0 \quad \ldots \quad 0 & 1 & 0 \quad \ldots \quad 0 \\
\hline
J & 0_{J,I_{k-1}} & \begin{matrix}0 \\ \vdots \\ 0\end{matrix} & U_{J,J}
\end{array}
$$

Comme précédemment, prémultiplier $B_{C,C}$ par $E'^k_{C,C}$ produit une matrice $B'_{C,C}$ dont la colonne c_k est unitaire, $B'_{c,c} = 1$, $B'_{C\setminus\{c\},c} = 0$, et ne modifie pas les autres colonnes unitaires de $B_{C,C}$. On a donc l'algorithme suivant :

Données: $Inf_{C,L}$, $B_{C,C}$
pour $k = n$ à $k = 1$ **faire**
    $Inf_{C,L} \leftarrow E'^k_{C,C} \times Inf_{C,L}$.
fin

Remarque 5.3 *Dans le produit de matrices précédent, on n'effectue pas de divisions. En revanche on en a fait dans les calculs liés à la première phase de l'algorithme de Gauss.*

Ainsi décrit, cet algorithme est adapté aux machines qui font des calculs en nombres *flottants*.

Nous allons à présent supposer que les éléments de notre matrice de départ sont des entiers, $A_{i,j} \in \mathbb{Z}$, et que l'on souhaite que ceux de l'inverse soient représentés par des *fractions*.

5.3 Gauss sans divisions n'est pas polynomial

Considérons la matrice $A_{L,L}$ suivante :

+1	+1	+1	+1	+1
+1	−1	−1	−1	−1
+1	−1	+1	+1	+1
+1	−1	+1	−1	−1
+1	−1	+1	−1	+1

La première étape de l'algorithme de Gauss précédent a pour effet de retrancher la première ligne aux suivantes pour obtenir des 0 sous le premier 1 du coin haut à gauche. Les cases des lignes modifiées qui contenaient −1 contiennent alors −2, celles qui contenaient 1 vont contenir 0.

+1	+1	+1	+1	+1
0	−2	−2	−2	−2
0	−2	0	0	0
0	−2	0	−2	−2
0	−2	0	−2	0

Remarque 5.4 *Le lecteur de ces lignes, qui n'est pas une machine, s'aperçoit que le PGCD des lignes $2, 3, 4, 5$ est 2. On aurait pu, en utilisant d'autres nombres que des 1 dans la matrice initiale, masquer ce PGCD. Moyennant*

le théorème (13.3) d'Hadamard, la division systématique par celui-ci rendrait l'algorithme de Gauss polynomial. Notre objectif est simplement de mettre en évidence un problème. Nous montrerons alors comment le surmonter au moyen de modifications élémentaires.

À la deuxième étape on va multiplier la deuxième ligne par $-(-2)$, le coefficient des termes en position $(2, i)$, pour $i \geq 3$, changé de signe, que l'on va rajouter aux ligne d'indices $i \geq 3$ multipliées par -2, le coefficient du terme en position $(2, 2)$. On obtient alors :

$+1$	$+1$	$+1$	$+1$	$+1$
0	-2	-2	-2	-2
0	0	-2^2	-2^2	-2^2
0	0	-2^2	0	0
0	0	-2^2	0	-2^2

On recommence pour obtenir :

$+1$	$+1$	$+1$	$+1$	$+1$
0	-2	-2	-2	-2
0	0	-2^2	-2^2	-2^2
0	0	0	$-(2^2)^2$	$-(2^2)^2$
0	0	0	$-(2^2)^2$	0

et finalement :

$+1$	$+1$	$+1$	$+1$	$+1$
0	-2	-2	-2	-2
0	0	-2^2	-2^2	-2^2
0	0	0	$-(2^2)^2$	$-(2^2)^2$
0	0	0	0	$-((2^2)^2)^2$

Évaluons le dernier terme de cette dernière matrice, lorsque notre matrice initiale, en coins successifs de 1 et de -1 a n lignes et n colonnes. Au signe près, il s'agit de 2 élevé $n - 2$ fois successivement au carré. Son logarithme (en base 2) est donc 2^{n-2}, ce terme vaut donc $-2^{2^{n-2}}$, sa longueur d'écriture, en base 2 est donc 2^{n-2} et est donc exponentielle. On a donc :

Proposition 5.1 *La modification de l'algorithme de Gauss qui consiste à simplement supprimer les divisions pour représenter les nombre sous forme de rationnels (couple d'entiers) conduit à un algorithme non-polynomial. Il faut en effet un nombre exponentiel de cases pour écrire le dernier terme à la fin de la première phase de cet algorithme.*

5.4 Modification d'Edmonds

Commençons par une remarque qui nécessite un peu d'écriture. Supposons que les indices (c, l) des deux premiers termes de la première phase, traditionnellement appelés les *pivots*, soient $(1,1)$ et $(2,2)$. Effectuons, sans division, formellement ces deux opérations (de pivotage) suivantes :

$A_{1,1}$	$A_{1,2}$	$A_{1,c}$
$A_{2,1}$	$A_{2,2}$	$A_{2,c}$
$A_{l,1}$	$A_{l,2}$	$A_{l,c}$

On suppose donc que $A_{1,1} \neq 0$, on multiplie la première ligne par $-A_{2,1}$ et la seconde par $A_{1,1}$ puis on ajoute la première à la deuxième, on multiplie ensuite (ici) la première ligne par $A_{l,1}$. On obtient donc :

$A_{1,1}$	$A_{1,2}$	$A_{1,c}$
0	$A_{1,1}A_{2,2} - A_{2,1}A_{1,2}$	$A_{1,1}A_{2,c} - A_{2,1}A_{1,c}$
0	$A_{1,1}A_{l,2} - A_{l,1}A_{1,2}$	$A_{1,1}A_{l,c} - A_{l,1}A_{1,c}$

Renommons $A_{i,j}^1$ ces différents termes. À l'étape suivante, le terme de rang (l,c), $A_{l,c}^2$, sera :

$$(A_{1,1}A_{2,2} - A_{2,1}A_{1,2})(A_{1,1}A_{l,c} - A_{l,1}A_{1,c}) -$$
$$(A_{1,1}A_{l,2} - A_{l,1}A_{1,2})(A_{1,1}A_{2,c} - A_{2,1}A_{1,c}).$$

Lemme 5.1 *Ce terme est divisible par* $A_{1,1}$.

Preuve. Sur la première ligne le seul terme ne contenant pas $A_{1,1}$ en facteur est :

$$A_{2,1}A_{1,2}A_{l,1}A_{1,c}.$$

Sur la deuxième c'est :

$$-A_{l,1}A_{1,2}A_{2,1}A_{1,c}.$$

Ces deux monômes contiennent, dans un ordre différent, les mêmes facteurs. Sur un anneau commutatif, ils sont donc égaux. Comme ils sont de signe opposé, leur somme est nulle. Ce terme est donc divisible par $A_{1,1}$. $\square$

Il nous reste à prouver que le fait de diviser (exactement sur les entiers) par $A_{1,1}$, n'empêche pas à l'étape suivante de diviser par $A_{2,2}^1$.

Renommons $A_{L,C}^0$ la matrice initiale $A_{L,C}$; on a :

$$A_{l,c}^3 = A_{1,1}^0 A_{l,c}'^3,$$
$$A_{l,c}^3 = A_{2,2}^1 A_{l,c}''^3.$$

On a donc :

$$A_{1,1}^0 A_{l,c}'^3 = (A_{1,1}A_{2,2} - A_{2,1}A_{1,2})A_{l,c}''^3.$$

Considérons chacun des termes de $A_{L,C}$ comme indéterminé : chaque $A_{l,c}$ est une variable, à chaque étape k les $A_{l,c}^k$ sont des polynômes en ces variables, les $A_{l,c}^0$ sont des monômes du premier degré. Dans cette dernière expression, le polynôme $A_{1,1}^0$ divise le premier membre, il ne divise pas $A_{2,2}^1$ car il divise un seul des deux termes de cette somme. Il divise donc $A_{l,c}''^3$. Par récurrence, on démontre donc :

Proposition 5.2 *Dans la suite des calculs, pour $l \in L$, le terme $A_{l,c}^k$ est formellement divisible par le pivot $A_{l_{k-2},c_{k-2}}^{k-2}$, même si les divisions homologues précédentes ont été faites.*

La modification d'Edmonds [19] de l'algorithme de Gauss porte alors sur la matrice $E'_{M \setminus \{l\} \cup \{c\}, M}$ qui devient la matrice suivante lorsqu'on appelle $A_{M,C}^{k-1}$ la matrice qui permet de la construire :

Posons $k = 1$, $A_{L,C}^0 = A_{L,C}$ et $M' = M \setminus \{l\} \cup \{c\}$. L'algorithme de la première phase devient :

Données: $A_{L,C}$
tant que $\exists c \in C \setminus I$ et $l \in J$ tels que $B_{c,l} \neq 0$ **faire**
$\quad E_{J \setminus \{l\}, c} = A_{J \setminus \{l\}, c}^{k-1}$,
$\quad \forall j \in J \setminus \{l\},\ E_{j,j} = A_{l_{k-1}, c_{k-1}}^{k-1}$,
$\quad A_{M',C}^k \leftarrow (E'_{M',M} \times A_{M,C}^{k-1})$,
$\quad I \leftarrow I \cup \{c\},\ J \leftarrow J \setminus \{l\},\ M \leftarrow M'$,
$\quad Si\ k > 1\ A_{J,C}^k \leftarrow A_{J,C}^k / A_{l_{k-2}, c_{k-2}}^{k-2}$,
$\quad k \leftarrow k + 1$.
fin

5.4.1 Étude de la complexité

Dans l'algorithme précédent convenons encore de choisir le pivot $A_{l_{k-1}, c_{k-1}}^{k-1}$ de plus grande valeur absolue. Appelons W_{k-1} sa longueur d'écriture.
Analysons le terme $A_{l,c}^k$ produit. On commence par effectuer, deux fois, le produit de deux termes de longueur W_{k-1}. Chacun de ces termes aura donc une longueur inférieure à $2W_{k-1}$. La longueur de leur somme est donc inférieure à $2W_{k-1} + 1$ (+1 s'il y a une retenue). On divise ensuite par W_{k-2}, la longueur du quotient est au moins celle du dividende (le terme que l'on vient de produire) diminué de $W_{k-2} - 1$. On peut donc écrire :

$$W_k \leq 2W_{k-1} + 1 - W_{k-2} + 1.$$

Écrivons ces termes de $k = 1$ à $k = n - 1$, on a :

$$W_{n-1} \leq 2W_{n-2} - W_{n-3} + 2$$

$$
\begin{array}{cccccc}
\vdots & \leq & \vdots & - & \vdots & + \vdots \\
W_{k+1} & \leq & 2W_k & - W_{k-1} & + 2 \\
W_k & \leq & 2W_{k-1} & - W_{k-2} & + 2 \\
W_{k-1} & \leq & 2W_{k-2} & - W_{k-3} & + 2 \\
\vdots & \leq & \vdots & - & \vdots & + \vdots \\
W_3 & \leq & 2W_2 & - W_1 & + 2 \\
W_2 & \leq & 2W_1 & - W_0 & + 2 \\
W_1 & \leq & 2W_0 & & + 1
\end{array}
$$

On remarque que le terme W_k courant apparaît une fois à gauche des signes $\leq$ avec le signe +, une fois à droite avec le coefficient +2 et une autre fois avec le signe −. Après sommation et simplification on obtient donc :

$$W_{n-1} \leq W_{n-2} + W_0 + 2(n-1) - 1$$

On peut donc écrire :

$$W_{n-1} \leq W_{n-2} + W_0 + 2(n-1) - 1$$

$$
\begin{array}{ccccccc}
\vdots & \leq & \vdots & - & \vdots & + & \vdots \\
W_{k-1} & \leq & W_{k-2} + W_0 & + 2(k-1) - 1 \\
\vdots & \leq & \vdots & - & \vdots & + & \vdots \\
W_1 & \leq & W_0 & + W_0 & + 2(2-1) - 1
\end{array}
$$

Et après sommation et simplification :

$$W_{n-1} \leq n \times W_0 + (n-1)^2.$$

Remarque 5.5 *On vérifie bien dans l'expression précédente que pour $n = 2$ la borne est bien $2W_0 + 1$. On vérifie aussi que la longueur d'écriture d'un terme (du plus grand en valeur absolue) varie comme nW_0.*

5.4.2 Un petit retour sur les déterminants

Appelons n le nombre de lignes de $A_{L,C}$. On sait que le déterminant d'un produit de matrice est le produit des déterminants de chacune des matrices. On sait d'autre part que lorsque l'on divise une ligne d'une matrice par un nombre, on divise son déterminant par ce nombre. Si on divise 10 lignes par un même nombre, on divise donc ce déterminant par ce nombre à la puissance 10. On sait aussi que le déterminant d'une matrice triangulaire est le produit de ses éléments diagonaux. Analysons la variation du déterminant de la matrice $B_{M,C}$ lors de l'itération 1 :

$$det(A_{M',C}^k) = det(E'_{M',M}) \times det(A_{M,C}^{k-1}),$$

Puis lors de l'itération courante $k(> 1)$:

$$det(A_{M',C}^k) = det(E'_{M',M}) \times det(A_{M,C}^{k-1})/(A_{l_{k-2},c_{k-2}}^{k-2})^{n-k}.$$

À cette étape on a : $det(E'_{M',M}) = (A_{l_{k-1},c_{k-1}}^{k-1})^{n-k}$, à la dernière étape, $det(A_{C,C}^{n-1}) = \prod_{i=0}^{i=n-1} A_{l_i,c_i}^i$.

De plus $det(A_{M',C}^1) = det(E'_{M',L}) \times det(A_{L,C}^0)$, et $det(E'_{M',L}) = (A_{l_0,c_0}^0)^{n-1}$.

Supposons écrit $det(A_{C,C}^{n-1}) = \ldots$, avec en second membre les produits et divisions précédemment effectués, le dernier terme étant $det(A_{L,C})$. Calculons l'exposant de A_{l_0,c_0}^0 au second membre. Il est de $n-1$ dans $det(E'_{M',L})$, et de $-(n-2)$ dans l'expression de $det(A_{M',C}^2)$, soit en tout 1, ce qui est son exposant dans le premier membre.

Pour $0 < k < n-1$, calculons celui de A_{l_k,c_k}^k. Il est de $n-k-1$ dans le produit par $det(E'_{M',M})$, et de $n-k-2$, à l'étape suivante dans la division par $(A_{l_k,c_k}^k)^{n-k-2}$, soit comme précédemment 1, ce qui est son exposant du premier membre.

Pour $k = n-1$, celui de $A_{l_{n-1},c_{n-1}}^{n-1}$ est 0 dans le produit par $det(E'_{C,M})$; d'autre part on ne divise pas par ce terme. Il reste donc ce terme au premier membre, au second on a $det(A_{L,C})$ et donc :

$$det(A_{L,C}) = A_{l_{n-1},c_{n-1}}^{n-1}.$$

Soit $M = Max_{l \in L, c \in C} |A_{l,c}|$, et n le nombre de lignes (et de colonnes) de la matrice $A_{L,C}$. Appelons α le nombre $M^n \times 2^{n^2}$ (nos nombres sont représentés ici en base 2). Les éléments de l'inverse s'exprimant comme quotient de deux déterminants, on vient de démontrer :

Théorème 5.1 $det(A_{L,C})$, *est inférieur en valeur absolue à* α.

Soit β le nombre $M^n \times n^{n/2}$. Nous venons de démontrer une version faible du théorème (13.3) d'Hadamard qui dit que $|det(A_{L,C})| \leq \beta$. En remarquant que ce même raisonnement vaut pour chacun des calculs intermédiaires, chacun des différents nombres rationnels $B_{i,j}$ générés au long de cet algorithme peut être représenté par des fractions dont les numérateurs et dénominateurs sont des entiers de longueur d'écriture inférieure à celle de α. Pour que l'algorithme de Gauss devienne polynomial il suffit donc, à chaque étape, de réduire ces fractions au moyen de l'algorithme d'Euclide. Les calculs de chaque itération seraient toutefois multipliés par le nombre d'étapes de celui-ci, nombre qui croît avec la taille des nombres manipulés. L'algorithme polynomial ainsi décrit a une complexité qui dépend de la longueur d'écriture des nombre et n'est donc pas fortement polynomial. Dans la pratique, lorsque l'on veut effectuer des calculs exacts, on a très nettement intérêt à utiliser l'algorithme que nous venons de décrire plutôt que de réduire les fractions.

Lors des calculs d'une itération de la méthode du Simplexe (cf ch 6) sur des données initiales entières, un traitement analogue à celui que nous venons de faire sur les matrices $E'_{M',M}$, effectué sur les matrices de passage, permet de n'avoir à *gérer*, à chaque itération, qu'un nombre q, le déterminant de la base courante, ainsi que l'inverse de base multipliée par ce nombre. Les calculs ne s'effectuent alors que sur des entiers ([25], [26]). Ce traitement est exposé en (7.1.1).

5.5 Calculs approchés et arrondis

Dans certains algorithmes, on peut se contenter de calculs approchés. Il est toutefois nécessaire de contrôler l'erreur commise au long de ces calculs. Supposons donc :

1. que x_C est un point de $\mathbb{R}^C$ ($|C| = n$),
2. que, sans restriction de généralité, les coordonnées x_c de x_C sont représentées en base 2,
3. que l'on veuille que l'erreur sur x_C, $E(x)$, soit inférieure à ϵ ($E(x) < \epsilon$),
4. qu'une étape est de la forme : $x_C \leftarrow x_C + y_C$,
5. que le nombre d'étapes est αn^β.

Quelle est la précision des calculs sur x_C et y_C qui assure le point 3 ? Appelons k le nombre de chiffres après la virgule des représentations de x_C et y_C recherchées.

Remarque 5.6 *À chaque étape l'erreur sur cette différence est inférieure à* $\sqrt{n}/2^{k-1}$.

En αn^β étapes l'erreur cumulée est donc inférieure à :

$$\alpha n^\beta \times \sqrt{n}/2^{k-1}.$$

On veut donc que :
$$\alpha n^\beta \times \sqrt{n}/2^{k-1} < \epsilon.$$

Proposition 5.3 *La valeur suivante de k (de longueur polynomiale) assure la précision recherchée :*

$$k = \lceil \log_2 \alpha - \log_2 \epsilon + (\beta + 1/2) \log_2 n \rceil.$$

Si $\epsilon = \gamma n^{-\delta}$, alors la valeur de k est :

$$k = \lceil \log_2 \alpha - \log_2 \gamma + (\beta + \delta + 1/2) \log_2 n \rceil.$$

6 Programmes linéaires et la méthode du Simplexe

Ce chapitre est consacré à la méthode du Simplexe décrite en 1948 par George Dantzig [12]. Rappelons le problème que notre ménagère avait à résoudre (section 1.2) :

$$\begin{cases} \max f_C x_C, \\ A_{L,C} x_C \geq b_L, \\ x_C \geq 0. \end{cases} \qquad (6.1)$$

L'idée de suivre les arêtes d'un polyèdre pour optimiser une fonction linéaire sous contraintes linéaires a déjà été envisagée par J. Fourier [29]. Dantzig cependant la systématise. Nous décrirons plusieurs autres algorithmes permettant de résoudre les programmes linéaires. Essentiellement deux d'entre eux fournissent une solution exacte, la procédure d'élimination de Fourier-Kuhn, et, bien entendu, la méthode du Simplexe. La plupart des autres algorithmes de résolution de ces programmes ne donnent qu'une solution approchée. Ils nécessitent donc une procédure supplémentaire pour trouver une solution exacte à partir de celle-ci. On utilise souvent une particularisation de la méthode du Simplexe à cet effet. D'autre part les caractérisations des optima des programmes linéaires obtenus lors de l'arrêt de la méthode du Simplexe permettent de démontrer un grand nombre de théorèmes sur les polyèdres. Des variantes de la méthode du Simplexe permettent, par ailleurs, d'exhiber des constructions, souvent polynomiales, liées à ces résultats. Je pense par exemple au théorème de Carathéodory énoncé en 8.5. Une dernière raison pour commencer un exposé sur la programmation linéaire par la méthode du Simplexe est son ancienneté et surtout son efficacité pratique qui a permis le développement de codes de calcul performants pour résoudre un grand nombre de problèmes. La méthode du Simplexe n'est cependant pas un algorithme polynomial. Victor Klee et George Minty [51] ont décrit une famille d'exemples pour lesquels le nombre d'étapes croît comme 2^n, n étant la dimension de l'espace considéré ($n = |C|$). Plusieurs auteurs ([75], [5]) se sont intéressés à la complexité, en moyenne, de cet algorithme. Il s'agit ici d'estimer le nombre moyen d'étapes des ensembles de problèmes. Steve Smale montre que la méthode du Simplexe est, en moyenne, polynomiale *à nombre de lignes fixé*. Karl Heinz Borgwardt [5] décrit tout d'abord une variante de la méthode du Simplexe, l'algorithme *du coin de l'ombre*. Il montre ensuite que cet algorithme est, en moyenne, polynomial.

6.1 Différentes formes d'un programme linéaire, manipulons les inégalités

Lorsque l'on rajoute à chacune des lignes $l \in L$ du problème 6.1 la variable d'écart $y_l \geq 0$ ($a \geq b \Leftrightarrow \exists c \geq 0,\ a - c = b$) on obtient :

$$\begin{cases} \max f_C x_C + 0_L y_L, \\ A_{L,C} x_C - U_{L,L} y_L = b_L, \\ x_C, y_L \geq 0. \end{cases} \qquad (6.2)$$

Dans ce dernier problème 0_L est le vecteur nul indicé par L, et $U_{L,L}$ est la matrice identité. On peut rebaptiser les premiers membres des égalités de 6.2 ainsi que les variables pour avoir un problème sous la forme, dite canonique, suivante :

$$\begin{cases} \max f_C x_C, \\ A_{L,C} x_C = b_L, \\ x_C \geq 0. \end{cases} \qquad (6.3)$$

Inversement on peut transformer ce problème 6.3 en un problème de la forme 6.1 ne comportant que des inégalités :

$$\begin{cases} \max f_C x_C, \\ A_{L,C} x_C \geq b_L, \\ A_{L,C} x_C \leq b_L, \\ x_C \geq 0. \end{cases} \qquad (6.4)$$

On peut aussi normaliser certaines variables, par exemple si on veut qu'un coefficient de la matrice soit égal à 1 ou -1.

Remarque 6.1 *Les programmes linéaires sont apparus dans des domaines liés à l'économie. Notre problème introductif est à ranger dans cette catégorie. Il n'est donc pas étonnant que certains noms liés à l'étude que nous allons faire soient pris dans le registre économique. C'est le cas de la fonction $f_C x_C$ qui est appelée **fonction économique**. C'est aussi le cas des quantités $\bar{f}_j$ que nous définirons plus bas et qui son appelées **coûts relatifs**.*

Revenons à la forme 6.3 dite "canonique". On suppose que A est de rang maximum, le nombre de lignes. Ceci ne restreint pas la généralité : en effet l'algorithme de Gauss appliqué à A (qui n'est pas carrée) se termine en donnant un ensemble de lignes de A de rang maximum, et une réponse à la question :

$Ax = b$ a-t-il une solution ? En conséquence les seuls problèmes intéressants sont ceux pour lesquels $|C| \geq |L|$. Ce sont ceux que nous considérerons désormais.

Remarque 6.2 *Lorsque $|C| = |L|$, la solution x_C est unique, il suffit dans ce cas de vérifier que x est non-négatif pour obtenir la solution (optimale) de 6.3.*

6.2 La méthode du Simplexe

Définition 6.1 *On appelle base I de A un sous-ensemble $I \subset C$ tel que $A_{L,I}$ soit carrée et régulière.*

6.2.1 Une transformation élémentaire

Soit I une base. On ne change pas l'ensemble des solutions du système $A_{L,C} x_C = b_L$ en multipliant chacun de ses membres, à gauche, par une matrice régulière. En effet, un tel produit n'est rien d'autre qu'une succession d'opérations *légales* (les combinaisons linéaires) sur les égalités correspondant aux lignes. Multiplier le système obtenu par la matrice inverse de $A_{L,I}$, suite d'opérations toujours légales, nous restitue le système initial. Les deux systèmes sont donc équivalents. Prémultipliant les deux membres de cette égalité par $A_{L,I}^{-1}$, on aura :

$$x_I = A_{L,I}^{-1} \times b_L - A_{L,I}^{-1} \times A_{L,C\backslash I} \times x_{C\backslash I}. \tag{6.5}$$

Nous avons ainsi exprimé les variables de base x_I en fonction des variables hors base $x_{C\backslash I}$. Posons :

$$\bar{b}_I = A_{L,I}^{-1} \times b_L, \tag{6.6}$$

$$\bar{A}_{I,C\backslash I} = A_{L,I}^{-1} \times A_{L,C\backslash I}. \tag{6.7}$$

L'égalité (6.5) se réécrit :

$$x_I = \bar{b}_I - \bar{A}_{I,C\backslash I} \times x_{C\backslash I}. \tag{6.8}$$

Utilisons cette élimination (6.8) pour exprimer $f_C x_C$ en fonction uniquement de $x_{C\backslash I}$:

$$f_C x_C = f_I \times \bar{b}_I + (f_{C\backslash I} - f_I \times \bar{A}_{I,C\backslash I}) \times x_{C\backslash I}. \tag{6.9}$$

On pose alors :

$$\bar{f}_{C\backslash I} = f_{C\backslash I} - f_I \times A_{L,I}^{-1} \times A_{L,C\backslash I}, \tag{6.10}$$

ce qui nous permet d'exprimer la valeur de la fonction économique $f_C x_C$ en fonction des seules variables hors base indicées par $C \setminus I$:

$$f_C x_C = f_I \bar{b}_I + \bar{f}_{C \setminus I} x_{C \setminus I}.$$

Remarque 6.3 *Dans l'expression (6.9), le fait que les variables indicées par I (les x_I), n'apparaissent pas, laisse penser que :*

$$\bar{f}_I = f_I - f_I \times A_{L,I}^{-1} \times A_{L,I},$$

est égal à 0 ; ce que l'on vérifie aisément.

Remarque 6.4 *On a autant de formes de la fonction économique que de bases. Cependant ces fonctions économiques ne coïncident **que** dans la variété linéaire (l'ensemble des solutions de) définie par $Ax = b$.*

Calculons ces divers éléments sur l'exemple suivant :

$$L = \{1\}, C = \{1,2\}, f_C = (2,3), A_{L,C} = (1,1) \text{ et } b_L = 1.$$

$$f_C \times x_C = 2x_1 + 3x_2.$$

Lorsque $I = \{1\}$, $C \setminus I = \{2\}$, on a :

$$\bar{f}_2 = 3 - 2 = 1,$$

d'où :

$$f_C \times x_C = 2 + x_2,$$

lorsque $I = \{2\}$, $C \setminus I = \{1\}$, on a :

$$\bar{f}_1 = 2 - 3 = -1,$$

d'où :

$$f_C \times x_C = 3 - x_1.$$

Ces trois fonctions prennent les mêmes valeurs sur l'ensemble des solutions de $x_1 + x_2 = 1$. Elles (peuvent prendre) prennent des valeurs différentes ailleurs (e.g. pour $(0,0)$ la forme initiale vaut 0, la deuxième vaut 2 et la troisième vaut 3).

Définition 6.2 *On appelle solution (réalisable) un vecteur $x \in \mathbb{R}^C$ tel que : $Ax = b$ et $x \geq 0$.*

Définition 6.3 *On appelle solution réalisable de base (SRB en bref)un vecteur $x \in \mathbb{R}^C$ qui est une solution (réalisable), et tel qu'il existe une base I telle que $x_{C \setminus I} = 0$.*

Définition 6.4 *Considérons un système d'inégalités écrites toutes dans le même sens. On appelle **inégalité conséquence**, ou tout simplement **conséquence** de ce système, une combinaison linéaire à coefficients non-négatifs de ces inégalités.*

Citons ici le lemme de Farkas [27] dont la condition nécessaire se déduit immédiatement de la notion d'inégalité conséquence.

Lemme 6.1 *Un système d'inégalités a une solution si et seulement si il n'a pas pour conséquence* $0 \leq -1$.

Il y a plusieurs démonstrations de la condition suffisante de ce lemme. L'une de celles-ci est basée sur la dualité des programmes linéaires décrite au chapitre 6.3. Une deuxième démonstration est en fait la preuve de la validité de l'algorithme de Fourier-Kuhn que l'on effectuera à la section 8.2. En fait on montrera dans le chapitre 6.3 consacré à la dualité que trouver une solution (réalisable) du problème 6.3 et résoudre ce même problème (d'optimisation) 6.3 sont deux problèmes polynomialement équivalents. On montrera aussi que l'existence d'une solution (réalisable) implique celle d'une solution réalisable de base. Nous renforcerons cette affirmation en disant qu'une solution réalisable de base s'obtient polynomialement à partir d'une solution. Nous décrirons un algorithme polynomial qui, à partir d'une solution, construit une solution réalisable de base.

Caractérisons certaines solutions optimales des programmes linéaires. Nous montrerons par la suite que la méthode du Simplexe nous fournit des solutions qui, lorsqu'elles sont finies, satisfont les conditions de cet énoncé, et sont donc optimales.

Théorème 6.1 *Soit I une base telle que $\hat{x}_C = (\bar{b}_I, 0_{C\backslash I})$ est une solution réalisable de base. Si de plus $\bar{f}_{C\backslash I} \leq 0$, alors, pour toute solution x_C, on a : $f_C x_C \leq f_C \hat{x}_C$.*

Preuve. Exprimons $f_C x_C$ dans la base I précédente (optimale). On a :

$$f_C x_C = f_I \bar{b}_I + \bar{f}_{C\backslash I} x_{C\backslash I},$$

$$f_C \hat{x}_C = f_I \bar{b}_I.$$

Leur différence, $f\hat{x} - fx$, est donc $\bar{f}_{C\backslash I}(\hat{x}_{C\backslash I} - x_{C\backslash I})$. Les deux vecteurs de ce produit sont des vecteurs non-positifs ($\hat{x}_{C\backslash I} = 0$, $-x_{C\backslash I} \leq 0$). Leur produit est donc non-négatif. □

6.2.2 Le petit programme

Soit à résoudre le programme suivant pour lequel I est une base réalisable ($\bar{b}_I \geq 0$) :

$$\begin{cases} \max x_s, \\ U_{I,I} x_I + \bar{A}_{I,s} x_s = \bar{b}_I, \\ x_C, x_s \geq 0. \end{cases} \tag{6.11}$$

La solution $x_I = \bar{b}_I, x_s = 0$ est donc une solution réalisable de base. Les seules conditions sur x_s sont $x_s \geq 0$, et celles induites, $\forall i \in I$, par $x_i \geq 0$. La première de ces conditions ne fournit pas une borne supérieure de x_s. Écrivons une des deuxièmes :

$$x_i = \bar{b}_i - \bar{A}_{i,s} x_s \geq 0.$$

Comme $x_s \geq 0$ et $\bar{b}_i \geq 0$, cette condition est toujours satisfaite lorsque $\bar{A}_{i,s} \leq 0$. Dans le cas contraire, $\bar{A}_{i,s} > 0$, on a :

$$x_s \leq \frac{\bar{b}_i}{\bar{A}_{i,s}}.$$

Et donc :

$$x_s \leq \min_{\bar{A}_{i,s} > 0} \left(\frac{\bar{b}_i}{\bar{A}_{i,s}} \right).$$

Ce minimum n'existe pas si $\forall i \in I$, $\bar{A}_{i,s} \leq 0$. Dans ce cas on peut donner la valeur $+\infty$ à x_s, valeur qui maximise bien x_s !... Lorsque ce minimum existe, il est atteint pour au moins une valeur r de i. Celle-ci est définie, a priori de façon non unique, par la double égalité suivante :

$$\hat{x}_s = \frac{\bar{b}_r}{\bar{A}_{r,s}} = \min_{\bar{A}_{i,s} > 0} \left(\frac{\bar{b}_i}{\bar{A}_{i,s}} \right).$$

Remarque 6.5 *L'ensemble I', $I' = (I \setminus \{r\}) \cup \{s\}$, est une base réalisable.*

En effet, d'une part la matrice $(U_{I,I\setminus\{r\}}, \bar{A}_{I,s})$ est triangulaire (cf 2.10) ; il suffit de numéroter r, resp. s, en dernier. Elle est donc carrée et régulière ; d'autre part la solution correspondante :

$$\hat{x}_s, \hat{x}_I = \bar{b}_I - \bar{A}_{I,s} \hat{x}_s,$$

est une solution réalisable de base car : $\hat{x}_r = \bar{b}_r - \bar{A}_{r,s} \frac{\bar{b}_r}{\bar{A}_{r,s}} = 0$.

6.2.3 L'algorithme

Données: $A_{L,C}$, b_L, f_C
Résultat: x_I ou solution optimale infinie
tant que $\exists s \in C \setminus I$ tel que $\bar{f}_s > 0$ **faire**
    Résoudre le petit programme correspondant,
    si *solution infinie* **alors**
        Stop
    sinon
        $I \leftarrow (I \setminus \{r\}) \cup \{s\}$.
    fin
fin

Dans cet algorithme on suppose initialement connue une solution réalisable de base $(x_I, 0_{C\setminus I})$, correspondant à la base I. On verra par la suite comment utiliser cet algorithme pour trouver cette solution initiale.

Complexité

On ne connaît pas de règle de pivotage, le choix du couple (s, r), qui rende cet algorithme polynomial. Le premier exemple de famille de problèmes où le nombre d'itérations est exponentiel est dû à V. Klee et G. Minty [51]. On peut cependant parler de la complexité d'une itération. Il s'agit de mettre à jour l'inverse de base, et d'effectuer les calculs de $\bar{f}_C$ et de $\bar{A}_{I,s}$. Tous ces calculs sont polynomiaux, qu'il s'agisse de mettre à jour l'inverse de base en la réinversant (cf 5.4), ou en la mettant à jour de façon polynomiale (cf 7.1.1).

Lors de l'étude du petit programme on a vu que lorsque $\forall i \in I$, $\bar{A}_{i,s} \leq 0$, alors x_s peut prendre la valeur $+\infty$. Dans ce cas $f_C x_C = f_I \bar{b}_I + \bar{f}_s x_s$, et $\bar{f}_s > 0$. La fonction économique prend donc, elle aussi, la valeur $+\infty$. Notre fonction est bien maximisée par cette solution.

Remarque 6.6 *Cependant, dans les problèmes pratiques, on doit se méfier de ce type de solution où la fonction économique, ainsi qu'un ensemble de variables prend la valeur $+\infty$. C'est souvent la preuve que le problème a été mal posé, et tout au moins de façon incomplète.*

Remarque 6.7 *On choisit souvent s de telle façon que $\bar{f}_s = \max_{j \in C \backslash I} \bar{f}_j$. Les codes de calculs utilisent en général des variantes plus ou moins élaborées de ce type de choix.*

Remarque 6.8 *Comme pour le petit programme, cet algorithme nous fait passer, à chaque itération, d'une solution réalisable de base à une autre solution réalisable (voisine, les bases ne diffèrent que d'un élément).*

Théorème 6.2 *Si les x_r rencontrés au cours de l'algorithme sont tous positifs, alors cet algorithme s'arrête au bout d'un nombre fini d'itérations avec une solution optimale de notre problème.*

Preuve. Appelons I_t la base de l'itération t de notre algorithme. Les valeurs des fonctions économiques des itérations t et $t + 1$ diffèrent, exprimées dans la base I_t, de $\bar{f}_s x_s$. Le fait de repasser dans le "tant que" de notre algorithme implique $\bar{f}_s > 0$. Dans cet énoncé, on fait l'hypothèse : $x_s > 0$. On a donc $\bar{f}_s x_s > 0$, et en notant x_t la solution (réalisable de base) de l'itération t, on a :

$$f_C x_C^t < f_C x_C^{t+1}.$$

Remarque 6.9 *On ne peut pas rencontrer deux fois la même base (aux itérations t et $t + k$). En effet, sinon on aurait :*

$$f_C x_C^t = f_{I_t} \bar{b}_{I_t} = f_{I_{t+k}} \bar{b}_{I_{t+k}} = f_C x_C^{t+k}.$$

D'autre part on a :

$$f_C x_C^t < f_C x_C^{t+1} < \ldots < f_C x_C^{t+k},$$

ce qui est une contradiction. Comme le nombre de bases est fini $(< \binom{|C|}{|L|})$, on ne passe qu'un nombre fini de fois dans la boucle "tant que".

Remarque 6.10 *On ne peut sortir de la boucle "tant que" que si sa condition n'est pas satisfaite. La solution réalisable de base correspondante satisfait alors les conditions du théorème d'optimalité 6.1, ce qui démontre le théorème.*

Ce qui termine la preuve du théorème. □

Il nous reste à résoudre deux problèmes :
- Celui correspondant à la non vérification de l'hypothèse du théorème précédent, hypothèse dite de *non dégénérescence*. Il s'agit d'assurer la finitude de cet algorithme même si les x_r rencontrés au cours de l'exécution de cet algorithme sont nuls.
- Celui de trouver une solution de départ. C'est à dire trouver une base réalisable.

Commençons par ce dernier problème :

6.2.4 Solution de départ

Une telle solution peut être obtenue en résolvant le problème suivant :

$$\begin{cases} \max -y, \\ A_{L,C}x_C + yb_L = b_L, \\ x_C \geq 0_C, \ y \geq 0. \end{cases} \tag{6.12}$$

Pour résoudre ce programme linéaire, il nous faut une base réalisable initiale. Apparemment on n'est pas plus avancé.

Remarque 6.11 *Toute base contenant la colonne b est une telle base.*

En effet, soit $(A_{L,I'}, b_L)$ une telle matrice de base (la base I contient la colonne b, et I'), $(0_C, 1)$ est solution réalisable de base de notre problème. Pour trouver une telle base, on applique l'algorithme de Gauss en prenant pour commencer l'indice de la colonne b comme indice de colonne. Ceci est possible dès que $b \neq 0$. Si $b = 0$ le même argument implique que toute base est base réalisable.

Remarque 6.12 *Si $b = 0$, la solution optimale du problème 6.12 est ou bien nulle, ou bien infinie.*

En effet toute solution réalisable de base est nulle. A chaque base I correspond une solution réalisable de base. De deux choses l'une : ou bien pour tout $s \in C \setminus I$ tels que $\bar{f}_s > 0$, il existe $r \in I$ tel que $\bar{A}_{r,s} > 0$, la solution (optimale) de 6.12 est alors nulle ; ou bien il existe une base I et $s \in C \setminus I$ avec $\bar{f}_s > 0$, tels que $\forall i \in I, \bar{A}_{i,s} \leq 0$. On a alors une solution optimale infinie en prenant $x_s = +\infty$.

Lorsqu'on applique la méthode du Simplexe au problème 6.12 on a :

Proposition 6.1 *De deux choses l'une :*

1. *ou bien à l'optimum de 6.12 la variable y est égale à 0, et l'on a une solution de 6.3,*

2. *ou bien la variable y est positive et le problème 6.3 n'a pas de solution.*

En effet, à une solution de 6.3 correspond une solution de 6.12 dont la valeur de la fonction économique est : $O_C x_C + (-1)y = -y = 0$.

Remarque 6.13 *Inversement, dans le cas 1 de la proposition précédente, à la solution optimale de 6.12 correspond une solution réalisable de base du programme 6.3.*

Preuve. Si l'index de la colonne b n'appartient pas à la base optimale de 6.12, cette base est réalisable pour 6.3.

Dans le cas où l'index de la colonne b appartient à la base optimale de 6.12, appelons $(x_{I'}, 0, 0_{C \setminus I'})$ la solution réalisable de base correspondante. La matrice A étant de rang maximum, il existe $j \in C \setminus I'$ tel que $A_{L, I' \cup \{j\}}$ soit carrée et régulière. Comme précédemment $(x_{I'}, 0_j)$ est tel que $A_{L, I' \cup \{j\}}(x_{I'}, 0_j) = b_L$; c'est donc la solution de ce système. La base $I = I' \cup \{j\}$ est une base réalisable de 6.3.

Ce j peut, bien entendu, être obtenu au moyen de l'algorithme de Gauss. Il suffit dans la première phase de cet algorithme de choisir les pivots dans les colonnes I', et le dernier dans $C \setminus I'$. On obtient alors une solution réalisable de base de 6.3. $\square$

Énonçons ici une affirmation plus générale concernant les liens entre solutions et solutions réalisables de base :

Proposition 6.2 *Soit x_C une solution de 6.3, I une base. Utilisant une méthode du Simplexe modifiée, on obtient une solution réalisable de base en un nombre d'étapes au plus égal à $|C| - |L|$.*

Preuve. Définissons un petit programme adapté à ce problème.

$$\begin{cases} \max \theta, \\ U_{I,I} x_I - \bar{A}_{I,s}\theta = \bar{b}_I - \bar{A}_{I,C \setminus I} x_{C \setminus I}, \\ x_C \geq 0, \theta \leq x_s. \end{cases} \tag{6.13}$$

Pour ce nouveau petit programme l'accroissement de θ est limité par x_s et par les conditions, pour $i \in I$, $x_i \geq 0$.

Remarque 6.14 *Si la borne atteinte est x_s, la nouvelle solution obtenue en donnant à θ la valeur x_s a une composante de plus qui est nulle hors de la base : la composante s.*

Sinon il existe une variable de base r qui s'annule et sa nouvelle valeur pour la valeur de θ correspondante est 0. Comme pour l'ancien petit programme, $I' = (I \setminus \{r\}) \cup \{s\}$ est une base. On pourra vérifier que ce nouvel r est donné par :

$$\theta = \frac{\bar{b}_r - \bar{A}_{r, C \setminus I} x_{C \setminus I}}{-\bar{A}_{r,s}} = \min_{\bar{A}_{i,s} < 0} \left(\frac{\bar{b}_i - \bar{A}_{i, C \setminus I} x_{C \setminus I}}{-\bar{A}_{i,s}} \right).$$

Remarque 6.15 *La solution obtenue pour cette valeur de θ a, pour la nouvelle base I', une composante de plus qui est nulle hors de la base : la composante r.*

L'algorithme suivant permet de trouver une solution réalisable de base à partir d'une solution :

Données: $A_{L,C}$, b_L, x_C

Résultat: La base I et la SRB $(x_I, 0)$

tant que $\exists s \in C \setminus I$ *tel que* $x_s > 0$ **faire**

    Résoudre le petit programme correspondant,

    si $x_s = 0$ **alors**

        $I \leftarrow I$

    sinon

        $I \leftarrow (I \setminus \{r\}) \cup \{s\}$.

    fin

fin

Le nombre de variables hors base non-nulles est au départ, au plus $|C \setminus I|$. À chaque étape ce nombre diminue d'une unité au moins. Le nombre maximum de passages dans le *tant que* est donc $|C \setminus I|$. $\square$

Remarque 6.16 *Lorsque les données du programme linéaire 6.3 sont des nombres rationnels, et que la solution initiale x_C est de longueur d'écriture polynomialement liée à celles-ci, cet algorithme est polynomial.*

Preuve.   En effet une itération se réduit à une résolution d'un système linéaire à droite, résolution qui, en utilisant l'algorithme décrit à la section 5.4, est polynomiale. Le nombre maximum d'étapes $|C| - |L|$ est lui aussi polynomial. $\square$

Corollaire 6.1 *Supposons que l'on ait trouvé une solution $x_C \in \mathbb{R}^C$, a priori non-rationnelle, de notre programme linéaire. La proposition (6.2) nous permet de construire, à partir de cette solution, et en $n - m$ étapes de la méthode du Simplexe, une solution réalisable de base. C'est donc une solution rationnelle. Notre programme linéaire a donc aussi une solution rationnelle.*

Dans la pratique on résout plutôt le problème suivant, après avoir, si nécessaire, changé de signe les égalités pour que les $b(l)$ soient non-négatifs :

$$\begin{cases} \max f_C x_C - \lambda \sum_{l \in L} y_l, \\ A_{L,C} x_C + U_{L,L} y_L = b_L, \\ x_C, y_L \geq 0. \end{cases} \tag{6.14}$$

On démontre (8.7) qu'il existe une valeur de $\lambda > 0$ telle que, lorsque $y_L = 0$, la restriction à C des solutions optimales de (6.14) soient solutions optimales de

(6.3). Dans la pratique on prend λ *suffisamment* grand (10^5). Cette méthode est référencée sous le nom de *méthode de la phase mixte*.

Lorsque, à l'optimum, certains des y_l sont positifs, on augmente λ. Si des y_l continuent à rester positifs on doit se demander si notre problème a une solution. Dans ce cas, on se ramène à une résolution en deux phases. Plutôt que de commencer par résoudre le problème (6.12), on préfère, résoudre le problème suivant :

$$\begin{cases} \max - \sum_{l \in L} y_l, \\ A_{L,C} x_C + U_{L,L} y_L = b_L, \\ x_C, y_L \geq 0. \end{cases} \qquad (6.15)$$

Si, à l'optimum, certains des y_l sont positifs, le problème posé n'a pas de solution. Sinon on complète la partie $I' = I \cap C$ de la base I incluse dans C en une base I'' de (6.3). Cette opération peut se faire suivant la méthode décrite plus haut pour trouver une solution réalisable de base de (6.3) à partir de la solution optimale de (6.12). Ici on peut être amené à choisir plus d'une colonne dans $C \setminus I'$. Cette façon de procéder est souvent appelée *méthode des deux phases*.

6.2.5 Problèmes de dégénérescence

Il n'est pas difficile d'exhiber des données de programmes linéaires pour lesquelles la méthode du Simplexe retrouve au bout d'un certain nombre d'itérations une base déjà rencontrée. Cela signifie, entre autre, que l'accroissement de la variable x_s a été nul lors de chacune des résolutions des petits programmes correspondants aux bases rencontrées entre les deux occurrences successives de cette même base. On appelle une telle situation cyclage de l'algorithme, et la suite répétitive des bases un cycle.

Observons que dans les problèmes pratiques de taille raisonnable, cette situation ne se présente pas. Il est très fréquent de rencontrer, dans les gros problèmes, de très longues suites de changements de base sans augmentation de fx, ce qu'on appelle des pseudocycles. Dès les années 50, plusieurs méthodes évitant les cyclages ont été proposées; on en décrira deux. Nous décrirons aussi la méthode proposée en 1976 par R. Bland [4] qui consiste en une légère modification la méthode du Simplexe.

Plongements dans des polynômes Soit J la base initiale. Ce peut être L l'ensemble des lignes dans le cas où, initialement :
- chaque ligne représente une inégalité,
- on a adjoint une variable d'écart par ligne,
- les indices de ces variables d'écart forment une base réalisable.

Cette base peut aussi avoir été obtenue à la fin de la phase 1 de la méthode des deux phases (cf 6.15). Soit $(x_J, 0)$ la solution réalisable de base initiale.

On a $x_J = \bar{b}_J \geq 0$. Pour simplifier les notations, on va supposer que le problème donné est celui qui a comme solution réalisable de base $(x_J, 0_{C\setminus J})$. Cette base initiale est donc L.

La première méthode consiste à rajouter aux b_l initiaux des polynômes en ϵ linéairement indépendants de la forme $\epsilon P_l(\epsilon)$ et tels que le coefficient du terme de plus bas degré en ϵ soit positif, ce qui est toujours possible (en numérotant la base initiale L par $1, 2, .., m$, il suffit de prendre $\epsilon P_l(\epsilon) = \epsilon^l$). On plonge donc ainsi les x_i ainsi que la fonction économique $f_C x_C$ dans l'anneau des polynômes à une indéterminée (ϵ), polynômes totalement ordonnés par le terme de plus bas degré (non-nul). Ces choix impliquent que, dans la suite des bases, pour $i \in I$, les (polynômes) x_i sont toujours positifs. Un second membre $\bar{b}_i$ est le produit d'une ligne de l'inverse de la base et du vecteur b_l. Cette ligne de l'inverse de base est, bien entendu, non-nulle. Les nouveaux seconds membres étant des polynômes linéairement indépendants, $\bar{b}_i \neq 0$. Le polynôme $f_C x_C$ croît donc strictement à chaque itération. L'argument utilisé dans la preuve de validité de la méthode du Simplexe peut fonctionner. On ne peut donc pas rencontrer deux fois la même base : l'algorithme est donc fini.

Remarque 6.17 *À chaque solution réalisable de base de ce nouveau problème correspond une solution réalisable de base de 6.3.*

Preuve. Soit I cette base réalisable. La composante $x_i > 0$ est un polynôme. Notons la $Q_{I_i}(\epsilon)$ pour mettre en évidence la nature de polynôme. Appelons $P_L = (P_1, P_2, \ldots, P_m)$ le vecteur dont les composantes sont les différents polynômes P_l. C'est le polynôme ϵP_l qui est initialement ajouté aux seconds membres $\bar{b}_l$.

Notons $B_{I,L}$ l'inverse $A_{L,I}^{-1}$ de $A_{L,I}$. La composante i de la solution réalisable de base correspondante x_C est :

$$Q_{I_i}(\epsilon) = \bar{b}_i + \epsilon B_{i,L} P_L(\epsilon).$$

Ceci implique $\bar{b}_i \geq 0$, car ce polynôme est positif.

Le vecteur $(x_I, 0_{C\setminus I})$ est donc une solution réalisable de base du problème initial. Le fait que l'algorithme se soit arrêté implique que, ou bien $\bar{A}_{I,s} \leq 0$, x_s prend alors une valeur infinie ce qui donne une valeur infinie à $f_C x_C$, ou bien que $\bar{f}_{C\setminus I} \leq 0$, $(x_I, 0_{C\setminus I})$ satisfait alors les conditions du théorème d'optimalité 6.1, c'est une solution optimale du problème initial. □

Une variante numérique Considérons l'ensemble des polynômes Q_{I_i}. Le nombre de bases étant fini, le nombre de ces polynômes est fini. Soit α la plus petite racine positive de ces polynômes. Donnons à ϵ la valeur $\alpha/2$ et résolvons le programme linéaire avec ce nouveau second membre.

Remarque 6.18 *Comme précédemment, à chaque solution réalisable de base du nouveau problème correspond une solution réalisable de base du problème (6.3).*

Preuve. En effet considérons une telle solution :

$$x_i(\epsilon) = Q_{I_i}(\epsilon).$$

Comme solution d'un programme linéaire $x_i(\epsilon) \geq 0$. Notre choix de ϵ implique $x_i(\epsilon) \neq 0$. On a donc $x_i(\epsilon) > 0$. Si $\bar{b}_i = Q_{I_i}(0) < 0$, l'intervalle $[0, \alpha]$ contient une racine du polynôme Q_{I_i}. Ceci est impossible puisque $\alpha = 2 \times \epsilon$ est la plus petite racine de l'ensemble de ces polynômes. La preuve se poursuit comme précédemment, la base optimale du problème perturbé est encore la base optimale du problème posé (6.3). $\square$

Complexité et perturbations

Remarque 6.19 *Soit P un polynôme à coefficients entiers de degré m. Décrivons le par la liste de ses coefficients, $P = (a_0, a_1, \ldots, a_m)$. Supposons $a_0 > 0$, et soit $b = \max_{i \in \{1, \ldots, m\}}(|a_i|)$. Alors $\forall x \in\,]0, 1/2b], P(x) > 0$.*

Preuve. En effet :

$$P(x) \geq a_0 - bx - bx^2 - \ldots - bx^m \geq a_0 - b/2b - b/(2b)^2 - \ldots - b/(2b)^m.$$

Ce dernier terme vaut :

$$a_0 - (b/2b) \times (1 - 1/2b - 1/(2b)^2 - \ldots - 1/(2b)^{m-1}) > a_0 - 1.$$

On a donc, dans cet intervalle : $P(x) > a_0 - 1 \geq 0$. Le nombre $1/2b$ est plus petit que la plus petite racine positive non-nulle du polynôme P. $\square$

Peut-on estimer un minorant des $1/2b$? Les lignes L ayant été numérotées de 1 à m, choisissons $P_i = \epsilon^{i-1}$; on a :

$$P_L = (\epsilon, \epsilon^2, \ldots, \epsilon^{m-1}).$$

On a :

$$Q_{I_i}(\epsilon) = \bar{b}_i + \epsilon B_{i,L} P_L(\epsilon).$$

Appelons M un majorant des $A_{l,c}$ et b_l.

Remarque 6.20 *Les $\bar{b}_i$, ainsi que les éléments de $B_{i,L}$, sont des quotients de déterminants issus du problème initial. Le théorème d'Hadamard 13.3 nous donne un majorant V de la valeur de ces déterminants : $V = M^m m^{m/2}$.*

Si l'on n'avait pas choisi de confondre la base initiale J avec les lignes initiales L, on aurait des $B_{i,J}$ et non des $B_{i,L}$. Les déterminants au dénominateur des $\bar{b}_i$ et $B_{i,J}$ ne seraient alors pas les mêmes. Les coefficients des différents $Q_{I_i}(\epsilon)$ sont donc inférieurs ou égaux à V^2. On a alors :

Théorème 6.3 *Lorsque l'on perturbe les lignes de la solution initiale par* $\epsilon = \frac{1}{2V^2}$, *aucune des solutions rencontrées n'est dégénérée (aucune des composantes de base d'une solution réalisable de base n'est nulle). De plus la base optimale est optimale pour le problème initial (non perturbé).*
Ces valeurs sont de longueur d'écriture polynomiale en les données du problème initial, la plus petite des quantités ajoutées au second membre est $(1/2V^2)^m$ *dont la longueur d'écriture du dénominateur est polynomiale.*

Preuve. Il reste à démontrer que $(1/2V^2)^m$ est de longueur d'écriture polynomiale. Appelons I l'instance (les données) de notre problème; on a :

$$\mu(I) \geq \max(\log M, m).$$

Le logarithme du dénominateur est donc :

$$\log 2V^{2m} = m^2(\log M + \frac{1}{4}\log m) + \log 2 \leq 2\mu(I)^3 + \log 2,$$

valeur polynomiale en $\mu(I)$. $\square$

La méthode de R. Bland [4] Bland numérote les éléments de C de 1 à n et propose de fixer les choix suivants dans la méthode du Simplexe :
- Choisir s parmi les $\bar{f}_j > 0$ de plus petit indice,
- Lorsque le choix de r est multiple choisir r de plus petit indice.

Proposition 6.3 *Avec ces choix, le nombre de passages dans le "tant que" est fini.*

Preuve. Supposons que l'on ait un cycle; la même base I se retrouve à deux étapes différentes $t < t'$ de l'algorithme. Appelons $J \subset C$ l'ensemble des variables entrant (ou sortant, si elles entrent, elles sortent aussi) de la base entre ces deux étapes. Soit q l'indice maximum de J et considérons la base I où l'index q entre dans la base. Appelons $\hat{f} = \bar{f}_C$ ce vecteur calculé pour cette base I. Le critère de choix de la variable candidate à entrer dans la base, q ici, implique :

$$\hat{f}_I = 0, \forall i \in J \setminus (I \cup \{q\}), \hat{f}_i \leq 0, \hat{f}_q > 0.$$

Soit I' la base où q sort de la base, et soit s la variable qui la remplace (la candidate à entrer). On a :

$$x_{I'} = \bar{b} - \bar{A}_{I',s}x_s.$$

Appelons $z \in \mathbb{R}^C$ tel que $z_{I'} = -\bar{A}_{I',s}, z_s = 1, z_{C \setminus (I' \cup \{s\})} = 0$. Remarquons que, étant donné que l'on a un cycle, tous les $x_{I \cap J}$ sont égaux à zéro.

Remarque 6.21 *Appelons $\hat{x}_C$ la solution réalisable de base correspondant à la base I'. L'égalité précédente peut s'écrire :*

$$x_C = \hat{x}_C + x_s \times z_C.$$

Rappelons que la fonction économique s'exprime au moyen de $\hat{f}_C$ pour n'importe quelle solution, en particulier la solution réalisable de base attachée à I'. Le choix de s comme indice de variable candidate à entrer dans la base implique que l'accroissement de cette fonction est positif. Cet accroissement, exprimé dans la base I', est $\hat{f}_C z_C$. On a :

$$\hat{f}_C z_C = \sum_{c \in C} \hat{f}_c z_c > 0, \qquad (6.16)$$

$$\hat{f}_C z_C = \sum_{i \in I} \hat{f}_i z_i + \sum_{i \in C \setminus (J \cup I)} \hat{f}_i z_i + \sum_{i \in (C \setminus \{s\}) \cap (J \cup I)} f_i z_i + \hat{f}_s z_s.$$

Pour $i \in I, \bar{f}_i = 0$. Le premier terme de cette somme est donc nul.
Pour $i \in C \setminus (J \cup I), z_i = 0$, car ce vecteur est nul en dehors de $I \cup I'$. Le deuxième terme de cette somme est donc nul.
Pour $i \in (C \setminus \{s\}) \cap (J \setminus I)$, on a d'une part $\hat{f}_i \leq 0$, car $i < q$, d'autre part i étant un indice de J, $x_i = 0$. Deux cas se présentent : $i \in I'$; comme i n'est pas choisi pour sortir de la base I', alors $z_i = -\bar{A}_{i,s} \geq 0$; sinon $i \notin I', z_i = 0$. Dans ces deux cas $\hat{f}_i z_i \leq 0$.
Enfin comme $s < q, \hat{f}_s \leq 0$ et donc $\hat{f}_i z_i \leq 0$.
Chacun des quatre termes de cette somme est négatif ou nul, cette somme est donc négative ou nulle, en contradiction avec l'inégalité 6.16. On ne peut donc pas avoir un cycle. $\square$

6.3 Dualité

De même que l'on a défini le programme linéaire (Primal) 6.3 :

$$P \begin{cases} \max f_C x_C, \\ A_{L,C} x_C = b_L, \\ x_C \geq 0. \end{cases} \qquad (6.17)$$

on définit :

$$D \begin{cases} \min y_L b_L, \\ y_L A_{L,C} \geq f_C. \end{cases} \qquad (6.18)$$

Le problème (6.18) est appelé *le dual* de (6.17). Les problèmes dual (6.18) et primal (6.17) partagent le même ensemble de données : $A_{L,C}$, b_L, f_C, et, a priori, seul un simple jeu d'écriture nous fait passer de (6.17) à (6.18) et réciproquement de (6.18) à (6.17). Nous allons établir un premier lien entre la valeur de la fonction économique du primal (6.17), et celle du dual (6.18).

Remarque 6.22 *Soit y_L une solution réalisable du problème dual, et soit $x_C \in \mathbb{R}^C$, $x_C \geq 0$. La multiplication à droite de l'inégalité du dual (6.18) nous donne :*

$$y_L A_{L,C} x_C \geq f_C x_C.$$

Si, de plus, on choisit x_C tel que $A_{L,C} x_C = b_L$ cette inégalité devient :

$$y_L b_L \geq f_C x_C.$$

Remarque 6.23 *L'existence simultanée d'une solution du primal (6.17) et du dual (6.18) implique, du fait de l'inégalité précédente, que les valeurs de ces solutions sont finies, $f_C x_C$ que l'on maximise est majorée par $y_L b_L$, quantité que l'on minimise. Elle-même est minorée par $f_C x_C$.*

On pourrait, par transposition (définition 2.4) mettre le problème dual (6.18) sous la forme (6.17). Il faudrait ajouter des variables d'écart, et, comme le vecteur y_L n'est pas astreint à une condition de signe, on poserait alors $y_L = y_L^+ - y_L^-$, avec $y_L^+ \geq 0$ et $y_L^- \geq 0$. On montrerait ainsi, directement sur la forme canonique, la symétrie entre primal et dual (6.3.1). On va montrer que l'on peut construire une solution optimale du problème dual (6.18) à partir d'une solution optimale du problème primal (6.17). Considérons donc une solution réalisable de base optimale du primal (6.17), et rappelons le calcul de $\bar{f}_C$, ainsi que les conditions d'optimalité du problème primal (théorème 6.1). On a :

$$\bar{f}_C = f_C - f_I A_{L,I}^{-1} A_{L,C}, \tag{6.19}$$

$$\bar{f}_I = 0, \quad \bar{f}_{C \setminus I} \leq 0. \tag{6.20}$$

Appelons u_L le vecteur $f_I A_{L,I}^{-1}$. Donnons au vecteur y_L du problème dual (6.18) cette valeur u_L. Avec cette valeur et les conditions (6.20), on a :

$$u_L A_{L,C} \geq f_C;$$

u_L est donc une solution réalisable de (6.18). Calculons sa valeur :

$$u_L b_L = (f_I A_{L,I}^{-1}) b_L = f_I (A_{L,I}^{-1} b_L) = f_I \bar{b}_I.$$

Cette dernière valeur est celle de la solution optimale de (6.17). Or cette valeur de la fonction économique du dual (6.18) est toujours supérieure ou égale à celle de (6.17). Cette solution u_L est donc solution optimale du dual (6.18). On vient de démontrer :

Théorème 6.4 *Soit $x_C = (x_I, 0_{C \setminus I})$ une solution réalisable de base optimale du problème primal (6.17). Alors $y_L = f_I A_{L,I}^{-1}$ est une solution optimale du problème dual (6.18).*

Soient x_C et y_L des solutions optimales des problèmes primal (6.17) et dual (6.18). Par le théorème précédent on a :

$$y_L b_L = y_L A_{L,C} x_C = f_C x_C,$$

et donc :

$$(f_C - y_L A_{L,C}) x_C = 0.$$

Comme $x_C \geq 0$ et $f_C - y_L A_{L,C} \leq 0$, on a :

$$(f_C - y_L A_{L,C}) x_C = \sum_{c \in C} (f_C - y_L A_{L,C}) x_C = 0,$$

et donc :

$$\forall c \in C,\ (f_C - y_L A_{L,C}) x_C = 0.$$

On vient de démontrer le théorème des écarts complémentaires :

Théorème 6.5 (des écarts complémentaires) *Soit x_C et y_L un couple de solutions optimales des problèmes primal (6.17) et dual (6.18). Pour tout $c \in C$, l'une, au moins, des propriétés suivantes est vérifiée :*

1. $f_c - y_L A_{L,c} = 0$,
2. $x_c = 0$.

Remarque 6.24 *Soit x_C une solution optimale du primal (6.17) qui n'est pas réalisable de base. Soit J l'ensemble suivant : $J = \{j \in C, x_j > 0\}$. Les colonnes de $A_{L,J}$ peuvent ne pas être linéairement indépendantes. Le théorème précédent implique cependant que le vecteur f_J est une combinaison linéaire des lignes de $A_{L,J}$.*

6.3.1 Symétrie entre Primal et Dual

Donnons une définition du dual dans un cas où primal et dual ont une forme plus symétrique. Pour cela considérons la forme (6.21) que l'on sait réduire (polynomialement) à (6.17).

$$P \begin{cases} \max f_C x_C, \\ A_{L,C} x_C \leq b_L, \\ x_C \geq 0. \end{cases} \tag{6.21}$$

On définit :

$$D \begin{cases} \min y_L b_L, \\ y_L A_{L,C} \geq f_C, \\ y_L \geq 0. \end{cases} \tag{6.22}$$

Montrons que (6.22) est dual de (6.21) au sens de (6.18). On transforme (6.21) en (6.23) en ajoutant les variables d'écart $z_L \geq 0$.

$$P \begin{cases} \max f_C x_C + 0_L z_L, \\ A_{L,C} x_C + U_{L,L} z_L = b_L, \\ x_C \geq 0, \ z_L \geq 0. \end{cases} \tag{6.23}$$

Le dual (6.18) de (6.23) s'écrit :

$$D \begin{cases} \min y_L b_L, \\ y_L A_{L,C} \geq f_C \\ y_L U_{L,L} \geq 0_L. \end{cases} \tag{6.24}$$

La dernière ligne de ce programme s'interprète : $y_L \geq 0$.

Théorème 6.6 *Le dual de (6.21) est (6.22).*

Remarque 6.25 *Le dual de (6.22) est (6.21).*

En effet, après transposition, on peut réécrire (6.22) sous la forme (6.21) (on maximise) :

$$\begin{cases} -\max - {}^t b_L \ {}^t y_L, \\ - {}^t A_{L,C} \ {}^t y_L \leq - {}^t f_C, \\ {}^t y_L \geq 0. \end{cases} \tag{6.25}$$

En dualisant on obtient :

$$\begin{cases} -\min z_C (- {}^t f_C), \\ z_C (- {}^t A_{L,C}) \geq - {}^t b_L, \\ z_C \geq 0. \end{cases} \tag{6.26}$$

On transpose à nouveau, on transforme le min en max et on obtient :

$$P \begin{cases} \max f_C \ {}^t z_C, \\ A_{L,C} \ {}^t z_C \leq b_L, \\ {}^t z_C \geq 0. \end{cases} \tag{6.27}$$

qui n'est rien d'autre que (6.21). La définition du dual est involutive. Bien entendu la première définition choisie l'était aussi !... On a de plus :

Remarque 6.26 *Lorsque (6.17) a une solution optimale finie, le résoudre revient à trouver une solution de (6.28) :*

$$PD \begin{cases} A_{L,C} x_C = b_L, \\ y_L A_{L,C} \geq f_C, \\ y_L b_L \leq f_C x_C, \\ x_C \geq 0. \end{cases} \tag{6.28}$$

Preuve. En effet, à toute solution optimale réalisable de base $\hat{x}_C$ de (6.17) correspond une solution de (6.28). Inversement, à une solution $(\bar{x}_C, \bar{y}_L)$ de (6.28), on fait correspondre une solution (réalisable) $\bar{x}_C$ de (6.17). Étant donné que pour tout couple de solutions x_C de (6.17), y_L de (6.18), on a $y_L b_L \geq f_C x_C$, on a donc ici $\bar{y}_L b_L = f_C \bar{x}_C$, et $\bar{x}_C$ maximise donc $f_C x_C$. Il est clair que l'écriture (formelle) de (6.28) à partir de (6.17) demande un nombre de signes égal à (environ) deux fois celui de l'écriture de (6.17). La résolution d'un système d'inégalités linéaires est donc polynomialement équivalente (définition 3.5) à celle d'un programme linéaire. $\square$

6.3.2 Interprétation des variables duales

Soit $\hat{x}_C$ une solution optimale, réalisable de base et non-dégénérée. On suppose que, pour $i \in I$, la base optimale, les composantes de base x_I sont positives. On considère des variations des variables hors base, et (ou) du second membre b_L, telles que les différentes variables de base x_C restent non-négatives.

Remarque 6.27 *La valeur de la fonction économique est donnée par la formule suivante :*

$$f_C x_C = f_I A_{L,I}^{-1} b_L + \bar{f}_{C \setminus I} x_{C \setminus I}.$$

Appelons, une fois encore, u_L le produit $f_I A_{L,I}^{-1}$. La variation de δ_L d'un b_L produira donc une variation du coût de $u_L \delta_L$. De même, pour $c \in C \setminus I$, une variation de δ_C de la borne inférieure 0 de la variable c produira une variation du coût de $\bar{f}_C \delta_C$.

Remarque 6.28 *La condition de non-dégénérescence est ici absolument indispensable ; cette interprétation n'a plus de sens si une quelconque variation du second membre ou d'une borne produit un changement de base. La seule chose que l'on peut alors affirmer est qu'une augmentation d'une borne supérieure, ou la diminution d'une borne inférieure fait augmenter la fonction coût, au sens large, la solution optimale précédente satisfaisant ces nouvelles conditions.*

Remarque 6.29 *En revanche un changement de base peut* **changer le** *signe de* u_I. *En conséquence, une augmentation de* δ_L *de* b_L *pourra produire* **une variation du coût de signe contraire à** $u_L \delta_L$.

Dans les cas de dégénérescence de la solution optimale, on peut étudier la variation du coût pour de petites variations et en déduire des pseudovariables duales. Ces optimisations pour de petites variations autour de la solution optimale, ne prennent en général qu'un tout petit nombre d'itérations.

6.3.3 Non-dégénérescence du dual

Considérons le problème dual :

$$D \begin{cases} \min y_L b_L, \\ y_L A_{L,C} \geq f_C. \end{cases} \tag{6.29}$$

Lorsque l'on veut résoudre directement ce problème, on peut commencer par transposer l'inégalité $y_L A_{L,C} \geq f_C$, puis remplacer y_L par la différence de deux vecteurs non-négatifs, $y_L^+ - y_L^-$. On rajoute alors les variables d'écart pour mettre ce nouveau problème sous la forme canonique (6.3).

Soit $M = \max(b_L, A_{L,C} f_C)$ et notons $V = M^m m^{m/2}$, $\epsilon = 1/2V^2$, puis $U = M^n n^{n/2}$ et $\eta = 1/2U^2$.

Remarque 6.30 *Au chapitre précédent on a montré (théorème 6.3) que lorsqu'on perturbe polynomialement les seconds membres de la solution initiale $\bar{b}_J$ du problème primal (6.3) par les valeurs $\epsilon, \epsilon^2, \ldots, \epsilon^m$, aucune des solutions réalisables de base n'est dégénérée.*
Ce même résultat s'applique à la résolution du dual (6.29) au moyen de la méthode du Simplexe (primale). On peut ici remplacer ϵ par η, et perturber les seconds membres, la fonction f_C, par les valeurs $\eta, \eta^2, \ldots, \eta^n$, une fois les éléments de C numérotés de 1 à n.

Supposons que f_C est la fonction économique perturbée par les polynômes ϵ^i. Considérons le problème primal :

$$P \begin{cases} \max f_C x_C, \\ A_{L,C} x_C \leq b_L, \\ x_C \geq 0. \end{cases} \tag{6.30}$$

Son dual s'écrit :

$$D \begin{cases} \min y_L b_L, \\ y_L A_{L,C} \geq f_C, \\ y_L \geq 0. \end{cases} \tag{6.31}$$

À une solution optimale réalisable de base y_L du dual, on peut faire correspondre une solution optimale réalisable de base x_C du primal. Lorsque l'on veut résoudre le dual au moyen de la méthode du Simplexe, on ajoute des variables d'écart z_C. À une base réalisable $I \subset (L \cup C)$ du dual correspondra une solution réalisable de base $(x_I, 0_{C \setminus I})$ du primal (le primal étant décrit avec des inégalités, on a $|I| \leq |L|$).
Supposons que les x_I d'une solution réalisable de base du primal aient une longueur d'écriture inférieure ou égale à k. C'est, par exemple, le cas lorsque, en base 10, ils sont représentés par des couples (p_I, q) avec $p_I \in \mathbb{Z}^I$ et $q \in \mathbb{Z}^+$, écrits avec moins de k signes, et donc moins de k chiffres.

Remarque 6.31 *Si y_L est une solution réalisable de base optimale du dual alors :*

$$y_L b_L = f_C x_C.$$

Si les f_C sont des polynômes, cette valeur commune est un polynôme.

On va montrer que la base optimale du dual est alors unique. Pour cela supposons que le dual ait deux bases optimales I et I'. À ces bases optimales correspondront deux solutions optimales primales $(x_I, 0_{C \setminus I})$ et $(x_{I'}, 0_{C \setminus I'})$.

Proposition 6.4 *Donnons la valeur $\eta = 1/2U^4$ à ϵ. On a alors l'égalité :*

$$x_I = x_{I'}.$$

Preuve. Supposons que ces solutions soient différentes. Leurs valeurs, toutes deux égales à celle $y_L b_L$ du dual, sont cependant égales :

$$f_C(x_I, 0_{C \setminus I}) = f_C(x_{I'}, 0_{C \setminus I'}).$$

On a donc :

$$f_C((x_I, 0_{C \setminus I}) - (x_{I'}, 0_{C \setminus I'})) = 0. \tag{6.32}$$

Par construction les différents polynômes $f_c(\epsilon)$ sont linéairement indépendants. On peut d'autre part réécrire cette égalité en représentant les composantes des x_I et $x_{I'}$ par des fractions. Une fois celles-ci réduites au même dénominateur, on obtient :

$$f_C(q'(p_I, 0_{C \setminus I}) - q(p_{I'}, 0_{C \setminus I'})) = 0.$$

Considéré comme polynôme, le premier membre de cette égalité ne peut donc être identiquement nul que si $(x_I, 0_{C \setminus I}) = (x_{I'}, 0_{C \setminus I'})$. Comme il s'agit ici de la valeur d'un polynôme, montrons qu'elle ne peut pas être nulle. Confondons l'élément $c \in C$ et son numéro, une fois les éléments de C numérotés $1, 2, \ldots, n$. Appelons $\bar{f}_c$ la composante c du vecteur f_C avant qu'on l'ait perturbée. On a :

$$f_c = \bar{f}_c + \epsilon^c.$$

Un coefficient affectant le polynôme f_C dans l'égalité (6.32) est de longueur d'écriture inférieure à $2k$. C'est le coefficient multiplicateur de ϵ^c dans le polynôme, premier membre de cette égalité. Sa valeur absolue est donc inférieure ou égale à U^4, ce qui justifie la valeur $1/2U^4$ donnée à ϵ. La valeur choisie pour $\eta = 1/2U^4$ (ainsi que toutes celles du segment $[0, \eta]$) ne peut, du fait de la remarque 6.19, être racine du polynôme au premier membre de cette égalité (6.32). On a donc une contradiction. $\square$

Corollaire 6.2 *Cette modification polynomiale de la fonction économique f_C assure :*

1. *que la solution optimale du problème modifié est solution optimale du problème initial,*

2. que la solution optimale (primale) du problème modifié est unique.

Preuve. Le point 1 vient du fait que la solution optimale du dual modifié est optimale du dual non modifié. C'est ce que dit le théorème 6.3. La solution primale correspondante ne change pas, elle est solution du même système linéaire. On vient de démontrer le point 2.

7 Implémentations pratiques

Nous allons décrire quelques implémentations pratiques de la méthode du Simplexe. Nous commencerons par décrire une implémentation particulière, la forme dite "révisée" du Simplexe ou de "l'inverse explicite", puis nous la généraliserons. On aura remarqué que tous les calculs d'une itération peuvent s'effectuer au moyen des seules connaissances de l'inverse de base, de la solution x_C courante, et, bien entendu, des données c'est à dire la matrice $A_{L,C}$ du problème et les vecteurs f_C et b_L. Introduisons aussi le vecteur $u_L = f_I A_{L,I}^{-1}$. On pourrait recalculer la matrice $A_{L,I}^{-1}$ à chaque itération; cependant il est préférable de l'actualiser en la prémultipliant par la matrice inverse du produit $A_{L,I}^{-1} A_{L,I'}$, où I' est la nouvelle base $(I' = (I \setminus \{r\}) \cup \{s\})$. On a bien, en effet :

$$A_{L,I'}^{-1} = (A_{L,I}^{-1} A_{L,I'})^{-1} A_{L,I}^{-1}.$$

7.1 La nouvelle inverse de base

Appelons $E_{I,I'}$ cette matrice $A_{L,I}^{-1} A_{L,I'}$. Rappelons que l'on a noté $\bar{A}_{I,s}$ le produit de l'inverse de base par la colonne s de la matrice $A_{L,C}$:

$$\bar{A}_{I,s} = B_{I,L} A_{L,s}.$$

Clairement, toutes les colonnes indicées par $I' \setminus \{s\}$, sont des colonnes de matrice unité. La colonne indicée par s est la colonne $\bar{A}_{I,s}$. Décrivons la matrice $E'_{I',I}$, et montrons que $E'_{I',I}$ est l'inverse de $E_{I,I'}$. Bien entendu $I' \setminus \{s\} = I \setminus \{r\}$, Posons :

$$E'_{I',I \setminus \{r\}} = U_{I',I' \setminus \{s\}}, \;\; E'_{I' \setminus \{s\},r} = -\bar{A}_{I \setminus \{r\},s}/\bar{A}_{r,s}, \;\; E'_{s,r} = 1/\bar{A}_{r,s}.$$

On vérifie aisément que pour $i \neq s$:

$$E'_{i,I} \times E_{I,s} = E'_{i,i} E_{i,s} + E'_{i,r} E_{r,s},$$

$$E'_{i,I} \times E_{I,s} = 1 \times \bar{A}_{i,s} + (-\bar{A}_{i,s}/\bar{A}_{r,s}) \times \bar{A}_{r,s} = 0.$$

Pour $i = s$:

$$E'_{s,I} \times E_{I,s} = (1/\bar{A}_{r,s}) \times \bar{A}_{r,s} = 1.$$

Appelons $B_{I,L}$ la matrice inverse de la base $A_{L,I}$ et $B'_{I',L}$ celle de la nouvelle base : on a les formules

$$\forall j \in L, \; B'_{s,j} = (1/\bar{A}_{r,s})B_{r,j},$$

et pour $i \neq s$:

$$\forall j \in L, \; B'_{i,j} = B_{i,j} - (\bar{A}_{i,s}/\bar{A}_{r,s})B_{r,j}.$$

On remarquera que la ligne r est transformée en ligne s.

Pratiquement, il n'est pas nécessaire d'avoir une matrice $B_{I,L}$ ayant $|C|$ lignes ; il suffira d'avoir un vecteur I d'indices, décrivant les indices des lignes de $B_{I,L}$, et un tableau ayant $|I|$ lignes et $|L|$ colonnes pour représenter $B_{I,L}$. Ce sont ces objets qui seront actualisés à chaque itération.

7.1.1 Pivotage en entier, Q-matrices

Cette opération de mise à jour de l'inverse de base que nous venons de décrire, peut s'effectuer polynomialement, et même fortement polynomialement (définition 3.12) lorsque les coefficients de la matrice $A_{L,C}$ sont des entiers. Cette nouvelle forme de la mise à jour a tout d'abord été décrite par Jack Edmonds [25] sur le *tableau*, c'est à dire la matrice que nous appelons $\bar{A}_{I,C\setminus I}$. La matrice considérée est appelée alors $Q - matrice$, Q étant le déterminant de la base. Notre exposé suivra [26].

Soit I une base, $A_{L,I}$ la matrice de base correspondante, $B_{I,L}$ son inverse, et q_I son déterminant.

Remarque 7.1 *La matrice $q_I \times B_{I,L}$ a tous ses coefficients entiers.*

Preuve. La matrice $B_{I,L}$ est, par définition, la transposée de la matrice des cofacteurs de $A_{L,I}$ divisée par q_I. La matrice des cofacteurs a des éléments qui sont, au signe près, des sous-déterminants de $A_{L,I}$, et sont donc des entiers. □

La nouvelle inverse de base $B_{I',L}$ s'obtient à partir de $B_{I,L}$ par prémultiplication par la matrice $E'_{I',I}$, inverse de $E_{I,I'}$. La colonne s de cette matrice est la colonne $\bar{A}_{I,s}$:

$$\bar{A}_{I,s} = B_{I,L}A_{L,s},$$

et donc $q_I\bar{A}_{I,s}$ est un vecteur à coefficients entiers. Interprétons le terme $q_I\bar{A}_{i,s}$:

$$q_I\bar{A}_{i,s} = \sum_{l \in L} q_I B_{i,l}A_{l,s}.$$

La transposée de la ligne i de la matrice $B_{I,L}$ multipliée par q_I est la colonne des cofacteurs de la colonne i de la matrice $A_{L,I}$.

Remarque 7.2 *On vient de démontrer que $q_I\bar{A}_{i,s}$ est le déterminant de la matrice $A_{L,I'}$ avec $I' = (I \setminus i) \cup \{s\}$. La matrice $A_{L,I'}$ est la matrice $A_{L,I}$ dans laquelle la colonne $A_{L,i}$ est remplacée par la colonne $A_{L,s}$. Le nombre $q_I\bar{A}_{i,s}$ est le déterminant $q_{I'}$.*

Posons $I' = (I \setminus r) \cup s$. La matrice $q_{I'} E'_{I',I}$ est une matrice à coefficients entiers. On sait que :

$$B_{I',L} = E'_{I',I} B_{I,L},$$

et que, comme $B_{I,L}$, la matrice $q_{I'} B_{I',L}$ a tous ses coefficients entiers. On a donc :

$$q_{I'} B_{I',L} = q_{I'} E'_{I',I} B_{I,L} = \frac{1}{q_I}(q_{I'} E'_{I',I})(q_I B_{I,L}).$$

On vient de démontrer :

Théorème 7.1 *La matrice entière $q_{I'} B_{I',L}$ s'obtient à partir de la matrice entière $q_I B_{I,L}$ par prémultiplication par la matrice entière $q_{I'} E'_{I',I}$, puis par division de chacun des termes de la matrice obtenue par q_I. Ce passage de $q_I B_{I,L}$ à $q_{I'} B_{I',L}$ se fait au moyen d'un nombre de calculs fortement polynomial.*

7.2 Actualisation du vecteur u_L

Rappelons les formules donnant u_L ainsi que le nouveau u'_L calculé dans la nouvelle base I'. On a :

$$u_L = f_I A_{L,I}^{-1}, \text{ et } u'_L = f_{I'} A_{L,I'}^{-1},$$

En remplaçant $A_{L,I'}^{-1}$ par $E'_{I',I} A_{L,I}^{-1}$, puis en factorisant à droite par $A_{L,I}^{-1}$ dans la formule précédente, on obtient :

$$u'_L - u_L = (f_{I'} E'_{I',I} - f_I) A_{L,I}^{-1}.$$

Posons $\delta_I = f_{I'L} E'_{I',I} - f_I$.

$$u'_L - u_L = \delta_I A_{L,I}^{-1}.$$

Remarquons que $f_{I'} E'_{I',I \setminus \{r\}} = f_{I \setminus \{r\}}$, et que donc $\delta_{I \setminus \{r\}} = 0$. Calculons alors $\delta_r = f_{I'} E'_{I',r} - f_r$. Rappelons que $E'_{I' \setminus \{s\},r} = -\bar{A}_{I' \setminus \{r\},s}/\bar{A}_{r,s}$, et réécrivons δ_r. On a :

$$\delta_r = (-1/\bar{A}_{r,s}) f_I \bar{A}_{I,s} + (1/\bar{A}_{r,s}) f_r \bar{A}_{r,s} + f_s E'_{s,r} - f_r.$$

Les deuxième et quatrième termes du second membre sont égaux et opposés, $f_s E'_{s,r} = (1/\bar{A}_{r,s}) f_s$. On a donc :

$$\delta_r = (1/\bar{A}_{r,s})(f_s - f_I \bar{A}_{I,s}) = (1/\bar{A}_{r,s}) \bar{f}_s.$$

Finalement on obtient en remplaçant $A_{L,I}^{-1}$ par $B_{I,L}$:

$$u'_L - u_L = \delta_r B_{r,L} = (\bar{f}_s/\bar{A}_{r,s}) B_{r,L}.$$

On observe que les calculs sur u_L sont les mêmes que ceux effectués sur une ligne courante de $B_{I,L}$, le coefficient étant $\bar{f}_s$.

Remarque 7.3 *Lorsque la variable r sort de la base, elle ne peut pas être immédiatement candidate à rentrer dans la base car le nouveau $\bar{f}_r$ est négatif.*

Preuve. En effet dans la base I, $\bar{f}_r = 0$, comme pour toute variable de base. Calculons cette quantité dans la base I' :

$$\bar{f}_r = f_r - u'_L A_{L,r}.$$

Tirons u'_L de la formule précédente :

$$u'_L = u_L + (\bar{f}_s/\bar{A}_{r,s})B_{r,L}.$$

On a donc :

$$\bar{f}_r = f_r - (u_L + (\bar{f}_s/\bar{A}_{r,s})B_{r,L})A_{L,r}.$$

Et donc en se souvenant que $f_r - u_L A_{L,r} = 0$, et que $B_{r,L} A_{L,r} = 1$:

$$\bar{f}_r = -\bar{f}_s/\bar{A}_{r,s} < 0.$$

7.3 Méthode du Simplexe en variables bornées

À la place de 6.3 on peut avoir à résoudre le problème suivant :

$$P \begin{cases} \max f_C x_C, \\ A_{L,C} x_C = b_L, \\ 0 \le x_C \le bs_C. \end{cases} \tag{7.1}$$

Dans ce nouveau problème, l'affixe de x_C (son image dans $\mathbb{R}^C$), au lieu d'appartenir à l'orthan positif $\{x_C \in \mathbb{R}^C, x_C \ge 0\}$, appartient au pavé défini par $\{x_C \in \mathbb{R}^C, 0 \le x_C \le bs_C\}$. On distinguera parmi les variables hors-base, celles en borne inférieure ($x_c = 0$) (on appellera leur ensemble $\bar{I}_-$) de celles en borne supérieure ($x_c = bs_c$) (qui seront donc dans $\bar{I}_+$). Dans le problème de la forme canonique 6.3, on avait $\bar{I}_- = C \setminus I$. Toutes les variables hors-base étaient en borne inférieure. Le théorème d'optimalité 6.1 est modifié de la façon suivante :

Théorème 7.2 *Soit $(I, \bar{I}_-, \bar{I}_+)$ une base, $\hat{x}_C = (\hat{x}_I, 0_{\bar{I}_-}, bs_{\bar{I}_+})$ une solution réalisable de base. Si de plus $\bar{f}_{\bar{I}_-} \le 0$ et $\bar{f}_{\bar{I}_+} \ge 0$, alors pour tout x_C solution de 7.1 on a : $f_C x_C \le f_C \hat{x}_C$.*

Preuve. Exprimons $f_C x_C$ dans la base I précédente :

$$f_C x_C = f_I \bar{b}_I + \bar{f}_{\bar{I}_-} x_{\bar{I}_-} + \bar{f}_{\bar{I}_+} x_{\bar{I}_+}.$$

La différence entre $f_C \hat{x}_C$ et $f_C x_C$, différence dont on veut connaître le signe, s'exprime alors dans cette même base :

$$f_C \hat{x}_C - f_C x_C = -\bar{f}_{\bar{I}_-} x_{\bar{I}_-} + \bar{f}_{\bar{I}_+} (bs_{\bar{I}_+} - x_{\bar{I}_+}).$$

Chacun des termes du second membre est non-négatif, $-\bar{f}_{\bar{I}_-} \geq 0$ et $x_{\bar{I}_-} \geq 0$ pour le premier, $\bar{f}_{\bar{I}_+} \geq 0$ et $(bs_{\bar{I}_+} - x_{\bar{I}_+}) \geq 0$ pour le second. Cette différence est donc non-négative : $\hat{x}_C$ maximise bien $f_C x_C$. $\square$

7.3.1 Les petits programmes

L'indice s appartient soit à $\bar{I}_-$, soit à $\bar{I}_+$. Notons $Sec_I = \bar{b}_I - \bar{A}_{I,\bar{I}_+} bs_{\bar{I}_+}$.
Premier cas $s \in \bar{I}_-$: on a à résoudre le programme pour I une base réalisable :

$$\begin{cases} \max x_s, \\ U_{I,I} x_I + \bar{A}_{I,s} x_s = Sec_I, \\ 0 \leq x_I \leq bs_I, 0 \leq x_s \leq bs_s. \end{cases} \qquad (7.2)$$

Les conditions sur x_s sont $x_s \geq 0$, $x_s \leq bs_s$ et celles induites $\forall i \in I$ par $x_i \geq 0$ et $x_i \leq bs_i$. Ce nouveau petit programme 7.2 diffère de l'ancien 6.11 par le fait que les variables de base x_i peuvent atteindre leur borne supérieure bs_i. Il en est de même de x_s. Par rapport à 6.11, on définira :

$$\theta_- = \frac{Sec_{r_-}}{\bar{A}_{r_-,s}} = \min_{\bar{A}_{i,s}>0} \left(\frac{Sec_i}{\bar{A}_{i,s}} \right),$$

$$\theta_+ = \frac{Sec_{r_+} - bs_{r_+}}{\bar{A}_{r_+,s}} = \min_{\bar{A}_{i,s}<0} \left(\frac{Sec_i - bs_i}{\bar{A}_{i,s}} \right),$$

$$\theta = \min(\theta_-, \theta_+, bs_s).$$

Deuxième cas $s \in \bar{I}_+$: dans ce cas il est utile plutôt que de parler de x_s de parler de son accroissement θ. On a alors à résoudre le programme suivant :

$$\begin{cases} \max x_s, \\ U_{I,I} x_I - \bar{A}_{I,s} \theta = Sec_I, \\ 0 \leq x_I \leq bs_I, 0 \leq \theta \leq bs_s. \end{cases} \qquad (7.3)$$

Comme pour 7.2, on obtient des conditions sur θ :

$$\theta_- = \frac{-Sec_{r_-}}{\bar{A}_{r_-,s}} = \min_{\bar{A}_{i,s}<0} \left(\frac{-Sec_i}{\bar{A}_{i,s}} \right),$$

$$\theta_+ = \frac{bs_{r_+} - Sec_{r_+}}{\bar{A}_{r_+,s}} = \min_{\bar{A}_{i,s}>0} \left(\frac{bs_i - Sec_i}{\bar{A}_{i,s}} \right),$$

$$\theta = \min(\theta_-, \theta_+, bs_s).$$

Comme pour le petit programme 6.11, dans le cas où s entre effectivement dans la base, on peut faire la remarque suivante :

Remarque 7.4 *L'ensemble $I' = (I \setminus \{r\}) \cup \{s\}$ est une base réalisable.*

La méthode du Simplexe est modifiée comme suit. On suppose initialement connue une solution réalisable de base x, correspondant à la base $(I, \bar{I}_-, \bar{I}_+)$. Lorsque la variable s restera hors-base, on posera $r = 0$.

> **Données:** $A_{L,C}$, b_L, f_C, bs_C
>
> **Résultat:** x_I, I_1, I_2
>
> **tant que** $\exists s \in \bar{I}_-$ *tel que* $\bar{f}_s > 0$ *ou* $\exists s \in \bar{I}_+$ *tel que* $\bar{f}_s < 0$ **faire**
>   Résoudre le petit programme correspondant,
>   **si** $s \in \bar{I}_-$ **alors**
>   **si** $r = 0$ **alors**
> $\bar{I}_- \leftarrow \bar{I}_- \setminus \{s\}$, $\bar{I}_+ \leftarrow \bar{I}_+ \cup \{s\}$
>   **fin**
>   **si** $r = r_-$ **alors**
> $\bar{I}_- \leftarrow (\bar{I}_- \setminus \{s\}) \cup \{r\}$, $I \leftarrow (I \setminus \{r\}) \cup \{s\}$
>   **fin**
>   **si** $r = r_+$ **alors**
> $\bar{I}_- \leftarrow \bar{I}_- \setminus \{s\}$, $\bar{I}_+ \leftarrow \bar{I}_+ \cup \{r\}$, $I \leftarrow (I \setminus \{r\}) \cup \{s\}$
>   **fin**
>   **fin**
>   **si** $s \in \bar{I}_+$ **alors**
>   **si** $r = 0$ **alors**
> $\bar{I}_+ \leftarrow \bar{I}_+ \setminus \{s\}$, $\bar{I}_- \leftarrow \bar{I}_- \cup \{s\}$
>   **fin**
>   **si** $r = r_-$ **alors**
> $\bar{I}_+ \leftarrow \bar{I}_+ \setminus \{s\}$, $\bar{I}_- \leftarrow \bar{I}_- \cup \{r\}$, $I \leftarrow (I \setminus \{r\}) \cup \{s\}$
>   **fin**
>   **si** $r = r_+$ **alors**
> $\bar{I}_+ \leftarrow (\bar{I}_+ \setminus \{s\}) \cup \{r\}$, $I \leftarrow (I \setminus \{r\}) \cup \{s\}$
>   **fin**
>   **fin**
> **fin**

Complexité Comme pour la méthode du Simplexe 6.2.3, les calculs d'une itération sont polynomiaux, leur complexité est la même que celle d'une itération de la méthode du Simplexe.

7.3.2 La méthode Duale du Simplexe

Introduisons les variables d'écart $z_C \geq 0$ des contraintes de borne supérieures $x_C \leq bs_C$, et écrivons le programme 7.1 sous la forme canonique (6.3) :

$$P \begin{cases} \max f_C x_C, \\ A_{L,C} x_C = b_L, \\ U_{C,C} x_C + U_{C,C} z_C = bs_C, \\ x_C \geq 0, \ z_C \geq 0. \end{cases} \qquad (7.4)$$

Appelons t_C les variables duales des contraintes de borne. Le dual s'écrit :

$$D \begin{cases} \min y_L b_L + t_C bs_C, \\ y_L A_{L,C} + t_C U_{C,C} \geq f_C, \\ t_C U_{C,C} \geq 0. \end{cases} \qquad (7.5)$$

Introduisons les nouvelles variables d'écart $v_{C_1} \geq 0$, avec l'ensemble C_1 copie de C. On obtient le programme (7.6) :

$$D \begin{cases} \min y_L b_L + t_C bs_C, \\ y_L A_{L,C} + t_C U_{C,C} - v_{C_1} U_{C_1,C} = f_C, \\ t_C \geq 0, \ v_{C_1} \geq 0. \end{cases} \qquad (7.6)$$

Pour pouvoir travailler sur ce dernier programme comme sur la forme canonique (6.3), il faudrait transposer ce dernier problème. Nous ne le ferons pas. Ce sont les lignes qui seront, éventuellement, candidates à entrer ou sortir de la base, et non pas les colonnes. Les variables y_L de ce problème ne sont pas astreintes à des conditions de signe. Leurs lignes sont donc toujours dans la base. La base se complète avec des lignes de C et de C_1. Les lignes $c \in C$ et $c \in C_1$ de même indice c, ne peuvent pas être simultanément de base, les deux lignes $U_{c,C}$ et $-U_{c,C}$ étant identiques et de signe contraire. Selon que t_j ou v_j est de base ou non, la quantité $f_j - y_L A_{L,j}$ est non-négative ou non-positive.

Remarque 7.5 *Ces quantités $f_j - y_L A_{L,j}$ sont les coûts réduits (c'est à dire les $\bar{f}_j$ des variables en borne inférieure pour les v_j, en borne supérieure pour les t_j). Le candidat s à entrer dans la base appartient donc soit à $C \setminus I$, soit à $C_1 \setminus I$.*

Considérons le vecteur w_C correspondant au vecteur $u_L = f_I A_{L,I}^{-1}$ de la forme canonique 6.3. Ce vecteur multiplie ici les colonnes. Nommons $I_1 = I \cap C$ et $I_2 = I \cap C_1$. Remarquons tout d'abord que le vecteur des valorisations de base (qui correspond ici à f_I) est $(b_L, bs_{I_1}, 0_{I_2})$. Rappelons que la matrice de base est indicée en ligne par (L, I_1, I_2) et en colonne par C. On a donc :

$$A_{L,C} w_C = b_L,$$
$$U_{I_1,C} v_C = bs_{I_1},$$
$$-U_{I_2,C} v_C = 0.$$

Échangeons les noms r et s des variables candidates à entrer dans et sortir de la base. Dans ce programme dual (7.6), on minimise la fonction économique. En conséquence, les coûts relatifs des variables candidates à entrer dans la base sont négatifs.

Remarque 7.6 *Pour les variables de base de I_1, on a $bs_r - w_r = 0$; pour celles de I_2, on a $0_r - (-w_r) = 0$, soit $w_r = 0$. En conséquence les variables j de $C \cap I_2$, hors-bases, ne peuvent pas être candidates à entrer dans la base car leur coût réduit $bs_j - 0 \geq 0$; de même, celles de $C_1 \cap I_1$ ne peuvent pas l'être non plus, leur coût réduit est $0 - (-bs_j) \geq 0$.*

Une variable r candidate à entrer dans la base sera donc telle que :
  – ou bien $r \in C_1 \setminus I_2$ et $bs_r - w_r < 0$,
  – ou bien $r \in C \setminus I_1$ et $0_r - (-w_r) < 0$.

Remarque 7.7 *Ces conditions de borne des variables w_c sont celles des variables x_c du problème primal 7.1.*

L'algorithme s'arrête lorsque ces conditions (primales) sont satisfaites.

Étude de la base On a vu que la base est composée des lignes de (L, I_1, I_2). La matrice de base est carrée et régulière. Les lignes indicées par $(I_1 \cup I_2)$ sont des lignes de matrices unités. La matrice $A_{L,I}$ doit donc être carrée et régulière. Elle correspond d'ailleurs à la matrice de base du problème primal.

8 Polyèdres et Polytopes

Nous allons ici esquisser une étude géométrique des Programmes Linéaires.

8.1 Polyèdres, faces, facettes, dimension...

Définition 8.1 *Considérons, pour $i \in L$, $|L| < +\infty$, les demi-espaces D_i :*

$$D_i = \{x \in \mathbb{R}^C, A_{i,C}x_C \leq b_i\}.$$

On appelle polyèdre P l'intersection finie de ces demi-espaces.

$$P = \bigcap_{i \in L} D_i.$$

Un point $x \in P$ est dit intérieur, si $\forall i \in L$, $A_{i,C}x_C < b_i$.
Un point $x \in P$ est dit point frontière, si $\exists i \in L$, $A_{i,C}x_C = b_i$.
Un point $x \in P$ est dit point extrême, si $\forall y, z \in P$, $y \neq z$ on a : $x \notin]y, z[$.
Dans les polyèdres, les points extrêmes sont aussi appelés sommets.

Définition 8.2 *Soit $H = \{x_C, h_C x_C = h_0\}$ un plan support de P, c'est à dire un plan H tel que $P \cap H \neq \emptyset$ et $\forall x_C \in P$, $h_C x_C \leq h_0$. Le polyèdre $P \cap H$ est appelé face de P.*
Le polyèdre P comporte deux autres faces, P lui-même, et l'ensemble vide.
Les faces de dimension maximum (à l'exception de P) sont appelées des facettes.

Définition 8.3 *Soient $\{x_{C,1}, x_{C,2}, \ldots, x_{C,k}\}$ k points. On appelle combinaison affine de ces points, les points x_C tels que :*

$$x_C = \sum_{i=1}^{k} \lambda_i x_{C,i}, \quad \sum_{i=1}^{k} \lambda_i = 1.$$

Définition 8.4 *Soient $\{x_{C,1}, x_{C,2}, \ldots, x_{C,k}\}$ k points. On appelle combinaison convexe de ces points, les points x_C tels que :*

$$x_C = \sum_{i=1}^{k} \lambda_i x_{C,i}, \quad \sum_{i=1}^{k} \lambda_i = 1, \ \forall i \in \{1, \ldots, k\}, \lambda_i \geq 0.$$

De la même façon que l'on a défini l'indépendance linéaire, définissons l'indépendance affine.

Définition 8.5 *Soit $C' = C \cup \{l\}$, au vecteur $x_{C,i}$ faisons correspondre le vecteur $x'_{C',i} = (x_{C,i}, 1_l)$. Les points $\{x_{C,1}, x_{C,2}, \ldots, x_{C,k}\}$ sont affinement indépendants ssi les $x'_{C',i}$ sont linéairement indépendants.*

Soient donc $\{x_{C,1}, x_{C,2}, \ldots, x_{C,k}\}$ un ensemble de k points de P affinement indépendants. Considérons un ensemble maximum d'égalités linéaires indépendantes satisfaites par tous les $x_{C,i}$; ces égalités sont aussi satisfaites par les x_C combinaisons affines des $x_{C,i}$.

Proposition 8.1 *Si $|C| = n$, le nombre de ces égalités indépendantes est $n - k$ et réciproquement.*

Preuve. Translatons notre espace pour que, par exemple, $x_{C,1}$ devienne le point $(0, 0, \ldots, 0)$. Pour les $x_{C,i}$ cette opération ne change pas le fait d'être affinement indépendants. Les points $x_{C,i}$ étant affinement indépendants, les $x_{C,2}, \ldots, x_{C,k}$ sont donc linéairement indépendants. Le sous-espace linéaire qui les contient est donc de dimension $n - (k - 1 + 1)$. En d'autres termes il y a $n - k$ équations linéaires satisfaites par tous ces points.

Inversement supposons que nous ayons $n - k$ égalités linéaires indépendantes $A_{L,C} x_C = b_L$. Comme nous l'avons fait pour décrire la méthode du Simplexe, on peut extraire une base de ces égalités. Avec cette base I, et les notations du chapitre (6), considérons les k points de l'espace suivants :

$$\forall c \in C \setminus I, \; x_{I,c} = \bar{b}_I - \bar{A}_{I,c}, \; x_{C \setminus I \setminus \{c\}, c} = 0, \; x_{c,c} = 1,$$

$$x_{I,k} = \bar{b}_I, \; x_{C \setminus I, k} = (0, \ldots, 0).$$

Ces k points, par construction, satisfont $A_{L,C} x_C = b_L$ et sont affinement indépendants. Il suffit, pour le vérifier, de considérer leurs composantes, indicées par $(C \setminus I) \cup \{l\}$, décrites (par colonnes) dans le tableau suivant, tableau dont les k premières lignes sont indicées par $C \setminus I$, et la dernière par l. Il suffira alors de vérifier que, par exemple, les lignes de ce tableau (triangulaire) sont linéairement indépendantes.

1	0	$\ldots$	0	0
0	1		$\vdots$	$\vdots$
$\vdots$		$\ddots$	0	0
0	$\ldots$	0	1	0
1	1	1	1	1

La proposition directe nous ayant montré qu'il n'y en a pas plus, ceci termine la démonstration. $\square$

Dans le cas où P est à intérieur vide, considérons un ensemble maximum d'égalités linéaires satisfaites par tous les points de P, soit $A_{L,C}x_C = b_L$. Soit I une base, éliminons les x_I (a priori de signe quelconque), on obtient, avec les notations de (6) :

$$x_I = \bar{b}_I - \bar{A}_{I,C\backslash I} \times x_{C\backslash I}.$$

En remplaçant, dans chacune des inégalités, x_I par la valeur ci-dessus, on obtient un ensemble d'inégalités ne portant plus que sur les $x_{C\backslash I}$.

Définition 8.6 *Soit $k+1$ le nombre maximum de points de P affinement indépendants. La dimension de P est k.*

Définition 8.7 *L'ensemble V des x_C tels que $A_{L,C}x_C = b_L$ est appelé variété linéaire.*

Remarque 8.1 *Appelons P_I la restriction de P à $\mathbb{R}^{C\backslash I}$. Dans l'espace $\mathbb{R}^{C\backslash I}$, le polyèdre P_I est, par construction, à intérieur non-vide.*

Définition 8.8 *L'intérieur de P_I est appelé intérieur relatif de P par rapport à la variété linéaire V. Il est noté $\mathrm{relint}_V(P)$.*

Définition 8.9 *Dans $\mathbb{R}^C$, k points sont dits en position générale si aucun d'entre eux n'est combinaison convexe des autres.*

8.2 Projection de Polyèdres, algorithme de Fourier

Revenons sur le système d'inégalités définissant notre polyèdre P. Soit $c \in C$. On se propose, d'étudier l'ensemble des points $x_{C\backslash\{c\}}$ lorsque $x_C \in P$. Considérons le système d'inégalités :

$$S = \{x_C \in \mathbb{R}^C,\ A_{L,C}x_C \leq b_L\}.$$

Appelons :

$$L_{c-} = \{l \in L, A_{l,c} < 0\},\ L_{c0} = \{l \in L, A_{l,c} = 0\},\ L_{c+} = \{l \in L, A_{l,c} > 0\},$$

et considérons le système $S^{\{c\}}$:

$$S^{\{c\}} \begin{cases} A_{L_{c0},C\backslash\{c\}}x_{C\backslash\{c\}} \leq b_{L_{c0}}, \\ \forall l_- \in L_{c-},\ \forall l_+ \in L_{c+}, \\ \left(\dfrac{A_{L_{c-},C\backslash\{c\}}}{A_{l_+,c}} - \dfrac{A_{L_{c+},C\backslash\{c\}}}{A_{l_-,c}} \right) x_{C\backslash\{c\}} \leq \dfrac{b_{L_{c-}}}{A_{l_+,c}} - \dfrac{b_{L_{c+}}}{A_{l_-,c}}. \end{cases} \tag{8.1}$$

Théorème 8.1 *La restriction de toute solution x_C de S à $C \backslash \{c\}$ est une solution de $S^{\{c\}}$. Inversement, pour toute solution $x_{C\backslash\{c\}}$ de $S^{\{c\}}$, il existe (au moins) une valeur de x_c telle que le vecteur x_C soit solution de S.*

Preuve.   Considérons une solution (particulière) x_C du système S. Les opérations effectuées pour passer des inégalités de S à celles de S_c sont *légales pour les inégalités*, des combinaisons positives d'inégalités vérifiées par x_C. La restriction à $x_{C\setminus\{c\}}$ du vecteur x_C est donc solution du système $S^{\{c\}}$.

Remarque 8.2 *En langage géométrique on vient de démontrer que la projection du polyèdre P défini par les (demi-espaces correspondant aux) inégalités de S, parallèlement à la direction $(0,\dots,0,\overset{c}{1},0,\dots,0)$ est contenue dans le polyèdre $P^{\{c\}}$ défini par les inégalités de $S^{\{c\}}$.*

Inversement, montrons que pour toute solution $x_{C\setminus\{c\}}$ du système $S^{\{c\}}$, il existe (au moins) une valeur de x_c telle que le x_C correspondant soit solution de S. Soit $\bar{x}_{C\setminus\{c\}}$ une solution particulière du système $S^{\{c\}}$. Cette solution satisfait les inégalités de S pour les lignes de L_{c0}, ces inégalités étant aussi des inégalités de $S^{\{c\}}$.
Soit $l- \in L_{c-}$ et $l+ \in L_{c+}$, et réécrivons ces inégalités de la façon suivante :

$$\frac{A_{l-,C\setminus\{c\}}x_{C\setminus\{c\}} - b_{l-}}{-A_{l-,c}} \leq x_c \leq \frac{b_{l+} - A_{l+,C\setminus\{c\}}x_{C\setminus\{c\}}}{A_{l+,c}}.$$

Cette inégalité de $S^{\{c\}}$ s'écrit donc :

$$\frac{A_{l-,C\setminus\{c\}}x_{C\setminus\{c\}} - b_{l-}}{-A_{l-,c}} \leq \frac{b_{l+} - A_{l+,C\setminus\{c\}}x_{C\setminus\{c\}}}{A_{l+,c}},$$

et est vérifiée par $\bar{x}_{C\setminus\{c\}}$ et donc :

$$\frac{A_{l-,C\setminus\{c\}}\bar{x}_{C\setminus\{c\}} - b_{l-}}{-A_{l-,c}} \leq \frac{b_{l+} - A_{l+,C\setminus\{c\}}\bar{x}_{C\setminus\{c\}}}{A_{l+,c}}.$$

Soit $\hat{l}- \in L_{c-}$ tel que $\frac{A_{l-,C\setminus\{c\}}x_{C\setminus\{c\}} - b_{l-}}{-A_{l-,c}}$ maximise le premier membre de l'inégalité précédente, et soit $\hat{l}+ \in L_{c+}$ tel que $\frac{b_{l+} - A_{l+,C\setminus\{c\}}\bar{x}_{C\setminus\{c\}}}{A_{l+,c}}$ minimise le second membre de l'inégalité précédente. L'inégalité correspondante :

$$\frac{A_{\hat{l}-,C\setminus\{c\}}x_{C\setminus\{c\}} - b_{\hat{l}-}}{-A_{\hat{l}-,c}} \leq \frac{b_{\hat{l}+} - A_{\hat{l}+,C\setminus\{c\}}x_{C\setminus\{c\}}}{A_{\hat{l}+,c}},$$

étant dans le système $S^{\{c\}}$, est satisfaite par $\bar{x}_{C\setminus\{c\}}$. On a donc :

$$\frac{A_{\hat{l}-,C\setminus\{c\}}\bar{x}_{C\setminus\{c\}} - b_{\hat{l}-}}{-A_{\hat{l}-,c}} \leq \frac{b_{\hat{l}+} - A_{\hat{l}+,C\setminus\{c\}}\bar{x}_{C\setminus\{c\}}}{A_{\hat{l}+,c}}.$$

On peut donc trouver une valeur $\bar{x}_c$ telle que :

$$\frac{A_{\hat{l}-,C\setminus\{c\}}\bar{x}_{C\setminus\{c\}} - b_{\hat{l}-}}{-A_{\hat{l}-,c}} \leq \bar{x}_c \leq \frac{b_{\hat{l}+} - A_{\hat{l}+,C\setminus\{c\}}\bar{x}_{C\setminus\{c\}}}{A_{\hat{l}+,c}},$$

Les deux inégalités précédentes n'étant que des réécritures d'inégalités de S, celles-ci sont satisfaites par la solution $\bar{x}_C$. Pour cette même solution, les autres inégalités de S étaient dominées par celles-ci, on a :

$$\frac{A_{l-,C\setminus\{c\}}\bar{x}_{C\setminus\{c\}} - b_{l-}}{-A_{l-,c}} \leq \frac{A_{i-,C\setminus\{c\}}\bar{x}_{C\setminus\{c\}} - b_{i-}}{-A_{i-,c}} \leq x_c,$$

$$x_c \leq \frac{b_{i+} - A_{i+,C\setminus\{c\}}\bar{x}_{C\setminus\{c\}}}{A_{i+,c}} \leq \frac{b_{l+} - A_{l+,C\setminus\{c\}}x_{C\setminus\{c\}}}{A_{l+,c}}.$$

Toutes les inégalités de S sont donc satisfaites par x_C. □

En termes géométriques, on a démontré :

Proposition 8.2 *Tout point $x_{C\setminus\{c\}}$ du polyèdre $P^{\{c\}}$ est la projection dans la direction $(0,\ldots,0,\overset{c}{1},0,\ldots,0)$, d'un point (au moins un) x_C du polyèdre P.*

On a donc :

Théorème 8.2 *Le polyèdre $P^{\{c\}}$ est la projection du polyèdre P dans la direction $(0,\ldots,0,\overset{c}{1},0,\ldots,0)$.*

On vient de décrire l'algorithme dit de Fourier-Kuhn ([31] [53]) (cf aussi Motzkin [68]).

Remarque 8.3 *Supposons que, ou bien $L_{c-} \neq \emptyset$ et $L_{c+} \cup L_{c0} = \emptyset$, ou bien, $L_{c+} \neq \emptyset$ et $L_{c-} \cup L_{c0} = \emptyset$. Dans ces cas on ne peut pas définir le système $S^{\{c\}}$; en revanche S a une solution ; S a aussi une solution infinie ; en termes géométriques, le polyèdre P est non-borné.*

Preuve. Dans le premier cas, l'inégalité courante se réécrit :

$$\frac{A_{l-,C\setminus\{c\}}x_{C\setminus\{c\}} - b_{l-}}{-A_{l-,c}} \leq x_c.$$

Pour une valeur quelconque de $x_{C\setminus\{c\}}$, par exemple $(0,\ldots,0)$ ces inégalités deviennent :

$$\frac{-b_{l-}}{-A_{l-,c}} \leq x_c.$$

Pour obtenir une solution il suffit donc de choisir x_c tel que :

$$x_c \geq \max_{l\in L_-} \frac{-b_{l-}}{-A_{l-,c}}.$$

L'ensemble des valeurs de x_c est donc une demi-droite ouverte à droite. □

Remarque 8.4 *Inversement, lorsque l'ensemble des solutions est borné, on peut toujours passer de S à $S^{\{c\}}$. Bien entendu, comme tout point de $S^{\{c\}}$ est projection d'un point de S, $S^{\{c\}}$ est lui aussi borné.*

Preuve. En effet, si on ne peut pas passer de S à $S^{\{c\}}$, c'est que ou bien $L_{c-} \neq \emptyset$ et $L_{c+} \cup L_{c0} = \emptyset$, ou bien, $L_{c+} \neq \emptyset$ et $L_{c-} \cup L_{c0} = \emptyset$. On vient de démontrer que dans chacun des cas, P n'est pas borné. $\square$

Lorsque le polyèdre est borné, on peut donc successivement éliminer chacune des *variables* en le projetant successivement dans chacune des directions de l'espace. On obtient donc un nombre fini d'inégalités du type : $0 \leq b_i$.

Remarque 8.5 *Si l'un de ces b_i est négatif, le système S n'a pas de solution.*

Comme les combinaisons linéaires à coefficients positifs de combinaisons linéaires à coefficients positifs d'inégalités (écrites toutes dans le même sens) sont des combinaisons linéaires à coefficients positifs, on vient de démontrer le lemme de Farkas [27] :

Lemme 8.1 *Un système d'inégalités S a une solution si et seulement si il n'existe pas de combinaison linéaire à coefficients non négatifs de ses inégalités qui produit l'inégalité $0 \leq -1$.*

8.3 Points extrêmes et solutions réalisables de base

On va d'abord lier cette notion de point extrême avec celle de solution réalisable de base.

Théorème 8.3 *Soit $P = \{x_C, A_{L,C}x_C = b_L, x_C \geq 0\}$ un polyèdre. L'ensemble des points extrêmes de P coïncide avec l'ensemble des solutions réalisables de base distinctes du système :*

$$\begin{cases} A_{L,C}x_C = b_L, \\ x_C \geq 0. \end{cases}$$

Preuve. Soit $(x_I, 0)$ une solution réalisable de base :

$$x_I = A_{L,I}^{-1}b_L, \quad x_{C\setminus I} = 0.$$

Supposons qu'il existe $y_C \geq 0$ et $z_C \geq 0$ avec $A_{L,C}y_C = A_{L,C}z_C = b_L$, et tels que $x_C \in]y_C, z_C[$,

$$x_C = \lambda y_C + \mu z_C, \quad \lambda + \mu = 1, \quad \lambda, \mu > 0.$$

Comme $x_{C\setminus I} = 0$, on a nécessairement $y_{C\setminus I} = 0$ et $z_{C\setminus I} = 0$. Lorsqu'on les exprime dans la base I, on a donc :

$$y_C = (y_I, 0) \text{ et } z_C = (z_I, 0),$$

et donc $x_C = y_C = z_C$, ce qui est une contradiction.

Inversement soit x_C un point extrême ; montrons qu'il existe une base $\hat{I}$ telle que $x_{C\setminus \hat{I}} = 0$. Pour I une base quelconque, exprimons x_C dans cette base. Si

$x_{C\setminus I} = 0$, c'est une solution réalisable de base pour cette base I. Sinon soit $j \in C \setminus I$ tel que $x_j > 0$. Si x_j peut à la fois croître et décroître la solution restant réalisable, on trouve deux solutions dont x_C est combinaison convexe, ce qui est impossible car x_C est point extrême. Dans un des deux sens, au moins, un accroissement implique un changement de base qui ne modifie pas la solution.

Remarque 8.6 *Comme pour le petit programme 6.11, les seules conditions limitant l'accroissement de la variable j sont les conditions de non-négativité des variables de base. Une variable de base, appelons la r, peut donc s'échanger avec j et sortir de la base en conservant sa valeur $x_r = 0$.*

Effectuons ce changement de base ; il y a alors une variable hors-base de plus nulle. Ce procédé se répète sans changer la solution, tant qu'il y a une variable hors-base non-nulle. Il se répète donc au plus $|C \setminus I|$ fois. Lorsqu'il n'y en a plus, on a une base $\hat{I}$ telle que x_C soit solution réalisable dans cette base.

Théorème 8.4 *Soit P un polyèdre borné. Tout point x_C de P appartient à l'enveloppe convexe de ses points extrêmes et réciproquement.*

Preuve. Sans restreindre la généralité, on considère le polyèdre borné P défini par les inégalités suivantes :

$$\begin{cases} A_{L,C}x_C = b_L, \\ x_C \geq 0. \end{cases} \tag{8.2}$$

Soit $X = \{x_{C,k}, \; k \in K\}$, l'ensemble de ses points extrêmes. L'ensemble K qui a un nombre d'éléments au plus égal au nombre des bases réalisables est fini. Considérons une combinaison convexe $\hat{x}_C$ de ces points extrêmes :

$$\hat{x}_C = \sum_{k \in K} \lambda_k x_{C,k}, \text{ avec } \sum_{k \in K} \lambda_k = 1, \text{ et } \lambda_K \geq 0.$$

On a donc :

$$A_{L,C}\hat{x}_C = b_L, \text{ et } \hat{x}_C \geq 0,$$

$\hat{x}_C$ est donc solution de (8.2).

Inversement, soit $\hat{x}_C$ une solution de notre système ; nous allons montrer qu'il existe $J \subset K$ tel que :

$$\hat{x}_C = \sum_{j \in J} \lambda_j x_{j,C}, \text{ avec } \sum_{j \in J} \lambda_j = 1, \text{ et } \lambda_j > 0.$$

Exprimons $\hat{x}_C$ dans une base I. Si $\forall i \in C \setminus I, \hat{x}_i = 0$, $\hat{x}_C$ est une solution réalisable de base, et donc le théorème est démontré.

Sinon, soit $s \in C \setminus I$ et $\hat{x}_s > 0$. Considérons les deux solutions $\hat{x}_C^{sup}$ et $\hat{x}_C^{inf}$ obtenues en faisant croître, respectivement décroître, $\hat{x}_s$ du maximum possible, respectivement du minimum. Les seules contraintes sur les variables de base (et sur $\hat{x}_s$) étant les contraintes de non-négativité, on obtient dans les deux cas une nouvelle base contenant *une variable hors-base de plus* nulle. Le polyèdre P étant borné, ces deux bases existent. Les solutions obtenues peuvent, éventuellement, être identiques. Les trois points $\hat{x}_C^{inf}$, $\hat{x}_C$ et $\hat{x}_C^{sup}$ étant alignés, $\hat{x}_C$ est combinaison convexe des deux autres. Les deux coefficients de cette combinaison sont, lorsque les deux points $\hat{x}_C^{inf}$ et $\hat{x}_C^{sup}$ sont différents :

$$(\hat{x}_s - \hat{x}_s^{inf})/(\hat{x}_s^{sup} - \hat{x}_s^{inf}) \text{ et } (\hat{x}_s^{sup} - \hat{x}_s)/(\hat{x}_s^{sup} - \hat{x}_s^{inf}).$$

En répétant ce procédé à partir de $\hat{x}_C^{inf}$ et de $\hat{x}_C^{sup}$, on va obtenir des solutions ayant deux variables hors-base nulles de plus que $\hat{x}_C$, et ainsi de suite, pour obtenir enfin des solutions réalisables de base. Le point $\hat{x}_C$ sera donc combinaison convexe de ... de combinaisons convexes de ces solutions réalisables de base, et ce en nombre fini, et donc $\hat{x}_C$ est combinaison convexe de solutions réalisables de base, ce qu'il fallait démontrer. ⎺

On vient de voir que tout point d'un polyèdre borné est combinaison convexe de ses points extrêmes. En exprimant le point $\hat{x}_C$, combinaison convexe de points extrêmes, comme l'ensemble des solutions d'un programme linéaire en λ_K, puis en remarquant que le nombre de colonnes d'une base d'un tel problème (borné) est $|C| + 1$, on démontre le théorème de Carathéodory [6] :

Théorème 8.5 *Tout point d'un polyèdre borné $P \subset \mathbb{R}^C$ ($|C| = n$) est combinaison convexe de $n + 1$ sommets de P.*

Remarque 8.7 *Avec Jack Edmonds [24] remarquons qu'une légère modification de la construction de la preuve du théorème (8.4), conduit à une démonstration polynomialement constructive du théorème de Carathéodory.*

Preuve. Il suffit, à partir de $\hat{x}_C$, en $n - m$ étapes de la construction précédente effectuées dans une seule des deux directions, de trouver un sommet x_C^1 du polyèdre P.

La droite qui joint les points x_C^1 et $\hat{x}_C$ coupe une face de P en un point $\hat{x}_C^1$. Cette face est définie par $x_c = 0$ pour un certain $c \in C$. Le point $\hat{x}_C^1$ a donc une coordonnée nulle : $\hat{x}_c^1$. On se place alors dans cette face (on peut rajouter l'équation $x_c = 0$). On recommence alors, dans cette face, le procédé à partir du point $\hat{x}_c^1$. On effectue cette construction $n - m$ fois pour n'avoir plus que des sommets.

Démontrons à présent le théorème de Weyl ([28], [80]).

Définition 8.10 *On appelle polytope l'ensemble des combinaisons convexes, ou encore l'enveloppe convexe, d'un nombre fini de points (de $\mathbb{R}^C$).*

Théorème 8.6 (théorème de Weyl) *Un polytope est un polyèdre borné.*

Preuve. Soit $\hat{x}_C$ solution du système :

$$\begin{cases} x_{C,K}\lambda_K = \hat{x}_C, \\ \sum_{k \in K} \lambda_k = 1, \\ \lambda_K \geq 0. \end{cases}$$

Cet ensemble d'inégalités définit un polyèdre en λ et $\hat{x}$. Ce polyèdre étant borné, l'algorithme de Fourier-Kuhn 8.2 permet d'éliminer toutes les variables λ, et donc fournit un système d'inégalités en $\hat{x}$ auxquelles satisfait tout $\hat{x}$ satisfaisant les conditions du système précédent et réciproquement. Le théorème est donc démontré.

On a montré au théorème 8.4 que tout point d'un polyèdre borné P appartient à l'enveloppe convexe de ses points extrêmes, on a donc :

Théorème 8.7 *Tout Polyèdre borné est un Polytope, et réciproquement.*

8.4 Opérations sur les polyèdres

Soient P_1 et P_2 deux polyèdres bornés de $\mathbb{R}^C$.

Définition 8.11 *On appelle somme de ces deux polyèdres l'ensemble P_{1+2} suivant :*

$$P_{1+2} = \{x_C = x_C^1 + x_C^2, \ x_C^1 \in P_1, \ x_C^2 \in P_2\}.$$

On appelle produit de P_1 par le réel α l'ensemble $P_{1\alpha}$ suivant :

$$P_{1\alpha} = \{x_C = \alpha x_C^1, \ x_C^1 \in P_1\}.$$

Notons $P_{1 \cap 2}$ l'ensemble $P_1 \cap P_2$.

Proposition 8.3 *Les ensembles $P_{1 \cap 2}$, $P_{1\alpha}$ et P_{1+2} sont des polyèdres.*

Preuve. Les polyèdres P_1 et P_2 étant chacun l'intersection de demi-espaces en nombre fini, c'est donc aussi le cas de $P_{1 \cap 2}$. Appelons K_1, respectivement K_2, des ensembles finis numérotant les points extrêmes de P_1, respectivement P_2. On a :

$$P_1 = \{y_C^1 = \sum_{k_1 \in K_1} \lambda_{k_1} x_{C,k_1}, \ \sum_{k_1 \in K_1} \lambda_{k_1} = 1, \ \lambda_{k_1} \geq 0\},$$

$$P_2 = \{y_C^2 = \sum_{k_2 \in K_2} \lambda_{k_2} x_{C,k_2}, \ \sum_{k_2 \in K_2} \lambda_{k_2} = 1, \ \lambda_{k_2} \geq 0\}.$$

Clairement $P_{1\alpha}$ est aussi un polyèdre :

$$P_{1\alpha} = \{y_C^{1\alpha} = \sum_{k_1 \in K_1} \lambda_{k_1}(\alpha x_{C,k_1}), \ \sum_{k_1 \in K_1} \lambda_{k_1} = 1, \ \lambda_{k_1} \geq 0\}.$$

Considérons à présent un point x_C de P_{1+2}. On a :

$$x_C = \sum_{k_1 \in K_1} \lambda_{k_1} x_{C,k_1} + \sum_{k_2 \in K_2} \lambda_{k_2} x_{C,k_2}.$$

Remarquons que :

$$\lambda_{k_1} \lambda_{k_2} \geq 0, \text{ et } \sum_{k_1 \in K_1} \sum_{k_2 \in K_2} \lambda_{k_1} \lambda_{k_2} = \sum_{k_1 \in K_1} \lambda_{k_1} \sum_{k_2 \in K_2} \lambda_{k_2} = 1,$$

et donc :

$$x_C = \sum_{k_1 \in K_1} \sum_{k_2 \in K_2} \lambda_{k_1} \lambda_{k_2} (x_{C,k_1} + x_{C,k_2}).$$

Les points de P_{1+2} sont donc combinaisons convexes d'un nombre fini de points : P_{1+2} est donc un polyèdre dont les sommets sont parmi les $x_{C,k_1} + x_{C,k_2}$. □

Remarque 8.8 *On vient de démontrer que chaque sommet de P_{1+2} est somme d'un sommet de P_1 et d'un sommet de P_2.*
Certaines sommes de sommets de P_1 et P_2 ne sont pas des sommets de P_{1+2}. C'est déjà le cas pour certains (deux) sommets de la somme de deux segments de la droite.

En corollaire on a :

Corollaire 8.1 *Soient pour $i \in I$ un ensemble fini de polyèdres (bornés) P_i et $\alpha = (\alpha_i)_{i \in I}$ fixé. Une combinaison linéaire P_α :*

$$P_\alpha = \{x_C = \sum_{i \in I} \alpha_i y_i, \ y_i \in P_i\},$$

est un polyèdre.

Définition 8.12 *On appelle distance des deux polyèdres P_1 et P_2 le réel :*

$$\delta(P_1, P_2) = \min_{x_C^1 \in P_1, \ x_C^2 \in P_2} d(x_C^1, x_C^2).$$

Montrons le résultat suivant :

Proposition 8.4 *Supposons que les sommets de P_1 et P_2 soient tous à coordonnées rationnelles. Lorsque $P_1 \cap P_2 = \emptyset$, $\delta(P_1, P_2)$ est atteint en des points $\bar{x}_C^1$ et $\bar{x}_C^2$ que l'on peut choisir à coordonnées rationnelles. De plus, ces points sont solutions d'un système linéaire de taille au plus $2n$ ($n = |C|$) dont les éléments sont des sommes de produits de coordonnées de sommets. Ils sont donc de longueur d'écriture polynomialement liée à celle des sommets de P_1 et P_2.*

Preuve. Remarquons tout d'abord que ces points $\bar{x}_C^1$ et $\bar{x}_C^2$ ne peuvent pas se situer à l'intérieur (l'ensemble des points intérieurs) de ces polyèdres. En effet, sur la droite reliant ces deux points il y aurait alors des points de P_1 et P_2 plus proches. Soient $F_1 \subset P_1$ et $F_2 \subset P_2$ les faces contenant deux points

$\bar{x}_C^1$ et $\bar{x}_C^2$ minimisant cette distance. Soient, à présent, K_1 et K_2 les ensembles d'index des sommets de F_1 et F_2. On a :

$$\bar{x}_C^1 = \sum_{k_1 \in K_1} \lambda_{k_1} x_{C,k_1}, \quad \sum_{k_1 \in K_1} \lambda_{k_1} = 1, \ \lambda_{k_1} \geq 0,$$

$$\bar{x}_C^2 = \sum_{k_2 \in K_2} \lambda_{k_2} x_{C,k_2}, \quad \sum_{k_2 \in K_2} \lambda_{k_2} = 1, \ \lambda_{k_2} \geq 0.$$

Les points $\bar{x}_C^1$ et $\bar{x}_C^2$ s'obtiennent en minimisant l'expression suivante :

$$\| \sum_{k_1 \in K_1} \lambda_{k_1} x_{C,k_1} - \sum_{k_2 \in K_2} \lambda_{k_2} x_{C,k_2} \|_2^2.$$

Particularisons deux élément $j_1 \in K_1$ et $j_2 \in K_2$ et posons $K_1' = K_1 \setminus j_1$, et $K_2' = K_2 \setminus j_2$. L'expression précédente se réécrit avec λ_{j_1} et λ_{j_2} éliminés :

$$\lambda_{j_1} = 1 - \sum_{k_1 \in K_1'} \lambda_{k_1}, \ \lambda_{j_2} = 1 - \sum_{k_2 \in K_2'} \lambda_{k_2}.$$

Pour minimiser cette expression, il suffit d'écrire que les dérivées en chacun des λ_i (non éliminés) sont nulles. Soit, par exemple, celle par rapport à λ_{i_1} :

$$2 \sum_{c \in C} (x_{c,i_1} - x_{c,j_1}) \left(\sum_{k_1 \in K_1} \lambda_{k_1} x_{c,k_1} - \sum_{k_2 \in K_2} \lambda_{k_2} x_{c,k_2} \right) = 0.$$

Remarque 8.9 *On se sert de l'élimination de λ_{j_1} pour dériver par rapport à λ_{i_1}. Une fois cette dérivation effectuée, on rétablit λ_{j_1} dans l'expression précédente. C'est pourquoi les sommes dont on fait la différence se font sur K_1 et K_2, et non sur K_1' et K_2'.*

On simplifie ces expressions par 2, et on obtient un système d'inégalités dont les inconnues sont les λ :

$$\begin{cases} \forall i_1 \in K_1', \ i_2 \in K_2', \\ \sum_{c \in C} (x_{c,i_1} - x_{c,j_1}) \left(\sum_{k_1 \in K_1} \lambda_{k_1} x_{c,k_1} - \sum_{k_2 \in K_2} \lambda_{k_2} x_{c,k_2} \right) = 0, \\ \sum_{k_1 \in K_1} \lambda_{k_1} = 1, \sum_{k_2 \in K_2} \lambda_{k_2} = 1, \\ \forall k_1 \in K_1, \ \lambda_{k_1} \geq 0, \ \forall k_2 \in K_2, \ \lambda_{k_2} \geq 0. \end{cases} \quad (8.3)$$

Le théorème de Carathéodory nous dit que, pour tout point d'une face, et, en particulier, pour les points $\bar{x}_C^1$ et $\bar{x}_C^2$, le nombre de k_1 non-nuls est au plus n, la dimension de l'espace, la face F_1 étant au plus de dimension $n-1$. Appelons K''_1 et K''_2 les ensembles d'index de ces sous-ensembles de sommets de ces faces. On peut donc restreindre l'ensemble des solutions (on ne les aura pas toutes) à l'ensemble des solutions d'un tel système en λ. Leur ensemble est un polyèdre (borné) d'un espace de dimension $2n$. Il est défini par des inégalités dont les coefficients sont des sommes sur C de $(x_{c,i_1} - x_{c,j_1}) x_{c,k_1}$ (pour celui de λ_{k_1} dans l'inégalité indicée par i_1).

Remarque 8.10 *Un sommet $\lambda(K"_1 \cup K"_2)$ de ce polyèdre, ensemble des λ_k, s'exprime comme solution d'un système linéaire avec les coefficients définis précédemment. Ceux-ci s'écrivent donc comme un quotient de déterminants entiers (obtenus polynomialement en réduisant au même dénominateur les lignes du système linéaire définissant ce sommet). Le théorème d'Hadamard nous donne donc une borne polynomiale de longueur d'écriture de ces λ, en fonction de celle des sommets de P_1 et P_2.*

Ce qui termine la preuve de la proposition.

Appelons D le déterminant commun, en dénominateur, de la remarque précédente.

Remarque 8.11 *Les points $\bar{x}_C^1$ et $\bar{x}_C^2$ ont au moins une coordonnée différente, cette différence est au moins $\frac{1}{D}$. La distance $d(P_1, P_2)$ entre ces deux polyèdres est donc minorée par $\frac{1}{D}$. Cette borne est polynomiale en les données des deux polyèdres P_1 et P_2.*

Posons $h_C = \bar{x}_C^1 - \bar{x}_C^2$. Considérons les plans H_1 et H_2 :

$$H_1 = \{x_C, \; h_C x_C = h_C \bar{x}_1\}, H_2 = \{x_C, \; h_C x_C = h_C \bar{x}_2\}.$$

Remarque 8.12 *Il n'y a pas de points x_1^C de P_1, x_C^2 de P_2 compris entre ces plans.*

Preuve. Supposons que le point $x_1^C \in P_1$ soit entre ces plans. Le segment $[x_1^C, \bar{x}_C^1]$ ferait un angle aigu avec h_C. Il y aurait donc, sur ce segment, des points plus proches de $\bar{x}_C^2$ que $\bar{x}_C^1$, ce qui est une contradiction.

Corollaire 8.2 *Le plan H :*

$$H = \{x_C, \; h_C x_C = h_C((\bar{x}_1 + \bar{x}_2)/2)\},$$

sépare strictement les deux polyèdres.

Considérons à présent deux polyèdres P_1 et P_2 de $\mathbb{R}^C$, à intérieurs non-vides, ayant un point commun mais pas de point intérieur commun. Notons P_{1-2} le polyèdre $P_1 - P_2$.

$$P_{1-2} = \{z_C \in \mathbb{R}^C, \; z_C = y_C^1 - y_C^2, \; y_1^C \in P_1, \; y_2^C \in P_2\}.$$

Proposition 8.5 *L'origine $(0, \ldots, 0)$ n'est pas dans l'intérieur de P_{1-2}.*

Preuve. Sinon pour tout h_C :

$$\min_{x_C \in P_{1-2}} h_C x_C < 0.$$

Et donc, pour toute direction de l'espace, il existe deux points $\bar{x}_C^1$ et $\bar{x}_C^2$ de $P_{1 \cap 2} = P_1 \cap P_2$ avec :

$$h_C \bar{x}_C^1 < h_C \bar{x}_C^2.$$

Le polyèdre P_{1-2} n'est donc contenu dans aucune sous-variété linéaire (ensemble des solutions de l'équation $A_{L,C} x_C = b_L$) de $\mathbb{R}^C$, il est à intérieur non-vide. Les deux polyèdres P_1 et P_2 ont un point intérieur commun, ce qui est une contradiction.

Remarque 8.13 *Lorsque les polyèdres P_1 et P_2 sont à sommets rationnels, P_{1-2} l'est aussi, ses sommets ne pouvant être que des différences de sommets de P_1 et P_2. Les h_C de la démonstration de la proposition précédente peuvent donc être pris à composantes rationnelles, et même de longueur d'écriture polynomialement liée à celle des sommets de P_1 et P_2, les facettes ayant cette propriété.*

Corollaire 8.3 *Il existe donc un plan H séparant P_1 et P_2 au sens large.*

Preuve. Sinon pour tout h_C :

$$\min_{x_C \in P_1} h_C x_C < \max_{x_C \in P_2} h_C x_C.$$

8.5 Polyèdre non-vide et à intérieur non-vide

Pour $i \in L$ ($|L| < \infty$), appelons D_i, et pour $\epsilon \geq 0$ respectivement D_i^ϵ, les demi-espaces définis par :

$$D_i = \{x \in \mathbb{R}^C, A_{i,C} x_C \leq b_i\}.$$

$$D_i^\epsilon = \{x \in \mathbb{R}^C, A_{i,C} x_C \leq b_i + \epsilon\}.$$

Appelons P, respectivement P^ϵ les polyèdres intersection des demi-espaces D_i, respectivement D_i^ϵ :

$$P = \bigcap_{i \in L} D_i, \ P^\epsilon = \bigcap_{i \in L} D_i^\epsilon.$$

Pour $\epsilon \geq 0$, P^ϵ contient P. L'objectif de cette section est de montrer le résultat suivant :

Théorème 8.8 *Il existe une valeur de $\epsilon > 0$ telle que les deux affirmations suivantes sont équivalentes :*
 – $P \neq \emptyset$,
 – $P^\epsilon \neq \emptyset$.
Dans le cas où les données $A_{l,c}$ et b_l sont rationnelles :

– *La longueur d'écriture de ϵ est polynomialement liée à celle, $\mu(I)$, des données I de P, et donc la longueur d'écriture $\mu_\epsilon(I)$ des données I_ϵ de P^ϵ est polynomialement liée à $\mu(I)$.*
– *Il existe un algorithme polynomial qui, à partir d'un point $x_C^\epsilon \in P^\epsilon$, construit un point $x_C \in P$.*

Preuve. Sans réduire la généralité, supposons que le polyèdre P est défini par :

$$P = \{x_C \in \mathbb{R}^C,\ A_{L,C}x_C \leq b_L,\ x_C \geq 0\}.$$

Le polyèdre P^ϵ est donc défini par :

$$P^\epsilon = \{x_C \in \mathbb{R}^C,\ A_{L,C}x_C \leq b_L + \epsilon_L,\ x_C \geq -\epsilon_C\}.$$

Les vecteurs ϵ_L et ϵ_C de la définition de P^ϵ ont leurs coordonnées toutes égales à ϵ. Considérons donc l'inégalité matricielle définissant ce dernier polyèdre mise sous la forme canonique (6.3) en ajoutant les variables d'écart x_L, $U_{L,L}$ étant la matrice identité :

$$(8.4) \quad \begin{cases} A_{L,C}x_C + U_{L,L}x_L = b_L, \\ x_C \geq -\epsilon_C,\ x_L \geq -\epsilon_L. \end{cases}$$

Remarque 8.14 *En écrivant que l'écart $x_L = b_L - A_{L,C}x_C \geq -\epsilon_L$, on écrit bien $A_{L,C}x_C \leq b_L + \epsilon_L$.*

On renomme C le nouvel ensemble de colonnes et $A_{L,C}$ la matrice des contraintes (composée de $A_{L,C}$ et $U_{L,L}$).

Remarque 8.15 *Soit $\bar{x}_C$ une solution (réalisable) de ces contraintes. Une adaptation de la méthode du Simplexe permet, en au plus $n - m$ ($n = |C|$, et $m = |L|$) étapes, de trouver une solution $\hat{x}_C$ réalisable de base. Une étape de la méthode du Simplexe étant polynomiale, cette procédure est polynomiale.*

Preuve. C'est ce que nous avons montré à la remarque 6.16 en décrivant l'algorithme utilisé dans la preuve de la proposition 6.2. La seule différence ici est la valeur des bornes inférieures des variables qui n'est plus 0, mais $-\epsilon$. On peut effectuer, polynomialement, un changement de base pour se ramener à la borne inférieure 0. On peut, plus simplement, modifier les conditions sur les variables de base du petit programme qui, de non-négatives, deviennent supérieures ou égales à $-\epsilon$.

Remarque 8.16 *Lorsque l'on a, de plus, une fonction $f_C x_C$ à maximiser, la procédure décrite dans la preuve de la proposition 6.2 peut être modifiée pour que la solution $\hat{x}_C$ soit telle que $f_C \hat{x}_C \geq f_C \bar{x}_C$. Il suffit de faire croître les variables hors base x_s telles que $\bar{f}_s > 0$ et décroître les autres. On peut trouver une solution de valeur infinie.*

Cette dernière solution réalisable de base s'écrit :

$$x_I = \bar{b}_I - \bar{A}_{I,C\backslash I}\mathbf{e}\ (\mathbf{e} = (\epsilon, \ldots, \epsilon)).$$

Appelons $\bar{A}_I^{C\backslash I} = \sum_{c \in C\backslash I} \bar{A}_{I,c}$. On peut écrire :

$$x_I = \bar{b}_I - \bar{A}_I^{C\backslash I}\mathbf{e}.$$

Remarque 8.17 *Chaque composante x_i du vecteur x_I est somme de deux termes dont l'un est $\bar{b}_i$, et l'autre $\bar{A}_i^{C\backslash I}\epsilon$ est linéaire en ϵ.*

Considérons l'ensemble des solutions de base (réalisables ou pas) du problème correspondant au polyèdre P. Les bases étant en nombre fini, c'est un ensemble fini. Appelons β la plus petite valeur absolue positive de tous les $\bar{b}_i$. De même appelons α le plus grand, en valeur absolue, des $\bar{A}_i^{C\backslash I}$. Choisissons $\epsilon = \min(\beta, \beta/\alpha)/3$. Cet ϵ est bien entendu positif.

Proposition 8.6 *Avec les choix précédents, dans toute solution réalisable de base de notre problème (correspondant au polyèdre P^ϵ) : $\forall i \in I, \bar{b}_i \geq 0$.*

Preuve. Supposons que ce ne soit pas vrai, et que l'on ait $\bar{b}_i < 0$. Par construction : $\bar{b}_i \leq -\beta$, $x_i \geq -\epsilon$ et $|\bar{A}_I^{C\backslash I}\epsilon| \leq \beta/3$. On a donc :

$$\bar{b}_i - \bar{A}_i^{C\backslash I}\epsilon \leq -2\beta/3,$$

et :

$$x_i = \bar{b}_i - \bar{A}_i^{C\backslash I}\epsilon \geq -\beta/3,$$

ce qui est une contradiction. Le second membre $\bar{b}_i$ est donc non-négatif.

La solution $x_I = b_I, x_{C\backslash I} = 0$ est donc solution réalisable de base du problème correspondant au polyèdre P. On vient bien de démontrer le théorème (8.8) : à partir d'un point de P^ϵ, on a construit un point de P.

8.5.1 Cas où les données sont rationnelles

Ces rationnels sont supposés codés par des couples d'entiers. La réduction au même dénominateur transforme ces données en données dont la taille n'excède pas le carré de la taille initiale. Ces deux tailles de données sont donc polynomialement liées. On supposera donc que les données sont des entiers, le plus grand de ces entiers étant M.

Les nombres $\bar{b}_i$ et $\bar{A}_{i,c}$ solutions de systèmes linéaires, s'expriment comme des quotients de déterminants. Ici ces déterminants prennent des valeurs entières. De plus le théorème d'Hadamard (13.3) nous dit que ces déterminants sont, en valeur absolue, bornés par $\delta = m^{m/2}M^m$. On a donc $\beta = 1/\delta$, $\alpha = (n-m)\delta$. On peut donc choisir :

$$\epsilon = 1/(3(n-m)\delta^2).$$

Remarque 8.18 *Cette valeur est de longueur polynomiale en les données du problème donné.*

À partir du moment où l'on a un point de P^ϵ on peut, polynomialement, construire un point de P :

- Au moyen de $n - m$ étapes de la méthode du Simplexe on construit une solution réalisable de base du problème correspondant au polyèdre P^ϵ,
- La solution $x_C = (\bar{b}_I, 0)$ construite à partir de la base obtenue précédemment est solution réalisable de base pour le problème correspondant au polyèdre P.

Remarque 8.19 *Les polyèdres que nous allons considérer dans les chapitres suivants ont un nombre de facettes qui peut ne pas être polynomialement borné par la dimension de l'espace. Le résultat précédent continue cependant à s'appliquer. En effet, après avoir mis le problème sous la forme canonique, le nombre n' de colonnes n'est rien d'autre que $n + m$ ($n = |C|$), et donc $n' - m = |C|$ est la dimension de l'espace.*

D'autre part, dans l'espace de la forme canonique, une matrice de base comporte au moins $m - |C|$ colonnes d'une matrice identité. Son déterminant est donc au plus celui d'une matrice de taille $(|C|, |C|)$. On a donc $\delta = n^{n/2} M^n$.

Répondons ici à une question que nous nous posions lorsque nous décrivions la méthode de la phase mixte (6.14) pour initialiser la méthode du Simplexe. La valeur maximale de la fonction économique, chacune des composantes de base du vecteur x_C étant inférieure ou égale à δ, est :

$$f_C x_C \leq m\delta,$$

Sa valeur minimale est aussi $-m\delta$. La valeur minimale d'une variable de départ de base est $1/\delta$. La valeur des variables de départ dans la fonction économique, dans le cas où une des variables de départ est non-nulle à l'optimum, est donc λ/δ. Posons $\lambda = 3m\delta^2$.

Proposition 8.7 *Avec cette valeur de λ, si l'une des variables de départ est non-nulle à l'optimum, alors le problème (6.3) n'a pas de solution.*

Preuve. Si ce problème a une solution, le problème (mixte) (6.14) en a une de valeur $f_C x_C \geq -m\delta$. Si une variable de départ est non-nulle, la contribution des variables de départ dans la fonction économique de ce problème est $\leq -3m\delta$. La valeur de sa fonction économique est donc inférieure ou égale à $-2m\delta$, en contradiction avec notre première affirmation.

8.5.2 On sait résoudre d'autres cas

Pour pouvoir, à partir d'une solution approchée construire une solution exacte, il suffit de savoir effectuer polynomialement une étape de la méthode du Simplexe. Pour cela il suffit de savoir :

1. Résoudre les systèmes linéaires en temps polynomial,

2. Comparer deux nombres en temps polynomial.

On étudie en [64] certaines représentations de nombres. En particulier les représentations des nombres algébriques réels au moyen de polynômes à coefficients entiers, et d'entiers représentant le rang, sur la droite réelle, de la racine considérée. Des algorithmes sont décrits permettant de résoudre les opérations précédentes lorsque le nombre de nombres algébriques ainsi représentés est petit (e.g. $\log \log n$).

9 Polyèdres Combinatoires

Comment faire correspondre un polyèdre à un problème combinatoire ? Quels sont les problèmes combinatoires qui vont nous intéresser ?

Un problème combinatoire est un problème concernant un sous-ensemble $\mathcal{F}$ de l'ensemble des parties $\mathcal{P}(E)$ d'un ensemble fini E. À un élément $F \in \mathcal{F}$, on fait correspondre son *vecteur caractéristique* $f \in \{0,1\}^E$.

$$\forall e \in F, \ f_e = 1, \forall e \notin F, \ f_e = 0.$$

Le polyèdre qui nous intéresse est l'enveloppe convexe des vecteurs f. Pour ces enveloppes convexes, on peut se restreindre à $\mathbb{Q}^E$.

Remarque 9.1 *Les sommets de ce polyèdre P sont en bijection avec les éléments $F \in \mathcal{F}$.*

Preuve. On vérifie tout d'abord que le cube unité est un polyèdre dont les sommets sont tous les vecteurs de $\mathbb{R}^E$ à composantes 0, 1. Ce polyèdre a $2|E|$ facettes de la forme $x_i \geq 0$ et $x_i \leq 1$. Ses sommets correspondent donc à des solution d'un système de $|E|$ équations linéaires, des inégalités parmi les précédentes prises à l'égalité. Tous ces points sont extrêmes (8.1). Une combinaison convexe de deux sommets différents a des composantes non 0, 1 et n'est donc pas un sommet. Si un sommet de notre polyèdre qui est l'enveloppe convexe des vecteurs caractéristiques f qui sont des sommets particuliers du cube unité, était combinaison convexe d'autres sommets, il en serait de même pour le sommet correspondant du cube unité. Ce qui est une contradiction. □

Remarque 9.2 *Plus généralement, l'enveloppe convexe d'un sous-ensemble K des sommets d'un polyèdre P, est un polyèdre dont l'ensemble des sommets est exactement K.*

L'étude de ce type de polyèdres a été popularisée par Jack Edmonds. Sa première utilisation lui permet [17] de trouver un couplage M (ensemble d'arêtes deux à deux disjointes) de *poids* $w(M) = \sum_{e \in M} w(e)$ maximum dans un graphe $G = (X, E)$.

Nous nous limiterons à la description de trois polyèdres. Nous commencerons par décrire le polyèdre de l'arbre de recouvrement [20], puis l'enveloppe convexe des parties libres communes à deux matroïdes définis sur le même ensemble fini E ([22], [23]), nous terminerons par une relaxation du polyèdre du voyageur de commerce ([14], [58], [34]).

9.1 Graphes

Donnons quelques définitions relatives aux graphes.

Définition 9.1 *On appelle graphe fini non-orienté, $G = (X, E)$ le couple formé par un ensemble fini X, et une partie E de l'ensemble $\mathcal{P}_2(X)$ des paires d'éléments de X, $E \subset \mathcal{P}_2(X)$. Les éléments x de X sont appelés sommets, ceux $e = \{x, y\}$ de E sont appelés arêtes. Un graphe $G = (X, U)$ est dit orienté si $U \subset (X \times X)$. Les éléments orientés $u = (x, y)$ de U sont alors appelés arcs.*

Définition 9.2 *Un cycle élémentaire dans G, est un ensemble ordonné d'arêtes (resp. d'arcs) $\gamma = (e_0, e_1, \ldots, e_{k-1})$ tel que :*

1. $\forall i, i + 1 \ (mod\, k) \in \{0, 1, \ldots, k-1\}$, $e_i \cap e_{i+1} = x \in X$,

2. $\forall j \neq i, i + 1$, $x = e_i \cap e_{i+1} \notin e_j$.

L'orientation des arcs n'est pas prise en compte dans la définition des cycles élémentaires.

On définit alors la relation de connexité.

Définition 9.3 *Deux sommets $x \neq y$ sont connexes dans le graphe G, si dans le graphe $G' = (X, E \cup \{x, y\})$, il y a un cycle élémentaire contenant l'arête $\{x, y\}$.*
Le sommet x est connexe à lui même.

On vérifiera aisément que c'est une relation d'équivalence. Les classes d'équivalence pour cette relation sont appelées les **composantes connexes**. Lorsque G n'a qu'une seule composante connexe, G est dit **connexe**. Ces définitions s'appliquent aussi aux graphes orientés $G = (X, U)$ sans prendre en compte l'orientation des arcs.

Définition 9.4 *Soit $Y \subset X$. On appelle cocycle $\omega(Y)$ l'ensemble des arêtes (resp. des arcs) qui ont une extrémité dans Y et l'autre dans $X \setminus Y$:*

$$\omega(Y) = \{e \in E, e = \{x, y\}, x \in Y, y \in X \setminus Y, \text{ ou}, y \in Y, x \in X \setminus Y\}.$$

Lorsque Y est réduit au seul sommet x, cet ensemble est noté $\delta(x)$. Dans les graphes orientés $\omega(Y)$ (et $\delta(x)$) sont partitionnés en :

$$\omega^+(Y) = \{u = (x, y), x \in X \setminus Y, y \in Y\}.$$

$$\omega^-(Y) = \{u = (x, y), x \in Y, y \in X \setminus Y\},$$

Définition 9.5 *Soit $G = (X, E)$ un graphe connexe. On appelle arbre (de recouvrement) un sous-graphe $G' = (X, A)$ sans cycle élémentaire et maximum. Par abus de langage on dit l'arbre A.*

Lorsque l'on retire une arête à un arbre on obtient deux sous-arbres sur deux sous-ensembles de sommets de X complémentaires. Par récurrence sur le nombre de sommets $n = |X|$, on vérifie alors que $|A| = n - 1$.

Définition 9.6 *On appelle matrice d'incidence sommets-arcs du graphe orienté $G = (X, U)$ la matrice $S_{X,U}$ telle que pour tout $u = (x, y)$ on ait :*

1. $S_{x,u} = -1,$

2. $S_{y,u} = +1,$

3. $\forall z \in X,\ z \notin \{x, y\},\ S_{z,u} = 0.$

La matrice d'incidence sommets-arêtes d'un graphe $G = (X, E)$ non-orienté se définit de la même façon, la seule différence étant que les valeurs des éléments non-nuls sont toutes $+1$.

Définition 9.7 *Appelons flot le vecteur $\phi_U \in \mathbb{R}^U$, tel que $S_{X,U}\phi_U = 0$. On remarque que les égalités définies pour chacun des sommets $x \in X$ par l'égalité matricielle $S_{x,U}\phi_U = 0$ représentent la loi de conservation du flot en un sommet, c'est à dire la première loi de Kirchhoff.*

Définition 9.8 *Une matrice $A_{L,C}$ est dite totalement unimodulaire si tous ses sous-déterminants prennent leur valeur dans $\{-1, 0, 1\}$.*

Théorème 9.1 *La matrice $S_{X,U}$ est totalement unimodulaire.*

Preuve. Soit $S_{Y,V}$ une sous-matrice carrée de $S_{X,U}$ non-singulière. À ses colonnes correspondent soit des arcs de G soit un des deux sommets d'un arc de G (un demi-arc). On peut donc parler de composante connexe du sous-graphe de $S_{Y,V}$. Chacune de ces composantes connexe doit être carrée sinon, soit les lignes correspondantes, soit les colonnes correspondantes sont liées et $S_{Y,V}$ ne serait pas régulière. Une telle composante connexe ne peut pas contenir de cycle car les lignes de la sous-matrice correspondant à d'un cycle sont liées, leur somme est nulle, et donc les colonnes le sont aussi, une telle composante connexe ne serait pas non plus régulière. Le graphe d'une composante connexe a donc le même nombre de sommets que d'arcs et est sans cycle, c'est donc un arbre plus un demi-arc.

Remarque 9.3 *Les matrice correspondant à ces composantes connexes sont triangulaires.*

Preuve. En effet un arbre a toujours un sommet qui n'appartient qu'à un seul arc, un sommet *pendant*, sinon, si tous les sommets ont au moins deux arcs, un algorithme de parcours très simple permet de détecter un cycle ; il suffit de partir d'un sommet quelconque et de marquer les sommets non marqués extrémités des arcs ayant déjà un de leurs sommets marqué. Cet algorithme s'arrête : soit en un sommet contenu dans un seul arc, ce qui est contraire à l'hypothèse, soit en un sommet que l'on peut marquer à partir de deux sommets différents ce qui détecte un cycle.

Lorsque l'on retire à l'arbre ce sommet pendant et l'arc adjacent, on obtient un arbre ayant un sommet de moins et un arc de moins ; on définit ainsi un ordre d'élimination sur les sommets et les arcs (qui s'arrête avec le demi-arc), et donc le même ordre d'élimination sur les lignes et les colonnes de la sous-matrice. Avec cet ordre cette sous-matrice est triangulaire inférieure.

Le déterminant de cette sous-matrice produit de -1 et de 1 est donc ± 1.

Définition 9.9 *Un graphe biparti $G = (X \cup Y, E)$ est un graphe qui a un ensemble des sommets qui est la réunion de deux ensembles disjoint X et Y et dont les arêtes ont un sommet dans chacun de ces deux ensembles. Une colonnes de la matrice d'incidence a un 1 dans chacune des lignes indicées par les sommets de l'arc correspondant.*

Si on change de signe simultanément toutes les lignes correspondant aux sommets indicés par Y, par exemple, on obtient la matrice d'incidence d'un graphe orienté. Cette matrice a donc les propriétés de celle-ci, en particulier elle est totalement unimodulaire.

Définition 9.10 *Soit $G = (X, U)$ un graphe orienté, $r \in X$ un sommet particulier de G. Une arborescence $A = (X, U')$ de racine r est un sous-graphe de G tel que :*

1. *A est sans cycle,*

2. *$\forall x \in X$, $x \neq r$, $|\delta_+(x)| = 1$, $(\delta_+(x) = \{u \in U', u = (y, x)\})$.*

9.2 Matroïdes

Définition 9.11 *Soit E un ensemble fini. On appelle matroïde sur E le couple $M = (E, \mathcal{F})$, dans lequel $\mathcal{F} \subset \mathcal{P}(E)$ est une famille de parties de E dont les éléments, appelés libres ou indépendants, possèdent les propriétés suivantes :*

1. *$\forall e \in E$, $\{e\} \in \mathcal{F}$, (sinon on pourrait supprimer ces éléments),*

2. *$\forall F \in \mathcal{F}$, $\forall F' \subset F$, $F' \in \mathcal{F}$ (hérédité),*

3. *$\forall A \subset E$, $\forall F, F' \subset A$, $|F| < |F'|$, $F, F' \in \mathcal{F}$, $\exists e \in F' \setminus F$, $F \cup \{e\} \in \mathcal{F}$ (base incomplète).*

Les familles de parties de E qui satisfont simplement aux deux premiers axiomes sont appelées systèmes d'indépendance.

La notion de matroïde a été introduite en 1935 par Hasler Whitney [81] pour axiomatiser la notion d'indépendance linéaire. Le lecteur vérifiera aisément que lorsque E est l'ensemble des (indices de) colonnes d'une matrice $A_{L,E}$ dont les éléments sont définis sur un corps K, l'ensemble $\mathcal{F}$ des sous-ensembles $F \subset E$ libres (linéairement indépendants) des colonnes de $A_{L,E}$ satisfait la définition précédente. Une question importante de cette théorie, mais tout à fait indépendante de notre sujet, était celle de l'existence de matroïdes qui ne puissent pas être représentés comme ceux des libres des colonnes de matrices. Une réponse affirmative a été donnée à cette question par Vámos [78]. On pourra trouver des constructions à partir des configurations de Pappus et de Désargues, ces dernières dues à A.W. Ingleton [45], dans l'ouvrage de J.G. Oxley [71].

On va considérer les familles de parties communes à deux structures de matroïdes sur le même ensemble E, $M_1 = (E, \mathcal{F}_1)$ et $M_2 = (E, \mathcal{F}_2)$ dont les *Arborescences* d'un graphe orienté $G = (X, U)$ sont un exemple important. Soit $S_{X,U}$ la matrice d'incidence de ce graphe orienté et appelons $B_{X \setminus \{r\}, U}$ la matrice dont les éléments de la ligne x valent :

$$\forall u \in \delta_+(x), \ B_{x,u} = 1, \ \forall u \notin \delta_+(x), \ B_{x,u} = 0.$$

À une arborescence on peut faire correspondre deux matroïdes sur U :

1. $M_1 = (E, \mathcal{F}_1)$, $\mathcal{F}_1 = \{V \subset U, \ S_{X,V} \text{ libre}\}$,
2. $M_2 = (E, \mathcal{F}_2)$, $\mathcal{F}_2 = \{V \subset U, \ B_{X,V} \text{ libre}\}$,

Remarque 9.4 *Soit F une partie libre pour chacun des deux matroïdes, telle que $|F| = |X| - 1$ (elle est maximum). F correspond à une arborescence.*

Avant de poursuivre l'étude de l'enveloppe convexe des (vecteurs caractéristiques des) parties libres communes à deux structures de matroïdes sur E, introduisons une autre axiomatique des matroïdes, l'axiomatique du rang.

9.2.1 L'axiomatique du rang

Pour $A \subset E$, on appelle *rang* de A $r(A) = \max_{F \subset A, \ F \in \mathcal{F}} |F|$.

Théorème 9.2 *Le troisième axiome de définition d'un matroïde (3) est équivalent au suivant :*

$$\forall A, B \subset E, \ r(A) + r(B) \geq r(A \cup B) + r(A \cap B). \tag{9.1}$$

Une fonction d'ensemble satisfaisant cette inégalité est dite sous-modulaire.

Preuve. Montrons que (9.1) implique le (3) de la définition (9.11). Soient $F, F' \in \mathcal{F}, |F| < |F'|$. Posons $L = F' \setminus F$. Par (9.1) on a :

$$r(F \cup L) + r(F' \cup L) \geq r(F \cup F' \cup L) + r((F \cap F') \cup L).$$

Comme $r(F' \cup L) = r(F')$ et $r((F \cap F') \cup L) \geq r(F')$, on a :

$$r(F \cup L) \geq r(F \cup F' \cup L) \geq r(F \cup F') \geq r(F') = |F'| > |F|.$$

On a donc :

$$r(F \cup L) > |F|.$$

Montrons que cette dernière inégalité implique qu'il existe $e \in L$ tel que $F \cup \{e\} \in \mathcal{F}$. Supposons donc que $\forall e \in L, r(F \cup \{e\}) \leq r(F)$. Soient donc $e \neq e' \in L$; par (9.1) on a :

$$2r(F) \geq r(F \cup \{e\}) + r(F \cup \{e'\}) \geq r(F \cup \{e\} \cup \{e'\}) + r(F),$$

d'où :

$$r(F) \geq r(F \cup \{e\} \cup \{e'\}).$$

On peut recommencer avec $e'' \neq e, e'$, $e'' \in L$, et de proche en proche on obtient :

$$r(F) \geq r(F \cup L) > |F| = r(F),$$

ce qui est une contradiction.

Inversement montrons que le (3) de la définition (9.11) entraîne (9.1). Supposons que l'on ait (3) et non (9.1), c'est à dire :

$$\forall A \subset E, \forall F, F' \subset A, |F| < |F'|, F, F' \in \mathcal{F}, \exists e \in F' \setminus F, F \cup \{e\} \in \mathcal{F}, \quad (9.2)$$

et

$$\exists A, B \subset E, r(A) + r(B) < r(A \cup B) + r(A \cap B). \quad (9.3)$$

Soit F (respectivement F') un libre maximum de A (respectivement B construit par (3) à partir d'un libre maximum L de $A \cap B$. On pose :

$$F = L \cup H, \ F' = L \cup H', \ r(A) = |L| + |H|, \ r(B) = |L| + |H'|.$$

On a donc :

$$r(A) + r(B) = |L \cup H \cup H'| + |L| = |F \cup F'| + |L|,$$

et

$$r(A \cap B) = |L|.$$

L'hypothèse (9.3) implique donc :

$$r(A \cup B) > |F \cup F'|.$$

Montrons que ceci est impossible, et que $r(A \cup B) \leq |F \cup F'|$. Soit J un libre maximum de $A \cup B$ construit à partir de L. On a :
  - $|J \cap A| \leq |F|$, car sinon $r(A) > |L| + |H|$,
  - $|J \cap B| \leq |F'|$, car sinon $r(B) > |L| + |H'|$.
On peut poser $J \cap A = L \cup K$ et $J \cap B = L \cup K'$, et donc :

$$r(A \cup B) = |L \cup K \cup K'|,$$

d'où :

$$r(A \cup B) \leq |F \cup F'|.$$

C'est une contradiction, les deux axiomatiques sont donc équivalentes.

9.2.2 Polyèdre de l'arbre de recouvrement

Soit $M = (E, \mathcal{F})$ un matroïde défini sur E. Pour $F \in \mathcal{F}$ appelons $E(F)$ l'ensemble tel que :

$$E(F) = \{e \in E, (e \cup F) \notin \mathcal{F}\} \cup F.$$

Proposition 9.1 *L'axiome de la base incomplète (3) de définition d'un matroïde implique que $rang(E(F)) = |F|$.*

Preuve. Sinon, soit $F' \subset E(F)$ avec $|F'| > |F|$. Alors :

$$\exists e \in F' \setminus F, \ F \cup e \in \mathcal{F}.$$

C'est en contradiction avec la construction de $E(F)$.

Considérons donc le programme linéaire suivant (on supprimera les inégalités répétées) :

$$\begin{cases} \max f_E x_E, \\ \forall F \in \mathcal{F}, \sum_{e \in E(F)} x_e \leq |F|, \\ x_e \geq 0. \end{cases} \tag{9.4}$$

Ordonnons les éléments e de E dans l'ordre des f_e décroissants. Soit $F \in \mathcal{F}$ la partie libre obtenue progressivement en prenant les éléments de E dans cet ordre tant que $f_e \geq 0$. Soit F_i la partie libre déjà obtenue lorsque l'on a considéré l'élément e_i :

$$F_{i+1} = F_i \cup e_{i+1}, \ si \ F_i \cup e_{i+1} \in \mathcal{F}, \ F_{i+1} = F_i \ sinon.$$

Renumérotons de 1 à k, et dans l'ordre où on les a obtenues, ces parties. Rajoutons une variable d'écart à chacune de ces inégalités. Considérons une base de ce nouveau problème composée de :

1. toutes les colonnes correspondant aux variables d'écart des inégalités qui ne sont pas définies par des $E(F_i)$,

2. les e pour $e \in F_k$.

Proposition 9.2 *Cette base est une base optimale de notre problème.*

Preuve. Par la construction des $E(F_i)$, la restriction aux variables indicées par F_k des inégalités pour lesquelles la variable d'écart n'est pas de base est une matrice carrée constituée de 1 sur la diagonale et en dessous, et de 0 ailleurs, elle est régulière.

Les valorisations des variables d'écart sont nulles. Les variables duales des contraintes pour lesquelles la variable d'écart est de base sont donc nulles.

Calculons la variable duale y_i de l'inégalité $E(F_i)$. Appelons e_i l'élément $F_i \setminus F_{i-1}$. On a :

$$\sum_{j \geq i} y_j = f_{e_i},$$

d'où :

$$y_i = \sum_{j \geq i} y_j - \sum_{j \geq i+1} y_j = f_{e_i} - f_{e_{i+1}} \geq 0.$$

Soit $e \notin F_k$, $e \notin E(F_{i-1})$, $e \in E(F_i)$. L'élément e reste lié à tous les libres contenant $F_k : j > i$, $e \in E(F_j)$. Calculons $\bar{f}_e$:

$$\bar{f}_e = f_e - \sum_{j \geq i} y_j = f_e - f_{e_i}.$$

L'ordre des f_e décroissants choisi sur E implique :

$$f_e - f_{e_i} \leq 0.$$

Les coûts réduits des variables hors-base sont négatifs ou nuls : la solution correspondant à F_k est optimale.

Théorème 9.3 *L'algorithme décrit, appelé algorithme glouton, permet de trouver la partie libre de $M = (E, \mathcal{F})$ qui maximise $\sum_{e \in F} f_e$.*

9.2.3 Polyèdre des libres communs à deux matroïdes

Théorème 9.4 *L'enveloppe convexe des vecteurs caractéristiques des parties libres communes aux deux matroïdes M_1 et M_2 est donnée par :*

$$\begin{cases} \forall A \subset E, \ \sum_{e \in A} x_e \leq Min(r_1(A), r_2(A)), \\ \forall e \in E, \ x_e \geq 0. \end{cases} \tag{9.5}$$

Preuve. Soit x_E un sommet du polyèdre défini par les inégalités précédentes. Appelons I_1, respectivement I_2, l'ensemble de ces inégalités satisfaites à l'égalité en ce point x_E pour le matroïde M_1, respectivement M_2. Considérons deux inégalités A et B de I_1 telles que $A \cap B \neq \emptyset$. On a :

$$\sum_{e \in A} x_e = r_1(A), \quad \sum_{e \in B} x_e = r_1(B).$$

L'axiome (9.1) entraîne :

$$r_1(A \cup B) + r_1(A \cap B) \leq \sum_{e \in A} x_e + \sum_{e \in B} x_e = r_1(A) + r_1(B).$$

Comme (9.5) reste vrai, on a :

$$\sum_{e \in A \cup B} x_e + \sum_{e \in A \cap B} x_e \leq r_1(A \cup B) + r_1(A \cap B) \leq \sum_{e \in A} x_e + \sum_{e \in B} x_e.$$

Les deux membres extrêmes étant égaux, on a donc :

$$\sum_{e \in A \cup B} x_e + \sum_{e \in A \cap B} x_e = r_1(A \cup B) + r_1(A \cap B).$$

Les inégalités de rang sont vraies pour $A \cup B$ et $A \cap B$, et donc :

$$\sum_{e \in A \cup B} x_e = r_1(A \cup B), \quad \sum_{e \in A \cap B} x_e = r_1(A \cap B).$$

Remarque 9.5 *Ces deux dernières égalités sont équivalentes aux deux premières. De plus le support c'est à dire l'ensemble des coefficients non-nuls de la seconde est inclus dans celui de la première.*

Considérons donc k égalités de I_1 (inégalités satisfaites à l'égalité par le sommet x_E), et supposons que l'on ait trouvé un système équivalent à ces k égalités, tel que le support de la $(j+1)^{ième}$ (nouvelle) égalité soit inclus dans celui de la $j^{ème}$. Soit C une nouvelle inégalité de I_1. Montrons que l'on peut en déduire un système possédant la même propriété d'inclusion des supports qui est équivalent aux $k+1$ premières égalités.

Remarque 9.6 *Soient A et B deux égalités du système initial, nommées par leurs supports, telles que $B \subset A$.*

1. *On a alors $(B \cup C) \subset (A \cup C)$; de même $(B \cap C) \subset (A \cap C)$.*
   En conséquence, le même ordre d'inclusion est préservé entre toutes les égalités $A \cup C$ et entre toutes celles de $A \cap C$.

2. *Si A est l'égalité de plus grand support et B celle de plus petit support, alors $(A \cap C) \subset (B \cup C)$.*

Preuve. En effet $(A \cap C) \subset C \subset (B \cup C)$. $\square$

On vient de construire un système d'inégalités (satisfaites à l'égalité par le sommet x_E) tel que les supports de celles correspondant aux $k+1$ premières soient ordonnés par l'inclusion. Par récurrence, on construit donc un tel système pour toutes les inégalités de I_1. On en construit un autre pour toutes celles de I_2.

À partir de ce système d'égalités on construit un nouveau système équivalent, par différence deux à deux de deux inégalités consécutives, pour obtenir un système équivalent où les inégalités ont leurs supports disjoints. On obtient ainsi deux systèmes d'égalités à supports disjoints. Un pour les égalités correspondant à chaque matroïde. Ces deux systèmes sont ceux de la matrice d'incidence d'un graphe biparti (cf 9.9). Cette matrice est donc totalement unimodulaire (cf 9.1). Les seconds membres étant entiers, la solution x_E ne peut donc avoir que des coordonnées entières, et donc $\{0, 1\}$ car cette solution est valide pour les systèmes d'inégalités de chacun des deux matroïdes. Il s'agit donc d'un sommet de notre polyèdre. $\square$

9.3 Le polyèdre du voyageur de commerce

On a vu à la section (4.5) que le problème d'existence d'un cycle hamiltonien dans un graphe $G = (X, E)$ est $\mathcal{NP} - Complet$. C'est un des problèmes de référence de Karp [48]. Montrons que c'est un problème de partie libre commune à trois matroïdes sur le même ensemble U. Soit $G = (X, U)$ un graphe orienté. Appelons $\delta_+(x, F) = \{u \in F, u = (y, x)\}$ l'ensemble des arcs de F ayant leur extrémité en x, $\delta_-(x, F) = \{u \in F, u = (x, y)\}$ celui des arcs de F ayant leur origine en x. Soit $T \subset U$ un arbre de G. Appelons arbre à racine A les sous-ensembles d'arcs de G formés d'un arbre et d'un arc, $A = T \cup \{u\}$, $u \notin T$. Sur l'ensemble des arcs U on va définir trois matroïdes :

$$M_1 = (U, \mathcal{F}_1), \ \mathcal{F}_1 = \{F \subset U, \forall x \in X, |\delta_+(x, F)| \leq 1\},$$

$$M_2 = (U, \mathcal{F}_2), \ \mathcal{F}_2 = \{F \subset U, \forall x \in X, |\delta_-(x, F)| \leq 1\},$$

$$M_3 = (U, \mathcal{F}_3), \ \mathcal{F}_3 = \{\exists A, \ F \subset A\}.$$

On vérifie que la définition de M_3 satisfait l'axiome (3) de définition d'un matroïde.

Remarque 9.7 *Les cycles hamiltoniens qui permettent de définir un tour du voyageur de commerce, c'est à dire ceux qui passent par chacun des sommets une fois, correspondent aux parties F, libres, communes à ces trois matroïdes, et telles que $|F| = |X|$.*

Dans le problème du voyageur de commerce, non seulement on veut obtenir un tour, mais le tour le plus court. Pour cela on définit des longueurs sur les arêtes :

$$\forall e \in E, \ l_e \in \mathbb{Z}.$$

On peut alors considérer le graphe complet K_n. On étudie l'enveloppe convexe P des vecteurs caractéristiques des cycles hamiltoniens (CH en bref) du graphe complet. Nous ne connaissons qu'une approximation de ce polyèdre P. Nous n'allons pas ici faire une étude complète des facettes connues de ce polyèdre (des ouvrages y sont consacrés ([54], [34]) mais présenter les premiers résultats sur cette enveloppe convexe ([14], [43], [44], [58], [39], [10]). Soit $S_{X,E}$ la matrice d'incidence sommets-arêtes de G :

$$\forall e = \{x, y\}, \ S_{x,e} = S_{y,e} = 1, \ \forall z \notin e, \ S_{z,e} = 0.$$

Un point x_E de P est, bien entendu, solution de l'équation matricielle :

$$S_{X,E} x_E = 2.$$

Théorème 9.5 *([58], [39]) Les vecteurs caractéristiques des cycles hamiltoniens du graphe complet engendrent la variété linéaire définie par l'égalité $S_{X,E} x_E = 2$.*

En d'autres termes il n'y a pas de plus petite variété linéaire contenant **tous** les CH du graphe complet. **Preuve.** Supposons que l'affirmation précédente ne soit pas vraie. Il existe donc une sous-variété contenant tous les CH définie par :

$$S_{X,E} x_E = 2 \ et \ \alpha_E x_E = \beta.$$

Identifions l'ensemble X des sommets de G et $\{1, 2, \ldots, n\}$. Considérons le graphe $H = (X, F)$ constitué d'un cycle à trois arêtes et de toutes les arêtes issues du sommet 1 de ce cycle :

$$F = \{\{2, 3\}, \ e = \{1, i\}, \ \forall i \in X\}.$$

Remarque 9.8 *La matrice $S_{X,F}$ est carrée et régulière.*

Il suffit pour s'en convaincre de remarquer que la matrice d'incidence d'un cycle de longueur 3 est régulière (ici le cycle $(\{1, 2\}, \{2, 3\}\{1, 3\})$). Son déterminant vaut 2. La sous-matrice de $S_{X,F}$ indicée en ligne par $X \setminus \{1, 2, 3\}$ et en colonne par $Y \setminus \{\{1, 2\}, \{2, 3\}\{1, 3\}\}$ est diagonale. On peut donc avoir une égalité équivalente à $S_{X,E} x_E = 2$ en multipliant à gauche cette égalité par $S_{X,F}^{-1}$. On obtient l'égalité équivalente $\bar{S}_{F,E} x_E = \sigma$ où $\bar{S}_{F,F}$ est une matrice identité. On peut ajouter des multiples des lignes de cette égalité à l'égalité $\alpha_E x_E = \beta$ de telle façon que $\forall e \in F$, $\alpha_e = 0$. Cette dernière égalité se réécrit donc (en renommant α_E et β les nouvelles valeurs de α_E et de β) :

$$0_F x_F + \alpha_{E \setminus F} x_{E \setminus F} = \beta.$$

Considérons les deux cycles hamiltoniens de K_n partageant la même chaîne entre le sommet 3 et le sommet i, et respectivement les arêtes :

$$\{3, 1\}, \{1, 2\}, \{2, i\} \ et \ \{3, 2\}, \{2, 1\}, \{1, i\}.$$

Les vecteurs caractéristiques de ces deux CH satisfont cette égalité. Écrivons l'égalité des premiers membres de cette égalité pour ces deux vecteurs, sans prendre en compte la valeur sur les chaînes communes. On a :

$$\alpha_{\{3,1\}} + \alpha_{\{1,2\}} + \alpha_{\{2,i\}} = \alpha_{\{3,2\}} + \alpha_{\{2,1\}} + \alpha_{\{1,i\}}.$$

Compte tenu des valeurs des α, on en déduit $\alpha_{\{2,i\}} = 0$. On recommence en faisant jouer aux sommets $1, 2, i, j$ les rôles respectifs des sommets $3, 1, 2, i$, et par le même raisonnement on obtient $\alpha_{\{i,j\}} = 0$. On a donc aussi $\beta = 0$. Il n'y a donc pas de sous-variété propre à celle définie par $S_{X,E} x_E = 2$. $\square$

On sait donc que notre polyèdre va satisfaire aux conditions du système suivant :

$$\begin{cases} S_{X,E} x_E = 2, \\ 0 \leq x_E. \end{cases} \tag{9.6}$$

Le polyèdre défini par ces inégalités a tous ses sommets entiers. En fait les matrices de base se décomposent en blocs de déterminant ± 2.

Lorsque l'on rajoute la condition $x_E \leq 1$, les solutions réalisables de base ne sont plus entières, le facteur $1/2$ (inverse des sous-déterminants) intervient. On doit ajouter des inégalités analogues à celles du polyèdre du couplage pour obtenir les *2-facteurs* comme solutions. Un 2-facteur est une collection de cycles élémentaires recouvrant tous les sommets.

Décrivons à présent une première classe d'inégalités satisfaite par les cycles hamiltoniens :

$$\forall Y,\ \emptyset \subsetneq Y \subsetneq X,\quad \sum_{e \in E(Y)} x_e \leq |Y| - 1, \tag{9.7}$$

ces inégalités expriment simplement que les sous-graphes propres (induits par Y) d'une solution ne peuvent avoir un nombre d'arêtes égal à celui d'un cycle hamiltonien de ce sous-graphe. Ce sont les inégalités de *sous-tournées* (subtour elimination constraints).

Pour décrire la deuxième classe, considérons les ensembles, W_0, et $\forall i,\ 1 \leq i \leq p$, W_i, Y_i et Z_i, définis de la façon suivante :

$$\forall i,\ 0 \leq i \leq p,\ W_i \subset X,$$
$$\forall i, j,\ 1 \leq i < j \leq p,\ W_i \cap W_j \neq \emptyset,$$
$$\forall i,\ W_i \cap W_0 = Z_i \neq \emptyset,\ W_i \setminus Z_i = Y_i,$$
$$Y_i = W_i \setminus \{z_i\}.$$

Des égalités (9.6) sommées sur les lignes indicées par W_0, on déduit l'inégalité suivante :

$$\sum_{e \in E(W_0)} 2x_e + \sum_{i=1}^{p} \sum_{e \in E(W_i) \setminus (E(Y_i) \cup E(Z_i))} x_e \leq 2|W_0|. \tag{9.8}$$

Pour $i > 0$, écrivons les inégalités (9.7) pour W_i, Y_i et Z_i :

$$\sum_{e \in E(W_i)} x_e \leq |W_i| - 1, \quad \sum_{e \in E(Y_i)} x_e \leq |Z_i| - 1.$$

En sommant les inégalités précédentes, on obtient :

$$2 \sum_{e \in E(W_0)} x_e + 2\sum_{i=1}^{p} \sum_{e \in E(W_i)} x_e \leq 2|W_0| + \sum_{i=1}^{p}(|W_i| + |Y_i| + |Z_i| - 3).$$

La division par deux de cette inégalité donne une inégalité valide dont le premier membre est entier. Comme $W_i = Y_i \cup Z_i$, lorsque p est impair la division par 2 du second membre nous donne l'inégalité suivante dans laquelle le second membre est arrondi à l'entier inférieur :

$$\sum_{e \in E(W_0)} x_e + \sum_{i=1}^{p} \sum_{e \in E(W_i)} x_e \leq |W_0| + \sum_{i=1}^{p}(|W_i| - 1) - \lceil p/2 \rceil.$$

Ces nouvelles inégalités, appelées peignes (comb en anglais), ont été introduites par Chvátal [7] dans le cas où $|Z_i| = 1$, puis généralisées sous cette forme par Grötschel et Padberg ([40], [41]).

9.4 Polyèdres et problèmes $\mathcal{NP}$-difficiles

On a déjà remarqué qu'un problème d'optimisation lié à un problème $\mathcal{NP}-complet$ est $\mathcal{NP}-difficile$ (voir la définition 3.11). Soit P un problème pour lequel on peut faire correspondre, comme pour les polyèdres combinatoires, à chaque solution le sommet d'un polyèdre $\boldsymbol{P}$, et inversement. On a l'équivalence entre les deux affirmations suivantes :
- le problème P a une solution,
- le polyèdre $\boldsymbol{P}$ est non-vide.

Supposons que le problème P soit $\mathcal{NP} - complet$; alors le problème d'optimisation d'une fonction linéaire sur le polyèdre $\boldsymbol{P}$ est $\mathcal{NP} - difficile$. Supposons de plus que l'on connaisse une description du polyèdre $\boldsymbol{P}$ au moyen d'inégalités telles que l'on sache reconnaître chacune d'entre elles au moyen d'un algorithme polynomial, et que, comme pour les problèmes combinatoires, on sache reconnaître les sommets de ce polyèdre au moyen d'un algorithme polynomial.

Proposition 9.3 *Le problème d'optimisation que l'on vient de décrire est alors $\mathcal{NP} - complet$.*

Preuve. Comme on l'a vu en considérant une base optimale du problème d'optimisation, et en ne considérant que la partie de celle-ci hors variables d'écart, il suffit de connaître $|C|$ inégalités satisfaites à l'égalité en le sommet optimal pour prouver l'optimalité de celui-ci. Comme on sait polynomialement vérifier que les inégalités proposées sont bien des inégalités valides du polyèdre $\boldsymbol{P}$, et que l'on sait polynomialement vérifier que le sommet proposé est bien un sommet du polyèdre $\boldsymbol{P}$, il ne reste qu'à vérifier les conditions d'optimalité, ce qui se fait polynomialement en résolvant un système linéaire à gauche.

Notons que, pour les polyèdres combinatoires, la vérification qu'un point est sommet du polyèdre se fait (dans tous les cas connus) au moyen d'un algorithme polynomial (cycle hamiltonien, stable...). En revanche la vérification qu'un point **n'appartient pas** au polyèdre est un problème $co\mathcal{NP}$ comme on le verra au chapitre 15.

10 Les méthodes intérieures

Dans ce chapitre nous allons décrire deux algorithmes qui permettent, lorsqu'un polyèdre P a un intérieur non-vide, de trouver un point de ce polyèdre. Sur un plan historique la première des deux méthodes a permis de résoudre, au moyen d'un algorithme polynomial, une classe de programmes linéaires comprenant les programmes linéaires dont la matrice des contraintes est totalement unimodulaire ([60], [61], [62]). La seconde [50] résout le cas général.

10.1 Résolution d'inégalités par projection

Au début des années 50, un algorithme de résolution de système d'inégalités apparaît simultanément, dans deux articles de différents chercheurs du même institut ([1], [69]).
Soit P un polyèdre et x^i un point. Lorsque $x^i \notin P$, on construit x^{i+1} de la façon suivante :
Appelons $D_l = \{z_C \in \mathbb{R}^C, A_{l,C}z_C \leq b_l\}$, et soit D_j un demi-espace tel que $x^i \notin D_j$. Appelons H_j le plan définissant D_j. Appelons y^i la projection orthogonale de x^i sur H_j. On pose :

$$x^{i+1} = x^i + \alpha(y^i - x^i).$$

Ces auteurs démontrent le théorème suivant :

Théorème 10.1 *Lorsque l'on choisit comme plan H_j celui qui maximise la longueur du vecteur $y^i - x^i$, alors, pour tout α tel que $0 \leq \alpha < 1$, la suite des x^i converge vers un point du polyèdre P.*

Nous ne donnerons pas de preuve de ce théorème, mais celle d'une variante finie de ce résultat. Dans le cadre de cet ouvrage nous nous intéressons aux algorithmes finis, et si possible polynomiaux. La *convergence* de cet énoncé peut être infinie... C'est déjà le cas lorsque le polyèdre est dans $\mathbb{R}$, réduit à un point défini par deux inégalités.

En 1954 la notion de complexité des algorithmes n'est pas encore dégagée. Les polyèdres sur lesquels les auteurs travaillent sont des polyèdres quelconques de $\mathbb{R}^C$ qui ne sont pas *représentés*, c'est à dire qu'on ne s'intéresse ni à leur description, ni à la *longueur d'écriture au moyen d'un alphabet fini* de ces polyèdres. Cet algorithme, moyennant l'observation du théorème 8.8, recèle cependant un procédé constructif fini, et, dans certains cas, polynomial. C'est ce que nous avons observé en ([60], [61], [62]). Supposons que le polyèdre P contienne un point $\bar{x}$ à une distance supérieure ou égale à ϵ de tous ses plans H_j. Notons $\|y^i - x^i\|_2$ la norme euclidienne du vecteur joignant les points x^i et y^i. Remplaçons la construction précédente par :

$$x^{i+1} = y^i + \epsilon(y^i - x^i)/\|y^i - x^i\|_2.$$

Soit M une borne supérieure de la distance entre x_0, l'origine par exemple, et $\bar{x}$. Appelons d_i la distance entre x^i et $\bar{x}$. Dans ces conditions, on a :

Remarque 10.1 *À chaque itération, cette distance d_i décroît au moins de* $\epsilon^2/2M$.

Sur la figure 10.1, dans le triangle $(\bar{x}, x^i, x^{i+1})$, le théorème de Pythagore donne :

$$d_i^2 = (\epsilon + a)^2 + d_{i+1}^2 - 2d_{i+1}a\cos(\bar{x}, x^{i+1}, x^i).$$

Ce dernier angle $\bar{x}, \widehat{x^{i+1}, x^i}$ est obtus et donc :

$$d_i^2 - d_{i+1}^2 \geq (\epsilon + a)^2 \geq \epsilon^2,$$

et donc comme $M \geq d_i$ et $M \geq d_{i+1}$ on a :

$$d_i - d_{i+1} \geq (\epsilon + a)^2/2M.$$

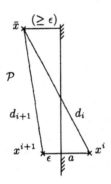

Fig. 10.1 – Une projection

Une conséquence est la suivante :

Remarque 10.2 *Lorsque le polyèdre P possède un tel point $\bar{x}$, en au plus* $2M^2/\epsilon^2$ *applications de la construction précédente on obtient un point de P, et donc une solution de notre système d'inégalités définissant P.*

Soit S un système fini d'inégalités. Par le théorème (8.8) on peut transformer ce système en un système S_ϵ.

1. Ou bien cet algorithme nous donne une solution de S_ϵ, et donc, par la construction (polynomiale) de la démonstration de (8.8), une solution de S ;

2. Ou bien, au bout de $2M^2/\epsilon^2$ itérations, on peut affirmer que S n'a pas de solution.

On illustre cette construction sur la figure 10.2. Lorsque à la fois M et ϵ sont de **valeur** polynomiale, l'algorithme décrit précédemment est polynomial. On peut toutefois relâcher la condition M de valeur polynomiale [62] par des techniques de *mise à l'échelle* (scaling) du type de celles décrites dans [21].

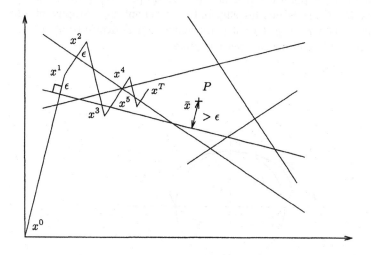

Fig. 10.2 – Solution par projections

10.2 Ellipsoïdes circonscrits à un demi-ellipsoïde

Un ellipsoïde E est défini par le couple $(M, \bar{x})$ où M est une matrice définie positive et $\bar{x}$ est son centre. Lorsque E est ramené à ses axes, M est une matrice diagonale et on a :

$$E = \{x_C, \sum_{i \in C} \frac{x_i^2}{M_{i,i}} \leq 1\}.$$

Dans le cas général on a :

$$E = \{x_C, \,^t(x_C - \bar{x}_C)M_{C,C}^{-1}(x_C - \bar{x}_C) \le 1\}.$$

10.2.1 Petit ellipsoïde contenant une demi-sphère

Le cas général est bien illustré dans le plan. Dans ce cas l'ellipsoïde est une ellipse. Comme pour les ellipses, projection de cercles, les ellipsoïdes peuvent être obtenus par projection de sphères. De plus les projections respectent les rapports des volumes.

La dimension $n = 2$ Soit E_2 le demi-ellipsoïde intersection de E, le cercle de centre $\bar{x}$ et de rayon 1, et du demi-espace D_j défini par le plan H_j passant par son centre. Sur la figure 10.3, il s'agit du demi-disque supérieur contenu dans l'ellipse. Soit y le point de tangence de E et du plan H_j', parallèle à H_j, contenu dans D_j. Considérons les ellipsoïdes contenant E_2, s'appuyant sur $E \cap H_j$ et tangents à E en y. Ils ont leurs centres sur la droite (c, y). Parmi ceux-ci, appelons E' celui de plus petit volume.

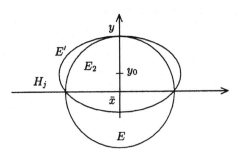

Fig. 10.3 – Construction du nouvel ellipsoïde

Sur cette figure 10.3 le plan H_j est défini par $y = 0$ (l'axe des y est l'axe vertical). En dimension 2, calculons la position $(0, y_0)$ du centre de cette nouvelle ellipse de grand axe a et de petit axe b. L'équation de cette ellipse est :

$$\frac{x^2}{a^2} + \frac{(y - y_0)^2}{b^2} \le 1.$$

Elle passe par le point $(0, 1)$ (y) et donc $(1 - y_0)^2 = b^2$, $(1 - y_0) = b$.
Elle passe par le point $(1, 0)$ et donc $a^2 = \frac{b^2}{b^2 - y_0^2}$, $a = \frac{1 - y_0}{\sqrt{1 - 2y_0}}$.

Il nous faut donc minimiser $ab = \frac{(1-y_0)^2}{\sqrt{1-2y_0}}$, qui est minimum pour $y_0 = \frac{1}{3}$. On a alors $a = \frac{2}{\sqrt{3}}$, $b = \frac{2}{3}$. Le quotient entre l'aire de l'ellipse construite et celle du cercle est donc de $\frac{4}{3\sqrt{3}}$. La surface de la nouvelle ellipse décroît donc d'un facteur constant à chaque nouvelle construction.

Cas général Appelons z la coordonnée verticale, la position du centre du nouvel ellipsoïde sera $(0,\ldots,0,z_0)$, les grands axes auront tous, par symétrie, une longueur a et le petit axe la longueur b. L'équation de cet ellipsoïde est donc :

$$\sum_{i-1}^{n-1} \frac{x_i^2}{a^2} + \frac{(z-z_0)^2}{b^2} \leq 1.$$

Il passe par le point $(0,\ldots,0,1)$ et donc $(1-z_0)^2 = b^2$, $(1-z_0) = b$.
Il passe par le point $(1,0,\ldots,0,0)$ et donc $a^2 = \frac{b^2}{b^2-z_0^2}$, $a = \frac{1-z_0}{\sqrt{1-2z_0}}$.
Il nous faut donc minimiser son volume qui est proportionnel à $a^{n-1}b$:

$$a^{n-1}b = \frac{(1-z_0)^n}{\sqrt{(1-2z_0)^{n-1}}},$$

le numérateur de la dérivée en z_0 est :

$$(1-2z_0)^{n-1}(1-z_0)^{n-1}((n+1)z_0 - 1).$$

Le centre de cet ellipsoïde est donc au point $(0,\ldots,0,1/n+1)$, le petit axe vaut $b = n/n+1$, le grand axe $a = \sqrt{\frac{n^2}{n^2-1}}$.
Appelons ρ est le rapport des volumes du nouvel ellipsoïde et de celui de la sphère de rayon 1.

Remarque 10.3 *Les calculs qui suivent donnent une valeur approchée par défaut de ρ^n de façon à pouvoir assurer une décroissance exponentielle du volume de l'ellipsoïde courant.*

Ce rapport ρ vaut :

$$\rho = (\sqrt{\frac{n^2}{n^2-1}})^{n-1} \frac{n}{n+1}.$$

Estimons le nombre ρ^n pour n *grand* :

$$\rho^n = (\sqrt{\frac{n^2}{n^2-1}})^{n^2-n} \times (\frac{n}{n+1})^n < (\sqrt{\frac{n^2}{n^2-1}})^{n^2-1} \times (\frac{n}{n+1})^n.$$

Comme pour tout $p < n$, $(1+\frac{1}{p})^p < (1+\frac{1}{n})^n < e = 1 + \frac{1}{1!} + \frac{1}{2!} + \ldots + \frac{1}{i!} + \ldots$, on a :

$$\rho^n < \sqrt{e}(\frac{n}{n+1})^n < \sqrt{2,72}(\frac{n}{n+1})^n < 1,65(\frac{n}{n+1})^n.$$

Pour $n \geq 9$, $(\frac{n}{n+1})^n = 1/(\frac{n+1}{n})^n < 1/(\frac{10}{9})^9 < 0,4$. On a donc :

$$\rho^n < 0,66,$$

et donc :

$$\rho^{2n} < \frac{1}{2}.$$

En termes d'approximations asymptotiques, $(\frac{n-1}{n})^n \approx e$, et donc :

$$\rho^n \leq 1/\sqrt{e},$$

le terme en racine carrée est à nouveau sensiblement égal à e. On a donc :

$$\rho^n \leq 1/e \approx 0,60.$$

Remarque 10.4 *En termes d'approximations asymptotiques, si v est le volume de E, v' celui de l'ellipsoïde E' de la famille précédente contenant donc E_2 et de plus petit volume, on a :*

$$v/v' \approx 1 + 1/2n.$$

Soit v_{2n} le volume de l'ellipsoïde obtenu après $2n$ itérations ; on a :

$$v/v_{2n} \approx e \ (2,718281828\ldots).$$

10.2.2 Petit ellipsoïde contenant un demi-ellipsoïde

Ellipsoïdes

Définition 10.1 *Une matrice symétrique définie positive, est une matrice telle que : pour tout $x_C \neq 0$, on a $^t x_C A_{C,C}^{-1} x_C > 0$. C'est donc (cf 2.5) une matrice symétrique réelle dont toutes les valeurs propres sont positives.*

Remarque 10.5 *L'inverse d'une matrice symétrique définie positive est une matrice symétrique définie positive. La racine carrée d'une telle matrice existe donc et est aussi symétrique définie positive.*

Soit $A_{C,C}$ une matrice symétrique définie positive, et E l'ellipsoïde (centré sur l'origine) défini par $A_{C,C}$:

$$E = \{x_C \in \mathbb{R}^C, \ ^t x_C A_{C,C}^{-1} x_C \leq 1\}.$$

Pour simplifier l'écriture, nous allons abandonner provisoirement nos notations fonctionnelles des matrices et quelquefois des vecteurs. Il est vrai que l'on pourrait nommer (au moyen d'un ensemble C') l'ensemble des lignes de la matrice diagonalisée de $A_{C,C}$. L'interprétation des éléments de C' est cependant moins porteuse de sens que celle de ceux de C, la construction finale étant cependant dans $\mathbb{R}^C$. On posera $n = |C|$.

Une décomposition utile

Considérons le vecteur y défini par l'expression suivante :

$$y = \frac{1}{\sqrt{hA\,^th}} A\,^th.$$

Soit H le plan (contenant l'origine) défini par $hx = 0$.

Remarque 10.6 *Le vecteur y n'est pas dans le plan H.*

Preuve. En effet $hA\,^th > 0$. Il suffit d'imaginer le vecteur h représenté sur la base orthonormée diagonalisant A. Comme toutes les valeurs propres de A sont positives, ce produit l'est aussi.

En conséquence tout point x de $\mathbb{R}^n$ peut s'écrire (de façon unique) sous la forme $x = \alpha y + z$ avec $z \in H$.

Remarque 10.7 *Considérons le produit $^t(\alpha y + z)A^{-1}(\alpha y + z)$. On a :*

$$^t(\alpha y + z)A^{-1}(\alpha y + z) = \alpha\,^tyA^{-1}\alpha y + \,^tzA^{-1}z.$$

Preuve. Écrivons par exemple le produit croisé :

$$^tyA^{-1}z.$$

À un coefficient β près, et comme z est dans H, on a :

$$^tyA^{-1}z = \beta^t hAA^{-1}z = \beta^t hz = 0.$$

Il en est de même pour $^tzA^{-1}y$.

Remarque 10.8 *De façon analogue, utilisant $hz = 0$, on a :*

$$^t(\alpha y + z)^t hh(\alpha y + z) = \alpha^t y\,^thh\alpha y.$$

Propriétés des ellipsoïdes

Proposition 10.1 *Soit $y = \frac{1}{\sqrt{hA\,^th}}A\,^th$; le plan $H' = \{x \in \mathbb{R}^n,\ hx = hy\}$ est tangent à E au point y.*

Preuve. Soit $\hat{x}$ un point de H', et $\hat{x} = y + z$ avec $hz = 0$. Montrons que $\hat{x}$ n'appartient pas à E. Montrons donc que :

$$^t(y + z)A^{-1}(y + z) > 1.$$

La remarque 10.7 nous permet d'écrire :

$$^t(y + z)A^{-1}(y + z) = \,^tyA^{-1}y + \,^tzA^{-1}z.$$

Le premier de ces deux termes est égal à 1, et le deuxième est positif. Le point $\hat{x}$ n'appartient donc pas à E.

À partir de E, pour un certain plan H_s, construisons le nouvel ellipsoïde :

$$E' = \{x \in \mathbb{R}^n, \; {}^t(x - x'^0)A'^{-1}(x - x'^0) \leq 1\}.$$

Décrivons A' et x'_0 en fonction de A, x_0 et du plan $H_s = \{x \in \mathbb{R}^n, h_s x = b_s\}$. Comme précédemment, définissons :

$$y = \frac{1}{\sqrt{h_s A \, {}^t h_s}} A \, {}^t h_s.$$

Rappelons que l'on considère le demi-espace :

$$D_s = \{x \in \mathbb{R}^n, \; h_s x \leq b_s\}.$$

Le centre du nouvel ellipsoïde est :

$$x'_0 = x_0 - \frac{1}{n+1} y.$$

La nouvelle matrice A' est :

$$A' = \frac{n^2}{n^2 - 1}\left(A - \frac{2}{n+1} y \, {}^t y\right).$$

Il nous faut montrer maintenant que ce nouvel ellipsoïde $E' = (A', x'_0)$ contient le demi-ellipsoïde, moitié inférieure de E coupé par le plan parallèle à H_s et passant par x_0. Pour simplifier l'écriture, et sans perdre en généralité, considérons E centré sur l'origine ($x_0 = 0$). Écrivons simplement h le vecteur ligne h_s, transposé du vecteur directeur du plan H. On a :

$$A' = \frac{n^2}{n^2 - 1}\left(A - \frac{2}{n+1} \frac{A \, {}^t h h A}{h A \, {}^t h}\right).$$

Remarque 10.9 *L'inverse de A' est :*

$$A'^{-1} = \frac{n^2 - 1}{n^2}\left(A^{-1} + \frac{2}{n-1} \frac{{}^t h h}{h A \, {}^t h}\right).$$

Pour s'en convaincre, il suffit de vérifier que le produit $A' A'^{-1}$ est bien la matrice identité.

Proposition 10.2 *Les ellipsoïdes E et E' ont les mêmes intersections avec le plan $h_s x = 0$.*

Preuve. Soit

$$E_0 = \{x \in \mathbb{R}^n, \; hx = 0, \; \text{et}, \; {}^t x A^{-1} x = 1\},$$

$$E'_0 = \{x \in \mathbb{R}^n, hx = 0, \; \text{et}, \; {}^t(x - x'_0)A'^{-1}(x - x_0) = 1\}.$$

Soit $x \in E_0$, on a :

$$^t(x - x_0')A'^{-1}(x - x_0') = {}^txA'^{-1}x - 2\,{}^txA'^{-1}x_0' + {}^tx_0'A'^{-1}x_0'.$$

Comme $x \in E_0$, et en particulier $hx = 0$, on a :

$$^txA'^{-1}x = \frac{n^2 - 1}{n^2}\,{}^txA^{-1}x = \frac{n^2 - 1}{n^2}.$$

Comme, de plus, $x_0' = \frac{1}{n+1}\frac{Ah}{\sqrt{hA\,{}^th}}$, ${}^txA^{-1}x_0' = 0$, car $h^tx = 0$, on a :

$$-2\,{}^txA'^{-1}x_0' = 0.$$

Il reste donc à calculer ${}^tx_0'A'^{-1}x_0'$.

$$^tx_0'A'^{-1}x_0' = \frac{n^2 - 1}{n^2}\left({}^tx_0'A^{-1}x_0' + \frac{2}{n-1}\frac{{}^tx_0'\,{}^thhx_0'}{\sqrt{hA\,{}^th}}\right).$$

Le premier des deux termes entre parenthèses vaut :

$$\frac{1}{(n+1)^2}\frac{hA\,{}^thhA\,{}^th}{\sqrt{hA\,{}^th}^2 hA\,{}^th} = \frac{2}{(n-1)}\frac{1}{(n+1)^2}.$$

Le second vaut :

$$\frac{2}{n-1}\frac{1}{(n+1)^2}\frac{hAA^{-1}A\,{}^th}{\sqrt{hA\,{}^th}^2} = \frac{1}{(n+1)^2}.$$

La valeur de ${}^tx_0'A'^{-1}x_0'$ est donc :

$$\frac{n^2 - 1}{n^2}\frac{1}{(n+1)^2}(1 + \frac{2}{n-1}) = \frac{n^2 - 1}{n^2}\frac{1}{n^2 - 1} = \frac{1}{n^2}.$$

On a donc :

$$^t(x - x_0')A'^{-1}(x - x_0) = \frac{n^2 - 1}{n^2}(\frac{1}{n^2 - 1} + 1) = 1,$$

ce qui démontre la proposition.

Proposition 10.3 *Le plan défini par* $hx = -\frac{hA\,{}^th}{\sqrt{hA\,{}^th}}$ *est tangent à* E_0' *au point* $-\frac{A\,{}^th}{\sqrt{hA\,{}^th}}$.

Preuve. Écrivons, comme précédemment, un point de ce plan sous la forme $y + z$ avec $y = -\frac{A\,{}^th}{\sqrt{hA\,{}^th}}$ et z tel que $hz = 0$. Par définition de x_0' on a :

$$y - x_0' = \frac{n}{n+1}y = -\frac{n}{n+1}\frac{A\,{}^th}{\sqrt{hA\,{}^th}}.$$

Montrons que $^t(y + z - x_0')A'^{-1}(y + z - x_0') \geq 1$. Décomposons, comme précédemment ce produit en deux termes :

$$\frac{n^2 - 1}{n^2} \, ^t(\frac{n}{n+1}y + z)A^{-1}(\frac{n}{n+1}y + z),$$

et :

$$\frac{n^2 - 1}{n^2} \, ^t(\frac{n}{n+1}y + z)\frac{2}{n-1}\frac{^thh}{hA\,^th}(\frac{n}{n+1}y + z).$$

Par la remarque 10.7, le premier de ces termes vaut :

$$\frac{n^2 - 1}{n^2}\left(\frac{n}{n+1}\,^tyA^{-1}\frac{n}{n+1}y + \,^tzA^{-1}z\right),$$

soit encore (y est sur la frontière de E, $^tyAy = 1$) :

$$\frac{n^2 - 1}{n^2}\left(\frac{n}{n+1}\right)^2\left(1 + \,^tzA^{-1}z\right).$$

Utilisant la remarque 10.8, le deuxième terme vaut :

$$\frac{n^2 - 1}{n^2}\frac{2}{n-1}\left(\frac{n}{n+1}\right)^2\frac{1}{\sqrt{hA\,^th}^2}\frac{hA\,^thhA\,^th}{hA\,^th}.$$

Soit, après simplifications :

$$\frac{n^2 - 1}{n^2}\left(\frac{n}{n+1}\right)^2\frac{2}{n-1}.$$

On regroupe ces deux termes pour obtenir le résultat attendu :

$$\frac{n^2 - 1}{n^2}\left(\left(\frac{n}{n+1}\right)^2(1 + \frac{2}{n-1}) + \,^tzA^{-1}z\right) = 1 + \frac{n^2 - 1}{n^2}\,^tzA^{-1}z \geq 1.$$

(> 1 si $z \neq 0$, $= 1$ si $z = 0$) □

Considérons à présent un point $\hat{x}$ à la surface de E et tel que $h\hat{x} \leq 0$.

Proposition 10.4 *Le point $\hat{x}$ appartient à l'ellipsoïde E'.*

Preuve. Comme nous l'avons déjà fait, écrivons $\hat{x} = \alpha y + z$ avec $hz = 0$. Exprimons que ce point est sur E. On a :

$$\alpha^2 + \,^tzA^{-1}z = 1.$$

Montrons que :

$$^t(\alpha y + z - x_0')A'^{-1}(\alpha y + z - x_0') \leq 1.$$

Comme $x'_0 = \frac{1}{n+1}y$, posons $\beta = \alpha - \frac{1}{n+1}$. Il faut vérifier :

$$^t(\beta y + z)A'^{-1}(\beta y + z) \leq 1.$$

Le membre de gauche vaut :

$$\frac{n^2 - 1}{n^2}\left(\beta^2(1 + \frac{2}{n-1}) + {}^t z A^{-1} z\right).$$

Soit en remplaçant β et ${}^t z A^{-1} z$ par leur valeur en fonction de α, et en simplifiant :

$$\frac{n^2 - 1}{n^2}\left(\left(\alpha^2 - \frac{2\alpha}{n+1} + \frac{1}{(n+1)^2}\right)\frac{n+1}{n-1} + 1 - \alpha^2\right).$$

Soit encore :

$$\frac{n^2 - 1}{n^2}\left(\frac{2\alpha(\alpha - 1)}{n-1} + \frac{n^2}{n^2 - 1}\right).$$

Comme $\alpha \leq 1$, cette quantité est inférieure ou égale à 1.

Proposition 10.5 *Dans cette construction de E' à partir de E le rapport des volumes $vol(E')/vol(E)$ est celui que nous avons calculé dans la partie 10.2.1, soit approximativement $\sqrt[2n]{e}$.*

Preuve. A étant symétrique est diagonalisable. On peut, par une transformation orthonormale de l'espace, ramener la représentation de l'ellipsoïde E à ses axes. Par translation, on peut le centrer (ce qui ne change pas la matrice, mais seulement le **centre** de E). Par homothétie (positive) on peut le transformer en sphère. Enfin, par rotation, une transformation orthonormale, on peut transformer le plan $H = \{x, hx = 0\}$ en $H' = \{x, z = 0\}$, avec ici $h = (0, \ldots, 0, 1)$, la forme linéaire utilisée dans la construction du paragraphe 10.2.1. Toutes ces transformations respectent les rapports des volumes. Il nous faut cependant vérifier que :

Remarque 10.10 *Dans le cas où l'ellipsoïde de départ est une sphère centrée sur l'origine, et où le plan H est défini par $z = 0$, les deux constructions coïncident.*

On a vu page 138 que le centre de cet ellipsoïde est au point $(0, \ldots, 0, 1/n+1)$. Le petit axe vaut $b = n/n+1$, le grand axe $a = \sqrt{\frac{n^2}{n^2-1}}$. Montrons que lorsque A est la matrice identité I, et $h = (0, \ldots, 0, 1)$, la matrice :

$$A' = \frac{n^2}{n^2 - 1}\left(I - \frac{2}{n+1}\frac{A\,{}^t h h A}{\sqrt{hA\,{}^t h}}\right),$$

est la matrice diagonale de l'ellipsoïde précédent. La matrice ${}^t h h$ est la matrice diagonale dont le seul terme non-nul est ${}^t h h_{n,n} = 1$. On a de plus $\sqrt{hA\,{}^t h} = 1$. Les $n - 1$ premiers éléments diagonaux de A' valent donc :

$$\frac{n^2}{n^2 - 1},$$

qui est bien le carré de la longueur des grands axes a. Le dernier élément vaut $\frac{n^2}{(n+1)^2}$ dont la racine carrée mesure la longueur du petit axe b. La position du nouveau centre x_0' est bien la même dans les deux cas. □

Remarque 10.11 *On vient de démontrer que la construction de A' à partir de la matrice définie positive A produit une matrice définie positive A'.*

Preuve. En effet, dans ces constructions successives seule l'homothétie positive change les valeurs propres. Elle les change, mais les laisse positives.

10.2.3 Algorithme de Khachiyan

Pour ne pas risquer de confusion entre la notation de la transposition des vecteurs ou des matrices et l'itération courante, nous noterons $^t A$ la transposée de A notant l'itération courante au moyen de l'indice, ou de l'exposant **k**.

Soit $P = \bigcap_{l \in L} D_l$ un polyèdre borné contenu dans l'ellipsoïde de centre x^k :

$$E_k = \{x \in \mathbb{R}^n,\, {}^t(x - x^k)(A^k)^{-1}(x - x^k) \leq 1\}.$$

De deux choses l'une ,
- ou bien, le point x_k appartient à chacun des D_l, et donc à P,
- ou bien, il existe un s tel que $x_k \notin D_s$.

Dans ce dernier cas, on construit le nouvel ellipsoïde :

$$E_{k+1} = \{x \in \mathbb{R}^n,\, {}^t(x - x^{k+1})(A^{k+1})^{-1}(x - x^{k+1}) \leq 1.$$

On rappelle l'expression du vecteur y (le plan parallèle à H passant par le translaté de valeur y du centre x^k est tangent aux ellipsoïdes E_k et E_{k+1}) :

$$y = \frac{-1}{\sqrt{hA^k\,{}^th}} A^k\,{}^th$$

La matrice A^{k+1} est la matrice que nous avons décrite :

$$A^{k+1} = \frac{n^2}{n^2 - 1}\left(A^k - \frac{2}{n+1}\frac{y\,{}^ty}{hA^k\,{}^th}\right).$$

De même le centre x^{k+1} se déduit de x^k et de y par l'expression :

$$x^{k+1} = x^k + \frac{1}{n+1}y.$$

On voit que le centre x^k de l'ellipsoïde courant E_k joue ici le rôle du point courant. Lorsque ce point n'appartient pas à P, il y a (au moins) un demi espace D_s qui nous permet d'effectuer la construction de E_{k+1}. Cette construction est illustrée sur la figure 10.4.

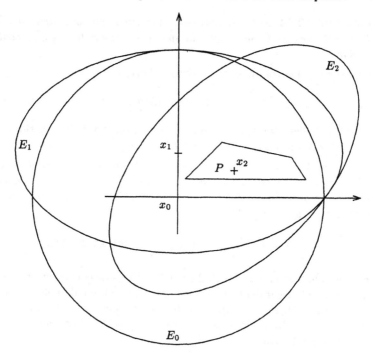

Fig. 10.4 – Résolution par suite d'ellipsoïdes

Remarque 10.12 *Lorsque le polyèdre P est à intérieur non-vide, la construction précédente, effectuée en précision parfaite, se termine en temps fini avec le centre $x^k \in P$.*

10.2.4 Cas où P est quelconque, complexité

Soit P le polyèdre donné par :

$$P = \{x \in \mathbb{Q}^C, H_{L,C}x \le b_L\}.$$

Appelons $M = \max_{l \in L, c \in C}(H_{l,c}, b_l)$, et $n = |C|$. On a vu dans la remarque (8.19) qu'en posant $\delta = n^{n/2}M^n$ et $\epsilon = \frac{1}{3n\delta^2}$, les deux polyèdres P et

$$P^\epsilon = \{x \in \mathbb{Q}^C, H_{L,C}x \le b_L + \epsilon\},$$

étaient vides ou non-vides simultanément.

Remarque 10.13 *Si P est non-vide, alors P^ϵ contient une sphère de rayon $\frac{\epsilon}{M\sqrt{m}}$ par exemple celle centrée en n'importe quel point de P.*

On sait de plus :

Remarque 10.14 *Si P est non-vide, il contient un point extrême. Tous les points extrêmes de P sont dans la sphère de rayon $R = \delta\sqrt{m}$ centrée sur l'origine.*

Le quotient q des volumes de ces deux sphères est :

$$q = 3(n)nM\delta^3.$$

Dans un premier temps, on cherche donc, au moyen de l'algorithme de Khachiyan 10.2.3, un point du polyèdre P^ϵ.

Théorème 10.2 *En menant tous les calculs en précision totale, en partant de la sphère de rayon $\delta\sqrt{m}$ centrée sur l'origine, et en $2n\log_2 q$ étapes de l'algorithme précédent 10.2.3, on trouve, si P est non-vide, un point de P^ϵ. Ce nombre T d'étapes est :*

$$T = 6n^2(\log_2 M + \log_2 \frac{n}{2}) + 2n(\log_2 3n^2 M).$$

Preuve. On a vu en section 10.2.1 que $2n$ étapes de constructions de A^{k+1} en fonction de A^k assuraient une décroissance du volume de l'ellipsoïde courant d'un facteur $1/2$. $T + 1$ étapes conduiraient donc à un ellipsoïde de volume plus petit que celui de la sphère de rayon $\frac{\epsilon}{M\sqrt{n}}$. Si P contient un point, P^ϵ contient une telle sphère. ∣

En conséquence on a :

Corollaire 10.1 *Si au bout de T étapes de constructions de A^{k+1} en fonction de A^k on n'a pas trouvé de point de P^ϵ, alors le polyèdre P est vide.*

Si on peut lever la contrainte de la précision totale, et la remplacer par une précision polynomiale, on aura un algorithme polynomial pour décider si le polyèdre P est vide ou non. De plus dans le cas où P n'est pas vide, cet algorithme nous donnera un point de P^ϵ.

10.2.5 Algorithme de Khachiyan en précision polynomiale

Pour être assuré que si P^ϵ est non-vide, notre algorithme trouvera un point dans P^ϵ, nous allons choisir $\epsilon' = \frac{\epsilon}{10}$ et considérer le polyèdre $P^{\epsilon'}$.
Ce polyèdre est **centré** dans P^ϵ. Les translatés de $P^{\epsilon'}$ de moins de $\frac{9\epsilon}{10}$ sont tous contenus dans P^ϵ. Des erreurs d'arrondi inférieures à cette valeur nous garantiront l'appartenance du centre de l'ellipsoïde courant à l'un de ces translatés, et donc à P^ϵ. Nous allons limiter les diverses erreurs d'arrondi pour atteindre cet objectif.
Dans la section 5.5, on a déjà borné le cumul des erreurs d'arrondi. Appelons v le maximum des valeurs de n et $\log_2 M$. On a :

$$\epsilon = \frac{1}{3v^{v+1}2^{2v^2}},$$

et aussi :

$$\log_2 q = 3v^2 + \frac{3v}{2} \log_2 v + v + \log_2 3 < 4v^2.$$

Dans ce contexte, le nombre d'étapes est donc inférieur ou égal à T', avec :

$$T \le T' = 2v \log_2 q < 8v^3.$$

Remarque 10.15 *Avec T' étapes, pour $v \ge 10$, si P est non-vide, on trouvera un point dans $P^{\epsilon'}$, avec $\epsilon' = \epsilon/10$.*

Il suffit de vérifier que la différence entre T' et T est supérieure alors à $16n$ (ou $16v$ si $n \ne v$). Recherchons une précision $\epsilon' = \frac{1}{30v^{v+1}2^{2v^2}}$. On veut donc que l'erreur cumulée durant les T' itérations soit inférieure à ϵ', et donc, si l'on appelle η la précision des calculs, comme l'erreur d'un calcul à une étape est inférieure à $\sqrt{v}\eta$ (section 5.5), on a :

$$8v^3\sqrt{v}\eta \le \frac{1}{30v^{v+1}2^{2v^2}}.$$

On a donc :

Proposition 10.6 *Les calculs menés avec une précision $\eta = \frac{1}{30v^{v+1}2^{2v^2}}$ assurent une erreur inférieure à ϵ'.*

Preuve. On effectue deux fois cette erreur dans une étape de l'algorithme. Une première fois lorsque l'on *arrondit* les coefficients de la nouvelle matrice $(A^{k+1})^{-1}$, une deuxième lorsque l'on *arrondit* le nouveau centre. L'erreur est donc à chaque étape inférieure à $64v^7$, et donc, pour $v \ge 8$, on a le résultat annoncé.

Remarque 10.16 *On n'a pas le droit de "gérer" indépendamment les matrices A^k, et $(A^k)^{-1}$. Dans la construction que nous venons de décrire, on suppose que l'on construit $(A^{k+1})^{-1}$ en fonction de $(A^k)^{-1}$ de la façon suivante :*

- *on calcule, polynomialement, l'inverse exacte A^k de notre matrice courante $(A^k)^{-1}$,*
- *on calcule alors $H_s A^k {}^t H_s$, toujours exactement, et toujours polynomialement,*
- *on calcule alors $(A^{k+1})^{-1} = \frac{n^2-1}{n^2}\left((A^k)^{-1} + \frac{2}{n-1}\frac{H_s {}^t H_s}{{}^t H_s A^k H_s}\right)$, toujours exactement, et toujours polynomialement,*
- *c'est alors que l'on tronque les nombres à la précision η.*

Appelons $\hat{T}$ le nombre d'étapes qui nous permet, en précision infinie, de conclure que $P^{\frac{\epsilon}{3}}$ n'a pas de point, alors que $\hat{T}+1$ le permettrait. Au bout de ce nombre d'étapes, l'erreur sur le centre de l'ellipsoïde courant est au plus de $\frac{\epsilon}{10}$.

Remarque 10.17 *Le centre $x^{\hat{T}}$ de l'ellipsoïde $E_{\hat{T}}$ ne peut pas être éloigné de plus de $\frac{\epsilon}{3}$ d'un point de $P^{\frac{\epsilon}{3}}$, sinon son volume serait le double de celui de* *la petite boule. Si le polyèdre P est non-vide, notre centre $x^{\hat{T}}$ n'est donc pas à une distance supérieure à $\frac{\epsilon}{3} + \frac{\epsilon}{3} + \frac{\epsilon}{10} < \epsilon$ de celui-ci. Au bout de $\hat{T}$ itérations, si P a un point, le centre approché $x^{\hat{T}}$ doit appartenir à P^ϵ.*

On vient donc de démontrer le résultat que l'on attendait :

Théorème 10.3 *Si P est non-vide, au bout de $\hat{T}$ étapes le centre $x^{\hat{T}}$ est dans P^ϵ. Inversement si le nombre d'étapes dépasse $\hat{T}$, alors P est vide.*

10.2.6 Toujours plus sur la (de) précision

Appelons R le rayon de la sphère initiale :

$$R = \sqrt{n} M^n n^{\frac{n}{2}},$$

et r celui de la sphère inscrite dans le polyèdre P :

$$r = \frac{\epsilon}{3} = \frac{1}{10 v^{v+1} 2^{2v^2}}.$$

Faisons ici une remarque modératrice :

Remarque 10.18 *Dans les calculs de complexité que nous venons de faire, nous n'avons pas prouvé que les différents $A_{i,j}$ et $A_{i,j}^{-1}$ avaient une valeur absolue dont la longueur d'écriture restait polynomiale. $A = {}^t F D F$ où F est une matrice dont les colonnes sont orthonormées, et où D est la matrice diagonale dont les éléments diagonaux sont les carrés des longueurs des axes de l'ellipsoïde correspondant. La valeur absolue de $A_{i,j}$ est donc inférieure au carré du plus grand axe, lui même inférieur à $\frac{R^{2n}}{r^{2(n-1)}}$. La partie entière de cette valeur absolue est donc de longueur d'écriture polynomiale.*

Preuve. Comme le volume de l'ellipsoïde courant diminue, le produit des axes diminue aussi. D'autre part la longueur du plus petit axe est plus grande que $\frac{\epsilon}{3}$. Les vecteur colonnes de F étant normés, la norme du produit de ce vecteur par D est plus petite que la plus grande valeur propre. Enfin, bien que grande, cette longueur reste polynomiale. $\square$

Dans les calculs proposés, on a implicitement admis qu'une précision de η sur A^{-1} assurait, en calcul exact de A, la même précision η sur A. On avait besoin de cette précision η sur A. Ce n'est pas tout à fait correct. Il nous faut calculer la précision sur A^{-1} qui assure la précision η sur A. Supposons donc que les éléments de A^{-1} sont calculés avec une précision $\zeta = 10^{-v}$, si l'on travaille en base 10, et calculons la précision induite sur A. Dans la pratique il sera préférable de travailler en base 2.

Remarque 10.19 *Le déterminant de A^{-1} est supérieur ou égal à $\frac{1}{R^{2n}}$. Un terme de A peut s'exprimer comme le quotient de deux déterminants. On vient de calculer une borne supérieure de la valeur absolue des éléments de A, la plus grande valeur propre. Pour A^{-1}, cette valeur étant l'inverse de la plus petite valeur propre de A, est donc inférieure à $\Gamma = \frac{2}{\epsilon}$. On peut donc borner l'erreur sur les éléments de A en fonction de ζ.*

Preuve. On va procéder en prenant en compte progressivement l'erreur commise. Posons tout d'abord $q = \lceil \log_{10} \Gamma^{n-1} \rceil + w$, $w > 0$. Supposons de plus que $n \leq \Gamma$. Appelons $\bar{A}_{i,j}^{-1}$, l'arrondi à la $q^{\text{ième}}$ décimale de $A_{i,j}$. Un déterminant est une somme de $n!$ monômes qui sont eux-mêmes des produits de n termes $A_{i,j}^{-1}$ calculés avec la précision $\zeta = 10^{-q}$. Calculons tout d'abord l'erreur sur un monôme :

$$\prod_{k=1}^{n} A_{i_k,j_k}^{-1} = \prod_{k=1}^{n} (\bar{A}_{i_k,j_k}^{-1} + \zeta_k), \ 0 \leq \zeta_k \leq \zeta.$$

Majorant chacun des $A_{i,j}^{-1}$ par Γ, et chacun des ζ_k par ζ, cette erreur est inférieure à :

$$\sum_{k=1}^{n} C_n^{n-k} \Gamma^{n-k} \zeta^k.$$

Pour $k \geq 2$, chacun des termes de cette somme est majoré par $\Gamma^{k-1} \zeta = 10^{-w}$. Cette somme est composée de moins de 2^n termes. Posons $w = \lceil \log_{10} 2^n \rceil + y$. L'erreur sur le calcul d'un monôme est donc majorée par 10^{-y}. On a donc :

$$\prod_{k=1}^{n} A_{i_k,j_k}^{-1} \leq 10^{-y}.$$

Posons à présent $y = \lceil \log_{10} n^n \rceil + z$. Une erreur de 10^{-y} sur un monôme conduit à une erreur sur $n!$ monômes inférieure à $n! 10^{-y} \leq n^n 10^{-y} \leq 10^{-z}$.

Erreur de division

Bornons l'erreur commise en effectuant le quotient de deux termes r et s pour lesquels on fait une erreur inférieure à ω. Estimons donc :

$$\left| \frac{r - \omega}{s - \omega} - \frac{r}{s} \right|.$$

Réécrivons cette quantité :

$$\left| \frac{r - \omega}{s - \omega} - \frac{r - \omega}{s} + \frac{r - \omega}{s} - \frac{r}{s} \right|,$$

et enfin :

$$\frac{\omega}{s} \left| \frac{r - \omega}{s - \omega} + 1 \right|.$$

Choisissons ω petit devant un minorant s' de s ainsi que devant un majorant de r' de r. Dans notre contexte $r' \leq \frac{1}{s'}$. On peut donc majorer cette dernière quantité par :

$$\frac{\omega}{s} \left| \frac{2r}{s} + 1 \right| < \frac{\omega}{s'} \left| \frac{3r'}{s'} \right|.$$

Comme $\frac{1}{r'} < \frac{1}{s'}$, l'erreur dans nos divisions est majorée par $\frac{\omega}{s'^3}$.

Remarque 10.20 *s′ est la valeur d'un déterminant minoré par $\frac{1}{R^{2n}}$. Le rayon R est lui-même, (théorème d'Hadamard (13.3)) de longueur d'écriture polynomiale. Posons $z = \lceil \log_{10} R^{6n} \rceil + t$. On vient de démontrer que lorsque l'on effectue les calculs de nos divisions avec une précision z, l'erreur absolue sur le résultat est inférieure à 10^{-t}.*

Il suffit alors de regrouper tous ces résultats pour borner la précision désirée. Choisissons donc $t = \lceil \log_{10} \frac{1}{\eta} \rceil + 1$. Rappelons que R est de longueur d'écriture polynomiale (remarque 10.14). On vient de démontrer :

Proposition 10.7 *Les calculs effectués avec une précision 10^{-q}, avec q défini par :*

$$q = \lceil \log_{10} \Gamma^{n-1} \rceil + w \lceil \log_{10} 2^n \rceil + \lceil \log_{10} n^n \rceil + \lceil \log_{10} R^{6n} \rceil + \lceil \log_{10} \frac{1}{\eta} \rceil + 1,$$

assurent une précision η sur les éléments de A. Cette précision reste donc polynomiale.

Faisons une dernière remarque :

Remarque 10.21 *L'arrondi ne change pas le fait que la matrice reste :*

1. *symétrique (on effectue cet arrondi de façon symétrique),*

2. *définie positive.*

Preuve. Soit A et B deux matrices symétriques réelles. Soient Λ_A, Λ_B leurs plus grandes valeurs propres, et soit Λ la plus grande valeur propre de $A + B$. On a : $\Lambda \leq \Lambda_A + \Lambda_B$. En effet :

$$\forall x, \|Ax\|_2 \leq \Lambda_A \|x\|_2, \|Bx\|_2 \leq \Lambda_B \|x\|_2,$$

et donc :

$$\|(A + B)x\|_2 \leq (\Lambda_A + \Lambda_B)\|x\|_2.$$

Si $(A^k)^{-1}$ est définie positive, la différence entre cette matrice et sa matrice arrondie est une matrice (symétrique) dont tous les éléments sont inférieurs à cette précision η. La plus grande valeur propre de cette matrice est donc inférieure à $n\eta$. Ce que l'on vient de dire de la plus grande valeur propre, on peut le dire aussi de la plus petite. Le choix fait de η (le dernier $+1$ dans la définition de q) fait que l'erreur cumulée sur cette petite valeur propre λ est inférieure à $\frac{\lambda}{10}$.

11 Optimisation par séparation : 1

Dans ce chapitre nous allons voir comment résoudre le problème (1) suivant permet de résoudre le problème (2) :
  - 1. séparer un point $x \notin P$ du polyèdre P par un plan
  - 2. optimiser une fonction linéaire sur un polyèdre P, H.

Au chapitre suivant, on montrera l'implication inverse. On montrera donc que pour optimiser sur le polyèdre P il **ne sera pas nécessaire** de connaître les plans le définissant, mais qu'il suffira de savoir séparer un point x du polyèdre P. Il ne sera pas non plus nécessaire que le nombre de facettes de P soit polynomial dans la dimension $n = |C|$ de l'espace.

Définition 11.1 *On appelle oracle un algorithme dont on ne connaît pas, a priori, le fonctionnement, qui fournit une réponse à une question posée. Lorsque cet algorithme est polynomial dans la longueur d'écriture de la question, l'oracle est dit polynomial.*

Proposition 11.1 *La réponse d'un oracle polynomial est donc de longueur polynomialement bornée en fonction de celle de ses données : le temps d'écriture de cette réponse est polynomialement borné.*

Prenons un exemple choisi dans le cadre des oracles que nous étudierons dans cet ouvrage, les **oracles séparateurs**. Les données de cet oracle sont un polyèdre P et un point $\hat{x}$.

Définition 11.2 *Soit P un polyèdre bien défini (cf def (11.4)), et $\hat{x}$ un point de $\mathbb{R}^n$. Un oracle séparateur polynomial, retourne :*
  - *soit la réponse "$\hat{x}$ appartient au polyèdre P",*
  - *soit un plan $H = \{x \in \mathbb{R}^n, \ hx = h_0\}$ tel que :*

$$\forall x \in P, \ hx \leq h_0, \ et, \ h\hat{x} > h_0.$$

Cet oracle est strictement séparateur si $\forall x \in P, \ hx < h_0$.

Remarque 11.1 *L'oracle appartenir, lorsque $x \notin P$, répond seulement que x n'appartient pas à P. Dans le chapitre (15), on verra que, sous certaines conditions, on pourra trouver un plan séparateur en temps polynomial.*

La réponse de cet oracle, le couple (h, h_0), dépend donc de P et de $\hat{x}$.

Définition 11.3 *Un oracle séparateur polynomial polyédral est un oracle séparateur tel que la longueur d'écriture du couple (h, h_0) est bornée par un*

*polynôme en la seule donnée de P, et est indépendante des données du point
$\hat{x}$.*

On va pouvoir énoncer des résultats, décrire des algorithmes, conditionnés
par l'existence d'un tel oracle (polynomial). Dans certains cas, on pourra
décrire un tel oracle. Dans d'autres, on pourra relier l'existence de cet oracle
à une certaine propriété.

11.1 Oracle séparateur et plan d'appui

11.1.1 Longueur d'écriture commune

Soit P un polyèdre de $\mathbb{R}^n$. Supposons que chacun de ses sommets s'écrive
au moyen de nombres rationnels représentés par des fractions ayant toutes le
même dénominateur q, avec au plus k signes. Un sommet x s'écrit :

$$x = (p, q),\ p \in \mathbb{Z}^n,\ q \in \mathbb{N}.$$

Soient pour $l \in L$, x_l, $|L|$ sommets en position générale.
On peut toujours supposer que $|L| = n$; si notre polyèdre est contenu dans
une variété linéaire (*i.e.* $\forall x \in P$, $Ax = b$), le nombre de ces points en position générale est $n - m$ (dans le cas où les m lignes de A sont linéairement
indépendantes, et qu'il n'y a pas d'autre égalité satisfaite par tous les points
de P). Dans ce cas, on peut toujours leur adjoindre m points de l'espace, de
façon à obtenir n points (p_i, q_i) en position générale. Un plan définissant P
peut s'obtenir comme solution d'un système linéaire à droite :

$$\forall i = 1, \ldots, n,\ {}^t p_i\, {}^t h = q_i.$$

Proposition 11.2 *Le plan $H = \{x \in \mathbb{R}^n,\ hx = h_0\}$ peut alors être
représenté par un couple (h, h_0) avec $h \in \mathbb{Z}^n$, et $h_0 \in \mathbb{Z}$. De plus la longueur d'écriture de H, c'est à dire celle de (h, h_0), est polynomialement liée
à celle de x (celle de (p, q)). La longueur d'écriture de chacun des h est, par
le théorème d'Hadamard (13.3), bornée par k^2. Celle de H est donc bornée
par k^3.*

Corollaire 11.1 *Inversement, étant donnés des plans de longueur au plus k
définissant des demi-espaces dont l'intersection est P, alors les sommets de
P sont de longueur d'écriture au plus k^3.*

On peut donc dire que les éléments, les sommets ou les plans, de P sont de
longueur d'écriture bornée, en remplaçant, si nécessaire, et, polynomialement,
k par k^3.

Soit H un plan donné de longueur d'écriture inférieure ou égale à k. Soit
H' un plan parallèle à H passant par un sommet x^0 de P.

Définition 11.4 *Suivant [35], un polyèdre sera dit bien défini lorsque l'on connaît son espace de définition (pour nous C, l'ensemble des index de cet espace), et une borne de la longueur d'écriture d'un sommet quelconque (ou d'une facette).*

Remarque 11.2 *Le plan H' parallèle à H passant par le sommet x^0 est de longueur d'écriture k^2.*

Il suffit d'écrire :

$$H' = \{x \in \mathbb{R}^n,\ hx = hx^0\}.$$

Le plan H est représenté par le couple (h, h_0), le point x^0 par le couple (p^0, q) ; le plan H' sera donc représenté par le couple (qh, hp^0). La longueur d'écriture de H' est donc inférieure à $k^2 + 2k \leq 2k^2$ (pour $k \geq 2$). On peut, ici encore, choisir une borne commune à tous ces plans et points. Cette borne est toujours polynomialement liée à la valeur k initiale ; ici c'est k^2. On renomme k cette borne commune. Dans le reste de ce chapitre on supposera donc que l'on travaille dans une base fixée, 2 par exemple, et que notre oracle séparateur est polyédral (définition 11.3). Pour P donné, on a alors la propriété de longueur d'écriture suivante :

1. les plans fournis par notre oracle ont une longueur d'écriture inférieure ou égale à k,

2. les sommets du polyèdre P ont une longueur d'écriture inférieure ou égale à k,

3. les plans supports des facettes du polyèdre P ont une longueur d'écriture inférieure ou égale à k,

4. les plans parallèles aux plans fournis par notre oracle passant par un sommet du polyèdre P ont une longueur d'écriture inférieure ou égale à k.

11.1.2 Plans supports

Définition 11.5 *Soit P un polyèdre borné. On appelle plan support (ou plan d'appui) de P, un plan H contenant (au moins) un point de P, et tel que P soit contenu dans un des demi-espaces définis par H.*

Remarque 11.3 *Le polyèdre P peut être contenu dans les deux demi-espaces définis par H. Dans ce cas P est contenu dans la variété linéaire définie par H.*

Soit P un polyèdre, et soit $H = \{x \in \mathbb{R}^n,\ hx = h_0\}$ un plan ne rencontrant pas P.

Remarque 11.4 *Soit d la distance euclidienne entre P et H : $d = \frac{|hx^0 - h_0|}{\|h\|_2}$ pour un certain sommet x^0 du polyèdre P.*

Cette section est consacrée à la remarque élémentaire suivante :

Remarque 11.5 *Soit P et H ayant la propriété de longueur décrite à la suite de la remarque 11.2, les différents éléments, écrits en base 2, ayant une longueur au plus k. Alors si $d \leq \frac{1}{2^{3k+1}}$, le plan H est un plan support de P.*

Preuve. Supposons que ce ne soit pas vrai, et considérons le plan support de P, H', parallèle à H, et à une distance $d > 0$ de H. La propriété de longueur entraîne que H' est défini par le couple (h, h'_0) de longueur d'écriture $\leq k$, et donc $\|h\|_2 \leq 2^{2k}$. Posons $d' = d\|h\|_2$. On peut donc écrire H :

$$H = \{x, \ hx = h'_0 + d'\}.$$

Toutes les valeurs étant rationnelles, d' s'écrit, en base 2, $\frac{p}{q}$. Supposons cette fraction réduite, p est donc premier avec q. Comme $\|h\|_2 \leq 2^{2k}$, les longueurs d'écriture de p et q, $long(p)$ et $long(q)$, sont telles que :

$$long(q) \geq long(p) + k + 1.$$

Le second membre se réécrit donc $\frac{qh'_0 + p}{q}$. Il n'y a pas d'entier r simplifiant cette fraction. Cet entier r diviserait q et $qh'_0 + p$, et donc p, ce qui est une contradiction.

L'une des composantes de h, h_{c_0}, au moins est non-nulle. L'écriture du plan H nécessite donc l'écriture de qh_{c_0}. Sa longueur est donc au moins égale à celle de q, elle-même supérieure à k, ce qui est une contradiction. Le plan H est donc plan d'appui de P.

11.2 Épaisseur des ellipsoïdes

Dans le cas où le polyèdre P est à intérieur non-vide, les remarques faites en préambule de ce chapitre impliquent l'existence d'une boule de rayon ϵ pas *trop* petit contenue dans P, rayon que l'on peut calculer au moyen du théorème d'Hadamard (13.3). Associé à un oracle séparateur qui, à chaque étape, nous fournit un plan permettant de couper l'ellipsoïde courant en deux, l'algorithme de Khachiyan 10.2.3 nous permet de trouver un point du polyèdre P. L'algorithme que nous allons décrire va nous permettre de trouver un sommet de P. Nous venons de montrer qu'un oracle séparateur polyédral fournit, si la distance entre P et le plan séparateur H est suffisamment petite, un plan d'appui de P. Nous définissons ainsi un nouveau polyèdre $P_1 = P \cap H$. Si le plan H définissait une facette (8.2), le polyèdre P_1 serait à intérieur relatif (8.8) non-vide par rapport à la variété linéaire (8.7) définie par H. Même si à l'étape initiale P est à intérieur non-vide, P_1 n'a pas de raison d'être à intérieur relatif non-vide. Nous devons donc trouver un moyen de :

1. repérer un plan H suffisamment proche du polyèdre P,
2. prouver qu'un tel plan H nous est fourni par notre oracle en temps polynomial.

On rappelle que l'ellipsoïde E_k est l'ensemble des points tels que :

$$^t(x - x^k)A^{-1}(x - x^k) \leq 1.$$

Les petits axes de E correspondent donc aux plus grandes valeurs propres de A. Nous allons montrer que lorsqu'une de ces valeurs propres devient suffisamment grande, le plan qui a permis de construire le nouvel ellipsoïde est très près du polyèdre P. Rappelons la construction de la nouvelle matrice $(A^{k+1})^{-1}$ en fonction de l'ancienne $(A^k)^{-1}$ et du plan défini par (h, h_0) :

$$(A^{k+1})^{-1} = \frac{n^2 - 1}{n^2}\left((A^k)^{-1} + \frac{2}{n-1}\frac{{}^thh}{hA^k\,{}^th}\right).$$

Rappelons aussi l'expression du vecteur y et du plan H' :

$$y = \frac{A^k\,{}^th}{\sqrt{hA^k\,{}^th}}, \;\; H' = \{x \in \mathbb{R}^n, \, hx = h(x^k - y)\},$$

Le plan H' est tangent à l'ellipsoïde E_k au point $x^k - y$. Ce plan est d'ailleurs tangent à E_{k+1} au même point. Notre polyèdre P est donc compris entre les deux plans H' et $H"$:

$$H" = \{x \in \mathbb{R}^n, \, hx = hx^k\}.$$

La distance d entre ces deux plans est :

$$d = \frac{hy}{\|h\|_2} = \frac{\sqrt{hA^k\,{}^th}}{\|h\|_2}.$$

Si le vecteur directeur du plan H est normé, cette inégalité se réécrit :

$$d \leq \sqrt{hA^k\,{}^th}.$$

Ayant convenu que l'oracle retournait des inégalités à coefficients entiers de longueur d'écriture inférieure ou égale à k on a :

Remarque 11.6 *Le vecteur directeur h du plan H est à coordonnées entières. Sa norme $\|h\|_2$ est donc supérieure à 1. On a donc :*

$$d \leq \sqrt{hA^k\,{}^th}.$$

La croissance de la plus petite valeur propre de A, c'est à dire la décroissance du plus petit axe de E_k, va nous permettre de lier l'écart d entre ces deux plans et la longueur du (nouveau) plus petit axe de E_{k+1}.

Pour faciliter la lecture du résultat suivant, on va supposer que E_k est centré à l'origine, $x^t = (0, \ldots, 0)$. Pour les problèmes liés aux longueurs des vecteurs, on peut se souvenir que $(A^k)^{-1}$ est le produit de sa diagonalisée par des matrices orthonormales.

Théorème 11.1 *Lorsque la longueur du plus petit axe de E_{k+1} est plus petite que celle du plus petit axe de E_k, c'est à dire lorsque la plus grande valeur propre de $(A^{k+1})^{-1}$ est plus grande que celle λ la plus grande de $(A^k)^{-1}$, la distance d satisfait l'inégalité :*

$$d \leq \frac{\sqrt{2(n+1)}}{\sqrt{\lambda}}.$$

Preuve. Soit x le vecteur propre normé correspondant à la plus grande valeur propre $\lambda'(\geq \lambda)$ de $(A^{k+1})^{-1}$. Comme ${}^t x(A^{k+1})^{-1}x = \lambda'$ on a :

$$\frac{n^2 - 1}{n^2}\left({}^t x(A^k)^{-1}x + \frac{2}{n-1}\frac{{}^t x\,{}^t hhx}{hA^k\,{}^t h}\right) \geq \lambda.$$

Le vecteur x n'étant pas vecteur propre de $(A^k)^{-1}$, et λ étant la plus grande valeur propre de cette matrice, on a :

$$ {}^t x(A^k)^{-1}x \leq \lambda.$$

En effet soit $z = (A^k)^{-1}x\,\|z\|_2 \leq \lambda$ et le produit scalaire ${}^t xz$ inférieur au produit des normes est inférieur à λ. On peut donc majorer le premier membre en remplaçant ${}^t x(A^k)^{-1}x$ par λ obtenant :

$$\frac{n^2 - 1}{n^2}\left(\lambda + \frac{2}{n-1}\frac{{}^t x\,{}^t hhx}{hA^k\,{}^t h}\right) \geq \lambda.$$

Soit encore en regroupant les termes en λ :

$$\frac{2(n+1)}{n^2}\frac{{}^t x\,{}^t hhx}{hA^k\,{}^t h} \geq \frac{\lambda}{n^2}.$$

On a donc :
$$hA^k\,{}^t h \leq \frac{2(n+1)\,{}^t x\,{}^t hhx}{\lambda} \leq \frac{2(n+1)}{\lambda},$$

d'où, avec le résultat précédent :

$$d \leq \frac{\sqrt{2(n+1)}}{\sqrt{\lambda}}.$$

On a alors le corollaire :

Corollaire 11.2 *Supposons que $\frac{\sqrt{2(n+1)}}{\sqrt{\lambda}} \leq \epsilon$. Supposons de plus que la longueur du plus petit axe décroisse ; alors la distance entre le plan H et le polyèdre P est inférieure à ϵ.*

Preuve. Appelons H' le plan parallèle à H passant par le centre x^k de l'ellipsoïde H'' le plan parallèle à H tangent aux éllipsoïdes E_k et E_{k+1}. H, parallèle à H' et H'' est entre ces deux plans. Le polyèdre P est entre H et H''. La distance entre H et P est donc inférieure à celle des plans H et H'', elle-même inférieure à la distance d des plans H' et H''. $\square$

L'utilisation de ce corollaire nécessite deux conditions :

1. que le plus petit axe de E_k soit suffisamment petit,

2. que le plus petit axe de E_{k+1} soit encore plus petit.

On va pouvoir en supprimer une en remarquant :

Remarque 11.7 *La plus grande valeur propre λ' de $(A^{k+1})^{-1}$ est inférieure ou égale à $(\frac{n+1}{n})^2 \lambda$.*

Preuve. La plus petite valeur propre de A^k est $1/\lambda$. En supposant h normé, on a :

$$hA^k \, {}^t h \geq \frac{1}{\lambda}.$$

Dans l'expression de ${}^t x (A^{k+1})^{-1} x = \lambda'$ en fonction de A^k et de h, on peut majorer ${}^t x (A^k)^{-1} x$ et $\frac{1}{hA^k \, {}^t h}$ par λ, et ${}^t x \, {}^t hh x$ par 1. On obtient donc :

$$\lambda' \leq \frac{n^2 - 1}{n^2}(\lambda + \frac{2}{n-1}\lambda) = \frac{(n+1)^2}{n^2}\lambda.$$

On peut à présent reformuler le corollaire précédent en terme de la nouvelle valeur propre λ' :

Corollaire 11.3 *Supposons que $\frac{\sqrt{2(n+1)}}{\sqrt{\lambda'}} \leq \frac{\epsilon}{2}$. Supposons de plus que la plus grande valeur propre ait augmenté. Alors le polyèdre P est à une distance de H inférieure ou égale à ϵ.*

Preuve. On vient de voir que :

$$\frac{1}{\sqrt{\lambda}} \leq \frac{n+1}{n\sqrt{\lambda'}} \leq \frac{2}{\sqrt{\lambda'}}.$$

Dans les conditions de l'énoncé, on aura donc :

$$d \leq \frac{\sqrt{2(n+1)}}{\sqrt{\lambda}} \leq 2\frac{\sqrt{2(n+1)}}{\sqrt{\lambda'}} \leq 2\frac{\epsilon}{2}.$$

Les conditions du corollaire précédent sont donc remplies.

Remarque 11.8 *Le volume de E_k décroissant exponentiellement, pour tout ϵ de longueur d'écriture polynomiale, il existe donc un nombre d'étapes T, polynomial, au bout duquel il existe $t < T$ tel que le plus petit axe de E_k est inférieur à $\frac{\epsilon}{2}$. Dans ce dernier cas, et la première fois que cela se produit, on est sûr que le plan H est à une distance de P inférieure à ϵ.*

La distance $d = \sqrt{hA^k\,^t h}$ entre les plans H' et $H"$ est alors inférieure à ϵ. On vient de démontrer :

Proposition 11.3 *Si le polyèdre P est non-vide, en au plus T étapes, $d \leq \epsilon$.*

Il suffit donc de calculer cette quantité d à chaque étape, et de s'arrêter lorsqu'elle est inférieure à ϵ. De plus on a vu précédemment que l'on savait l'approximer (on en avait besoin pour calculer le centre du nouvel ellipsoïde E_{k+1}). On a donc un test d'arrêt très simple :

$$d = \sqrt{hA^k\,^t h} \leq \epsilon.$$

Proposition 11.4 *Dans le cas ou on a obtenu un point de P, on construit, toujours en temps polynomial, un plan d'appui H.*

Preuve.   Soit $x^k \in P$ ce point ($x^{k-1} \notin P$). Sur le segment de droite $[x^{k-1}, x^k]$, on va, par dichotomie, et en appelant pour chaque coupure notre oracle, construire, en temps polynomial, deux points $x', x"$, avec :

 - $x' \in P$,
 - $x" \notin P$,
 - $\|x' - x"\|_2 \leq \epsilon$.

Un appel de l'oracle avec le point $x"$ nous fournira le plan H désiré. Ces opérations s'effectuent toutes en temps polynomial.

Appelons $O(P, x^k)$ l'oracle séparateur polyédral (cf def 11.2) et $Khachiyan$ l'algorithme permettant de passer de E_k à E_{k+1}. On prendra comme ellipsoïde initial E_0 une sphère centrée sur l'origine contenant tous les sommets de notre polyèdre P. Une borne supérieure de son rayon nous est fournie par le théorème d'Hadamard (13.3). L'algorithme **Trouver un plan d'appui** est donc le suivant :

Données: L'oracle $O(P, x^k)$, E_0
Résultat: le dernier plan H trouvé

$O(P, x^k)$
tant que $x \notin P$ et $d > \epsilon$ **faire**
    Khachiyan, $O(P, x^k)$
fin
si $x^k \in P$ **alors**
    tant que $d(\hat{x}, P) > \epsilon$ **faire**
        dichotomie sur $[x^{k-1}, x^k]$
    fin
fin
Complexité: polynomiale en P et ϵ

La figure (11.1) illustre le fait que, malgré les erreurs d'arrondi, on sait détecter les plans H à une distance de P inférieure à ϵ.

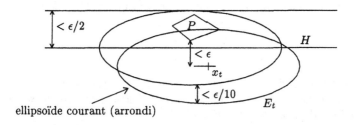

Fig. 11.1 – Un plan H suffisamment près de P

11.3 Trouver un sommet de P

L'algorithme que nous venons de décrire nous fournit, en temps polynomial, un plan H. Si le polyèdre P est non-vide, ce plan H est un plan d'appui. Dans cette section nous allons décrire un procédé fournissant, après un nombre $n = |C|$ de répétitions de cet algorithme, une des deux réponses suivantes :

– un sommet x de P,
– le polyèdre P est vide.

11.3.1 Suite de polyèdres

Nous allons construire une suite de polyèdres $P_0 = P, P_1, \ldots, P_n$ tels que :

$$\forall i > 0, \ P_i = P_{i-1} \cap H_i.$$

Nous allons appliquer l'algorithme **Trouver un plan d'appui** décrit page 156, au polyèdre P_{i-1} muni de l'oracle $O_{i-1}(P_{i-1}, x)$. Le plan H_i trouvé au moyen de cet algorithme satisfait la propriété de récurrence suivante :

Proposition 11.5 *Si le polyèdre $P_{i-1} \neq \emptyset$, le plan H_i est un plan d'appui de P_{i-1}, et donc le polyèdre $P_i = P_{i-1} \cap H_i$ est non-vide.*

En conséquence, si $P \neq \emptyset$, chacun des polyèdres de la suite $(P_0, P_1, \ldots, P_n)$ est non-vide.

Remarque 11.9 *Lorsque cet algorithme fournit un plan H_i après avoir trouvé un point du polyèdre P_{i-1}, on est assuré que les polyèdres précédents, $P_0, P_1, \ldots, P_{i-1}$, sont non-vides. Si $P \neq \emptyset$ on est alors assuré que tous les polyèdres $P_0, P_1, \ldots, P_n$ sont non-vides.*

Dans la propriété suivante, rappelons la définition et les propriétés élémentaires du polyèdre P_{i-1}.

Proposition 11.6 *Le polyèdre P_{i-1} satisfait aux propriétés suivantes :*

1. *P_{i-1} est l'intersection de P et de la variété linéaire V_{i-1} définie par :*

$$V_{i-1} = \bigcap_{j=1}^{i-1} H_j.$$

2. *Dans cette variété, on a un oracle séparateur polyédral. Cet oracle n'est rien d'autre que l'intersection du plan H fourni par l'oracle séparateur (polyédral) de P et de cette variété.*

3. *La longueur d'écriture de tous les éléments de P_{i-1} (c'est à dire les sommets, les facettes et les parallèles aux plans fournis par l'oracle relatif au polyèdre P_{i-1} passant par les sommets de celui-ci) est bornée par k.*

Preuve. Notre oracle étant polyédral (définition 11.3), les plans H_j du 1 de la propriété sont de longueur bornée par k, valeur qui ne dépend que du polyèdre P. Chacun des éléments que nous construisons est solution d'un système linéaire dont chacune des lignes est de longueur d'écriture bornée par k. L'oracle défini dans le 2 est donc aussi polyédral. Rappelons nous les hypothèses non restrictives de longueur d'écriture 11.2 que nous avons faites au début de ce chapitre. Nous avons si nécessaire remplacé k par k^3 dans le but que toutes ces solutions soient, elles mêmes, de longueur d'écriture inférieure ou égale à k^3. Ces conditions sont bien entendu satisfaites par les éléments que nous construisons, ce qui permet de vérifier le point 3.

11.3.2 L'algorithme "Trouver un point de P"

Décrivons à présent l'algorithme pour **Trouver un point (extrême) de** P. Cet algorithme fera appel à l'algorithme **Trouver un plan d'appui** que nous venons de décrire. Cet algorithme nous fournit le plan H_i.

Données: L'oracle $O(P, x^k)$
Résultat: un point x extrême, ou $P = \emptyset$
pour $i = 1$ *à* n **faire**
    Trouver un plan d'appui, $P_i = P_{i-1} \cap H_i$, $V_i = V_{i-1} \cap H_i$
fin
Complexité: n fois celle de l'algorithme **Trouver un plan d'appui**

Remarque 11.10 *Le plan H_i et la variété V_{i-1} définissent une variété V_i strictement plus petite.*

Preuve. Dans la définition de l'oracle séparateur de P on a dit :
- $h^i x^k > h_{i0}$,
- $\forall x \in P,\ h^i x \le h_{i0}$.

Le point x^k appartient à la variété linéaire V_{i-1}. On a donc, pour tout $j < i$:

$$h_{j,C} x^k = h_{j0}.$$

Un plan H_i combinaison linéaire des plans H_j est donc tel que :

$$\left(\sum_{j=1}^{i-1} \alpha_j h_j \right) x^k = \left(\sum_{j=1}^{i-1} \alpha_j h_{j0} \right).$$

D'après la première condition, cette égalité n'est pas vérifiée par x^k pour le plan H_i que nous a fourni l'oracle $O_{i-1}(P_{i-1}, x)$. Le plan H_i a donc une écriture linéairement indépendante de celle des H_j, d'où le résultat.

Proposition 11.7 *Lorsque l'on sort de cet algorithme, la variété V_n est réduite à un point. Si $P_n \neq \emptyset$, ce point est un point de P_n. Si $P \neq \emptyset$, c'est aussi un point de P.*

Preuve. Il suffit de vérifier que ce point de V_n appartient à P. Un appel de l'oracle initial $O(P, x)$ nous permet de répondre à cette question. Si ce point n'appartient pas à P, alors P est vide. $\square$

11.4 Travailler dans la variété V_K

Cette variété linéaire est définie par l'intersection des plans H_k, $k \in K$. C'est par définition :

$$V_K = \{x \in \mathbb{R}^n,\ h_{K,C} x = h_{K,0}\},$$

les lignes de la matrice $h_{K,C}$ étant linéairement indépendantes, il existe $I \subset C$ tel que la matrice $h_{K,I}^{-1}$ existe. Posons :

$$\bar{h}_{I,C \setminus I} = h_{K,I}^{-1} h_{I,C \setminus I},$$

$$\bar{h}_{l,0} = h_{K,I}^{-1} h_{I,0}.$$

On peut écrire, pour tout point de V_K :

$$x_I = \bar{h}_{I,0} - \bar{h}_{I,C \setminus I} x_{C \setminus I}. \tag{11.1}$$

Remarque 11.11 *L'égalité précédente (11.1) établit une bijection entre tout point x de V_K et sa projection $x_{C\setminus I}$ dans $\mathbb{R}^{C\setminus I}$. Le passage de l'un à l'autre se fait en temps polynomial, le passage de $x_{C\setminus I}$ à x se faisant par de simples calculs matriciels. Les coordonnées du point x_C indicées par $C\setminus I$ ne changent pas de valeur dans la projection.*

Que peut-on dire de la projection sur $\mathbb{R}^{C\setminus I}$ du polyèdre P_K contenu dans la variété linéaire V_K ?

Proposition 11.8 *La projection sur $\mathbb{R}^{C\setminus I}$ du polyèdre P_K est un polyèdre P_K' dont les sommets et les faces sont en bijection avec les sommets et les faces de P_K.*

Preuve. Si un point x est combinaison convexe de deux points y et z, sa projection sera combinaison convexe des projections. Inversement l'égalité (11.1) dit que si $x_{C\setminus I}$ est combinaison convexe des deux points $y_{C\setminus I}$ et $z_{C\setminus I}$, les points correspondants x, y et z auront cette même propriété.

Les faces se correspondent-elles ? Il suffit de le démontrer pour les facettes. Une facette f est l'intersection de P_K et d'un plan support de cette facette. Appelons F ce plan :

$$F = \{x \in \mathbb{R}^n,\ fx = f_0\}.$$

L'égalité (11.1) nous permet de donner une description équivalente de la trace $\bar{F}$ du plan F dans la variété V_K en *éliminant* les x_I. Posons :

$$\bar{f}_{C\setminus I} = f_{C\setminus I} - f_I \bar{h}_{C\setminus I},$$

$$\bar{f}_0 = f_0 + f_I \bar{h}_{I,0}.$$

On a :

$$\bar{F} = \{x_{C\setminus I} \in \mathbb{R}^{C\setminus I},\ \bar{f}_{C\setminus I} x_{C\setminus I} = \bar{f}_0\}.$$

Dans la variété V_K, le plan $\bar{F}$ contient les mêmes points que le plan F. Le vecteur $\bar{f}_{C\setminus I}$ se prolonge en $\bar{f}_C$ en posant $\bar{f}_I = 0$. Les points de la variété linéaire V_K contenus dans ce plan correspondent à leur projection. ▮

En d'autres termes les polyèdres P_K et P_K' sont en bijection. Lorsque l'on travaillera dans V_K, on travaillera sur P_K'. En particulier, on appliquera l'algorithme de Khachiyan au polyèdre P_K'.

Remarque 11.12 *Notre hypothèse de longueur d'écriture implique que la longueur d'écriture des éléments de ce polyèdre P_K' est aussi bornée par le même k.*

11.5 Optimiser une fonction linéaire sur P

L'algorithme 11.3.2 permet de trouver, en temps polynomial, un **point extrême** d'un polyèdre P défini par un oracle séparateur polyédral polynomial. Dans cette section, nous allons décrire un algorithme permettant d'optimiser une fonction linéaire sur P.

Proposition 11.9 *Soit P un polyèdre non-vide et borné satisfaisant à l'hypothèse de longueur 11.2. Soit f une fonction linéaire à maximiser sur P. Alors il existe f_0 et $\epsilon > 0$, de longueur polynomiale, tels que :*

1. $\{x \in P, fx \geq f_0\} \neq \emptyset$,

2. $\{x \in P, fx \geq f_0 + \frac{\epsilon}{2}\} = \emptyset$,

3. Tous les sommets x^i de P tels que :

$$fx^i \geq f_0 + \frac{\epsilon}{4},$$

maximisent fx sur P.

Preuve. L'algorithme 11.3.2 permet d'affirmer que P est non-vide. Par le théorème d'Hadamard (13.3), on connaît des bornes supérieure M_P et inférieure m_P de fx sur P. Ce théorème nous donne une borne M, de longueur polynomiale, des coordonnées de P. On a donc :

$$M_P = M \sum_{c=1}^{n} |f_n|, \; m_P = -M_P.$$

Ces valeurs sont de longueur polynomiale.

Pour estimer la valeur de ϵ, on va supposer que l'on écrit toutes les inégalités définissant le polyèdre P, et que l'on résout ce problème par la méthode du Simplexe 6.2.3. Soit $m = |L|$ son nombre de lignes, a priori non-polynomial. Appelons $G_{L,C}$ la matrice de ces inégalités. Rajoutons les $|L|$ variables d'écart et adjoignons à $G_{L,C}$ la matrice $U_{L,L}$. Renommons $G_{L,C \cup L}$ cette matrice.

Une matrice de base extraite de $G_{L,C \cup L}$ contiendra les colonnes de $L' \subset L$ avec $|L'| \geq |L| - n$. En effet une base a $|L|$ colonnes, au plus n peuvent appartenir à C, ce sont celles de $C' \subset C$.

Remarque 11.13 *L'inverse de cette matrice de base est la matrice $G'_{C' \cup L', L}$ avec :*

- *$G'_{C', L \setminus L'} = G^{-1}_{L \setminus L', C'}$,*
- *$G'_{L', L \setminus L'} = -G_{L', C'} G'_{C', L \setminus L'}$,*
- *$G'_{C', L'} = 0_{C', L'}$, la matrice nulle,*
- *$G'_{L', L'} = U_{L', L'}$, la matrice identité.*

Il suffit de vérifier que G' est bien l'inverse de G.

Remarque 11.14 *Tous les éléments de $G'_{C' \cup L', L \setminus L'}$ peuvent être considérés comme des solutions de systèmes linéaires de taille inférieure à n, avec pour données des données de notre problème. Ils peuvent donc être décrits comme quotients de déterminants d'entiers inférieurs ou égaux à M. Le plus petit d'entre eux positif est donc supérieur ou égal à $\frac{1}{M}$.*

Souvenons nous de l'expression :

$$\bar{f}_{C \cup L} = f_{C \cup L} - f_{C' \cup L'} G'_{C' \cup L', L} G_{L, C \cup L}.$$

Remarque 11.15 *Le plus petit des $\bar{f}_i$ positifs est donc lui aussi supérieur ou égal à $\frac{1}{M}$, car interprétable comme quotient d'entiers.*

L'accroissement minimum non-nul de fx est donc supérieur ou égal à $\frac{1}{M^2}$. Choisissons $\epsilon = \frac{1}{M^2}$, et effectuons la dichotomie avec $\frac{\epsilon}{2}$.

Proposition 11.10 *Avec cette valeur (de longueur polynomiale), les points 1 et 2 de la proposition 11.9 seront satisfaits. En choisissant $f_0 - \frac{\epsilon}{2}$, le point 3 le sera aussi.*

Avec cette valeur de second membre, il se pourrait que le plan défini par $fx = f_0$ passe par un sommet optimal de P. Le plan défini par $fx = f_0 - \frac{\epsilon}{4}$, ne passe plus par ce sommet. Il ne peut pas y avoir de sommet $\hat{x}$ non-optimal tel que $f\hat{x} \geq f_0 - \frac{\epsilon}{4}$, car la valeur de fx pour un sommet optimal de P serait supérieure ou égale à $f_0 + \frac{3\epsilon}{4}$. Or il n'y a pas de point de P tel que $fx \geq f_0 + \frac{\epsilon}{2}$. Ce qui termine a preuve de la proposition (11.9).

Une autre façon de construire un plan ne coupant que des arêtes de P issues d'un sommet optimal, consiste à modifier polynomialement la fonction f à maximiser pour que ce maximum s'obtienne en un sommet $\hat{x}$ unique. Ce sommet est alors un sommet optimal pour f. On a vu au corollaire (6.2) comment choisir ces perturbations polynomiales des différents coefficients f_i de f.

Intéressons nous donc au polyèdre $P' = P \cap F$, avec :

$$F = \{x \in \mathbb{R}^n,\, fx = f_0 - \frac{\epsilon}{4}\}.$$

Proposition 11.11 *De deux choses l'une :*
  - *ou bien P' est vide, le point de P trouvé précédemment, prouvant que $P \neq \emptyset$ correspond, comme tous les points de P, à une solution (réalisable de base) maximisant fx,*
  - *ou bien l'algorithme 11.3.2 fournit un sommet x' de P'. Ce sommet est défini par $n-1$ plans d'appui de P. Ces plans se rencontrent en une droite qui passe par le point $x' \in P'$. Cette droite contient donc une arête de P.*

Preuve. Si cette droite ne contenait pas une arête de P, pour au moins un des plans la définissant, il y aurait des points de P de part et d'autre, ce qui est impossible, chacun étant plan d'appui de P. Une autre façon de démontrer cette propriété, est de se rappeler que l'on construit une suite de sous-polyèdres de P :

$$P_0, P_1, \ldots, P_{n-1},\, i < j,\, P_j \subset P_i,$$

chacun de ces polyèdres étant une face du précédent. Il en est de même de P_{n-1} qui est donc une face de dimension 0 ou 1 de P. Cette face contient le point x' de P qui n'est pas un sommet : c'est donc une face de dimension 1.

Proposition 11.12 *Par dichotomie, on va trouver, polynomialement, le sommet de P qui maximise fx sur cette droite. Ce sommet maximise fx sur P. C'est aussi le cas de tous les sommets de P tels que $fx > fx'$.*

On vient de décrire un algorithme polynomial pour trouver un sommet de P maximisant fx :

1. trouver un sommet de P par l'algorithme 11.3.2, ou prouver que P est vide,

2. si $P \neq \emptyset$, trouver un sommet de P' par le même algorithme 11.3.2, ou prouver que P' est vide,

3. si $P' \neq \emptyset$, trouver par dichotomie le sommet maximisant fx sur la droite définissant le sommet de P'.

11.6 Conséquences sur les classes de complexité

Considérons par exemple le polyèdre P des cycles hamiltoniens du graphe complet $K_n = (X, C)$, et soit $G = (X, E)$ un graphe sur le même ensemble de sommets ($|X| = n$). Le résultat que l'on vient de démontrer a le corollaire suivant :

Corollaire 11.4 *Si $\mathcal{P} \neq \mathcal{NP}$, il n'y a pas d'oracle (algorithme) polyédral polynomial permettant de séparer le polyèdre P et le point x.*

Preuve. Soit D le demi-espace défini par :

$$D = \{x_C, \sum_{c \in E} x_c \geq n\}. \tag{11.2}$$

S'il y a un oracle séparateur polyédral polynomial pour P l'algorithme **Trouver un point de** P (11.3.2) est un algorithme polynomial pour trouver un sommet du polyèdre $P \cap D$ ou affirmer que ce polyèdre est vide, et permet donc de répondre à la question : "$G = (X, E)$ a-t-il un cycle hamiltonien ?" Ce problème étant $\mathcal{NP} - Complet$, on prouverait que $\mathcal{P} = \mathcal{NP}$.

On aurait pu faire le même raisonnement avec tout polyèdre combinatoire d'un problème $\mathcal{NP} - Complet$, le polyèdre des *stables* (ensembles de sommets deux à deux disjoints) d'un graphe, celui des *cliques* (ensembles de sommets deux à deux joints, reliés par une arête) d'un graphe. Montrons ici le résultat suivant dû à Karp et Papadimitriou [49] :

Théorème 11.2 *Si $\mathcal{NP} \neq co\mathcal{NP}$, il n'y a pas d'algorithme polynomial pour reconnaître si une inégalité est valide pour un polyèdre combinatoire.*

Preuve. Considérons, par exemple, le polyèdre P du voyageur de commerce. Supposons que notre graphe n'est pas hamiltonien. Soit D le demi-espace (11.2).
Considérons la suite, de longueur polynomiale, des inégalités, qu'aurait pu

fournir un oracle séparateur polyédral polynomial, et la suite des point séparés correspondants. Ces suites permettent de prouver que le polyèdre $P \cap D$ est vide.

Si on avait un algorithme polynomial permettant d'attester qu'une inégalité est valide, on aurait alors, avec la suite précédente, une preuve de longueur polynomiale que le graphe n'est pas hamiltonien. On a vu au chapitre consacré à la complexité (3.26) que, comme le problème de l'existence d'un cycle hamiltonien est $\mathcal{NP} - Complet$, cela entraînerait $\mathcal{NP} = co\mathcal{NP}$, ce qui est une contradiction.

Une autre preuve ne nécessitant que l'algorithme de Khachiyan (10.2.3) est la suivante. Considérons le polyèdre $P' = P \cap D$ avec D défini par,

$$D = \{x_C, \sum_{c \in E} x_c \geq n - \frac{1}{2}\}.$$

Ramenons P' à sa variété linéaire propre. Il suffit de prémultiplier l'équation matricielle (9.6) :

$$S_{X,C}x_C = \mathbf{2},$$

par l'inverse de $S_{X,F}$ (9.8), puis de projeter suivant les coordonnées indicées par F.

Si $G = (X, E)$ est hamiltonien, P' est à intérieur non-vide et contient une boule de rayon polynomial en les données du polyèdre P et de G, c'est à dire n. C'est une conséquence du théorème d'Hadamard (13.3). Le calcul de ce rayon est analogue à celui de ϵ (8.5.1) effectué au chapitre (8.5).

Sinon, si $G = (X, E)$ n'est pas hamiltonien, P' est vide, le maximum sur P de $\sum_{c \in E} x_c$ étant au plus $n - 1$. Lorsque G n'est pas hamiltonien, la suite des plans séparateurs et des centres des ellipsoïdes de l'algorithme de Khachiyan (10.2.3) prouvant que P' est vide est une preuve polynomiale que G n'est pas hamiltonien.

12 Séparer en optimisant

Les chapitres précédents ont été consacrés à l'optimisation d'une fonction linéaire sur un polyèdre P pour lequel on disposait d'un oracle séparateur polyédral polynomial. Dans ce chapitre on va se consacrer au problème inverse : Étant donnés P, un polyèdre borné de $\mathbb{R}^C$, $\mathcal{A}$ un algorithme polynomial permettant d'optimiser une fonction linéaire $f_C x_C$ sur P et $\bar{x}_C$ un point de $\mathbb{R}^C$, on va décrire un algorithme polynomial fournissant l'une des deux réponses suivantes :

– un plan H séparant $\bar{x}_C$ et P :

$$\forall x_C \in P, \ h_C x_C \leq h_0, \ et \ h_C \bar{x}_C > h_0,$$

– $\bar{x}_C \in P$.

Pour simplifier les descriptions des sous-ensembles de lignes et de colonnes, nous reprendrons nos notations des matrices et vecteurs indicés par des ensembles abstraits.

12.1 Oracle d'optimisation polyédral

Soit P un polyèdre défini par des inégalités (et des sommets) de longueur au plus k, sur lequel on veut maximiser $h_C x_C$. Supposons que la longueur d'écriture de h_C soit, elle aussi, au plus k. Comme toujours $n = |C|$. Rappelons le résultat suivant :

Proposition 12.1 *On peut polynomialement perturber h_C de façon à ce que l'optimum soit unique, et donc réalisé en un sommet de P.*

Preuve. C'est ce que dit le corollaire 6.2. Posons $\eta = \frac{1}{2} 10^{-2k}$. Si on travaille en base 10, on peut choisir les perturbations polynomiales de f_C de la forme η^c (une fois les éléments de C numérotés et identifiés à $1, 2, \ldots, n$). Cette perturbation est au plus de longueur d'écriture $2k^2$.

Dorénavant on perturbera toujours (et polynomialement) la fonction économique h_C de façon à obtenir les optima en les sommets. On obtient ainsi des points du polyèdre $\bar{x}_C$ de longueur d'écriture indépendante de celle de h_C. Cet oracle d'optimisation est alors polyédral (11.3).

12.2 Polyèdre polaire d'un polyèdre P

Soit P un polyèdre de $\mathbb{R}^C$ d'intérieur non-vide. Supposons de plus que l'origine $0 = (0, \ldots, 0)$ appartienne à cet intérieur.

Proposition 12.2 *Le polyèdre P est défini par l'inégalité :*

$$A_{L,C} x_C \leq b_L, \; avec\, \forall l \in L, \, b_l > 0.$$

Preuve. L'origine étant à l'intérieur de P, on a :

$$A_{l,C} 0_C < b_l.$$

Ce qui démontre la proposition.
Puisque pour $l \in L$, $b_l > 0$, on peut réécrire cette inégalité :

$$\frac{1}{b_l} A_{l,C} x_C \leq 1.$$

En appelant $\mathbf{1}$ le vecteur $(1, \ldots, 1)$ indicé par L, et en renommant $A_{L,C}$ la matrice déduite de $A_{L,C}$ en divisant chaque ligne $A_{l,C}$ par b_l, le système se réécrit :

$$A_{L,C} x_C \leq \mathbf{1}.$$

Notons sous la forme matricielle, $X_{C,I}$, les points extrêmes de P. Pour un $i \in I$, $X_{C,i}$ est un point extrême de P. On a donc :

$$\forall i \in I, \, A_{L,C} X_{C,i} \leq b_L.$$

Appelons $B_{I,C}$ la matrice transposée de $X_{C,I}$, et considérons le polyèdre P' image des solutions de :

$$B_{I,C} y_C \leq \mathbf{1}.$$

Théorème 12.1 *Les transposées des lignes de $A_{L,C}$ sont les points extrêmes de P', et réciproquement.*

Preuve. Les lignes de $A_{L,C}$ définissent les facettes de P. Soit $A_{l,C}$ une ligne particulière de $A_{L,C}$. Il y a donc $n = |C|$ sommets de P linéairement indépendants (les facettes ne contiennent pas l'origine car $b_l > 0$) tels que $A_{l,C} x_C = \mathbf{1}$. Soit J leur ensemble.

$$\forall j \in J, \, A_{l,C} x_{C,j} = 1.$$

En transposant on obtient :

$$B_{J,C} \, {}^t A_{l,C} = \mathbf{1}. \tag{12.1}$$

Les $X_{C,j}$ étant des sommets, les autres inégalités sont satisfaites :

$$\forall j \notin J, \, B_{j,C} \, {}^t A_{l,C} \leq 1.$$

Les transposées des lignes de $A_{L,C}$ correspondent donc à des sommets de P'. Montrons qu'il n'y en a pas d'autres. Un tel sommet y_C est tel que pour $|J| = n$ on a :

$$B_{J,C} y_C = \mathbf{1}.$$

Le plan défini par $\{x_C \in \mathbb{R}^C, y_C x_C = 1\}$ contient les n sommets $X_{j,C}$ $(j \in J)$. Le (sommet de P') point y_C satisfaisait les autres inégalités :

$$\forall j \notin J,\ B_{j,C} y_C \leq 1.$$

Ce plan définit donc une **facette** de P. C'est donc l'une des facettes définies par $A_{L,C} x_C \leq 1$. Le point y_C est donc le transposé de l'un des $A_{l,C}$.

Définition 12.1 *Le polyèdre P' est appelé polyèdre polaire de P.*

Remarque 12.1 *On vient aussi de démontrer que P est le polaire de P'.*

Remarque 12.2 *Une face de P est l'intersection d'un nombre fini de facettes de P. Chaque facette est l'intersection de son plan support et de P. Une face propre (qui contient au moins un sommet de P) est donc l'intersection, lorsqu'elle est non-vide, de P et d'un nombre fini de plans supports de facettes. Une face peut aussi être représentée par les sommets qu'elle contient. Soient respectivement L_f et J_f les ensembles d'inégalités et de sommets définissant la face f. L'égalité (12.1) se réécrit :*

$$B_{J_f,C}\,{}^{t}A_{L_f,C} = \mathbf{1}. \tag{12.2}$$

L'ensemble J_f d'inégalités de P' définit donc une face f' de P'. Les faces f et f' qui se correspondent dans cette égalité sont donc en bijection.

Comme une face d'une face de P est une face de P, l'ensemble des faces de P forme un treillis pour l'inclusion (chaque paire de faces est contenue dans une même face, P éventuellement, l'intersection de deux faces est une face, $\emptyset$ éventuellement); P et $\emptyset$ sont aussi des faces. L'égalité (12.2) montre que le treillis des faces de P' est le renversé de celui de P.

Il y a d'autres définitions, a priori non-équivalentes, de la polarité entre deux polyèdres (cf Julian Aráoz [2]). Dans une de ces définitions, P est l'ensemble des solutions de :

$$A_{L,C} x_C \leq \mathbf{1},\ x_C \geq 0,\ \forall l \in L,\ c \in C,\ A_{l,c} \geq 0.$$

Soit $B_{L',C}$ la matrice des transposés des points extrêmes de P, P' est l'ensemble des solutions de :

$$B_{L',C} y_C \leq \mathbf{1},\ y_C \geq 0.$$

12.3 Polyèdre polaire d'une copie de P

Soit P un polyèdre borné quelconque non-réduit à un seul point. On va montrer que si l'on dispose d'un oracle polynomial permettant d'optimiser sur P en temps polynomial, on pourra :
- trouver la plus petite variété linéaire contenant P,
- trouver un point intérieur à P relativement à cette variété,
- ramener l'espace à cette variété centrée sur ce point intérieur (cf section 11.4).

On peut alors parler du polaire de P dans cette variété.

12.3.1 Plus petite variété de P

Soit $f_C x_C$ une fonction linéaire quelconque. Notre oracle permet de calculer $M = \max_{x_C \in P} f_C x_C$ et $m = \min_{x_C \in P} f_C x_C$ en temps polynomial.

Remarque 12.3 *Si $M = m$, P est contenu dans le plan F défini par :*

$$F = \{x_C \in \mathbb{R}^C, \ f_C x_C = M\}.$$

Sinon on obtient deux points de P, $x_C^M \neq x_C^m$, points qui maximisent, respectivement minimisent, $f_C x_C$.

Dans le cas où $m = M$, on a construit une sous-variété linéaire contenant le polyèdre P et définie par l'égalité :

$$f_C x_C = m.$$

On va étudier à présent le cas général. Considérons les points $x_{i,C} \in P$ pour $i \in I_k$, affinement indépendants, et soient $x_{j,C}$, $x_{j',C}$ deux nouveaux point de P. Posons $K_k = I_k \cup \{j\} \cup \{j'\}$.

Remarque 12.4 *Par l'algorithme de Gauss, par exemple, on peut, en temps polynomial, trouver l'ensemble $I_{k+1} \subset K_k$ tels que les points de P indicés par I_{k+1} soient, parmi ceux indicés par K_k, en nombre maximum affinement indépendants.*

Appelons $X_{I_k,C\cup\{a\}}$ la matrice de ces points auxquels on a adjoint la colonne de -1. Un plan contenant tous ces points est défini par l'égalité $f_C x_C = f_a$.

Proposition 12.3 *Le vecteur $f_{C\cup\{a\}}$ satisfait donc l'équation :*

$$X_{I_k,C\cup\{a\}} f_{C\cup\{a\}} = 0.$$

Appelons $C' = C\cup\{a\}$. Les points indicés par I_k étant affinement indépendants, on peut extraire une matrice carrée et régulière $X_{I_k,J}$ de $X_{I_k,C'}$, avec $J \subset C'$. Pour $j \in C' \setminus J$, notons $f_{C'}^j$ la solution de ce système telle que $f_{C'\setminus(J\setminus\{j\})}^j = 0$, et $f_j^j = 1$. On va considérer l'ensemble de ces $f_{C'}^j$.

Remarque 12.5 *L'ensemble de ces $n + 1 - |I_k|$, $f_{C'}^j$, est, par construction, un système libre maximum de solutions de $X_{I_k, C'} f_{C'} = 0$.*

Proposition 12.4 *Supposons que l'on ait :*

$$\forall j, \; \max_{x_C \in P} f_C^j x_C = \min_{x_C \in P} f_C^j x_C.$$

Alors notre polyèdre P est contenu dans la variété linéaire définie par les $X_{I_k, C}$. La remarque précédente 12.4 nous permet donc de construire I_{k+1} en temps polynomial. Notre oracle étant polynomial, la réponse à cette alternative se fait en temps polynomial.

Preuve. Sinon l'un des f_C^j définit au moins un point x_C ($x_{m,C}$ ou $x_{M,C}$) tel que $f_C^j x_C \neq f_a$, et donc est affinement indépendant des précédents. Si P est contenu dans chacun des plans définis par $f_C^j x_C = f_a$, il est dans la variété linéaire définie par les $X_{I_k, C}$. Le nombre d'appels à notre oracle est au plus $2n$, avec $n = |C|$. □

Remarque 12.6 *L'oracle étant polynomial, il donne, après perturbation des sommets, les (f_C^j, f_a) solutions de systèmes linéaires définis par des x_C fournis par notre oracle. Ces (f_C^j, f_a) sont donc de longueur d'écriture polynomiale, et sont obtenus en temps polynomial.*

Remarque 12.7 *Si $d \leq n$, on peut éliminer (en temps polynomial) $n - d$ variables pour se trouver dans la variété définie à la section 11.4.*

Remarque 12.8 *Soit I_T ($|I_T| = k$) l'ensemble indiçant les derniers $X_{i,C}$. Ces points étant affinement indépendants, le point :*

$$\hat{x}_C = \frac{1}{k} \sum_{i \in I_T} X_{i,C},$$

est intérieur à P. Son écriture est de longueur polynomiale. On peut dans sa variété translater le polyèdre P du vecteur $-\hat{x}_C$ pour obtenir un polyèdre P' (identique à P) centré à l'origine. Avec notre oracle polynomial, on peut, moyennant les transformations polynomiales effectuées, optimiser une fonction linéaire sur P'.

12.4 Séparer

Soit P un polyèdre et $\bar{x}_C$ un point. Considérons la plus petite variété linéaire contenant P, $V_P = \{x_C \in \mathbb{R}^C, \; A_{L,C} x_C = b_L\}$. Si $\bar{x}_C \notin V_P$, et donc $A_{L,C} \bar{x}_C \neq b_L$, il y a (au moins) un des plans $A_{l,C} x_C = b_l$ qui *sépare* $\bar{x}_C$ et V_P et donc qui sépare $\bar{x}_C$ et P. On vient de voir que l'on savait trouver tous ces plans en temps polynomial. On sait ainsi séparer un point n'appartenant pas à V_P de P.

Si $\bar{x}_C \in V_P$, on peut faire la même transformation sur $\bar{x}_C$ que celle faite sur P, on se ramène ainsi à séparer un polyèdre P à intérieur non-vide contenant l'origine et un point $\bar{x}_C$. Soit P' le polyèdre polaire de P.

$$P = \{x_C \in \mathbb{R}^C, \ A_{L,C} x_C \le \mathbf{1}\},$$

$$P' = \{y_C \in \mathbb{R}^C, \ B_{L',C} y_C \le \mathbf{1}\}.$$

Remarque 12.9 *Soit $x_C \in P$, $y_C \in P'$; on a $x_C y_C \le 1$.*

Preuve. On interprète les $A_{l,C}$ comme des sommets de P'. Le point x_C de P est combinaison convexe (donc positive) de ces sommets. Les mêmes coefficients appliqués aux composantes du vecteur $\mathbf{1}$ donnent 1. La somme des inégalités de définition de P' (multipliées par les coefficients de cette combinaison convexe) donne l'inégalité annoncée. $\square$

Soit f_C un point de l'espace appartenant au polyèdre P'. Notre oracle optimisant f_C sur P nous donne, par définition du polyèdre polaire, un point noté $\hat{x}_C^f \in P$ (sommet de P) tel que :

$$\forall l \in L, \ A_{l,C} \hat{x}_C^f \le 1.$$

Interprétant les $A_{l,C}$ comme les sommets de P', on obtient que :

$$\forall y_C \in P', \ \hat{x}_C^f y_C \le 1.$$

Proposition 12.5 *L'oracle d'optimisation sur P permet de séparer sur P'.*

Preuve. Soit $\hat{y}_C$ un point de l'espace propre de P'. L'oracle d'optimisation sur P fournit un $x_C^{\hat{y}}$ maximisant $\hat{y}_C x_C$.

$$\forall x_C \in P, \ \hat{y}_C x_C \le \hat{y}_C x_C^{\hat{y}}, \tag{12.3}$$

ceci est vrai, en particulier, pour les sommets $B_{l',C}$ de P. D'où :

$$\forall B_{l',C} \in P, \ \hat{y}_C B_{l',C} \le \hat{y}_C x_C^{\hat{y}}.$$

Si $\hat{y}_C x_C^{\hat{y}} \le 1$, $\hat{y}_C$ satisfait toutes les inégalités de P', et alors $\hat{y}_C \in P'$. Sinon $\hat{y}_C x_C^{\hat{y}} > 1$. Par définition du polaire P', et utilisant la remarque 12.9 on a pour tout $y_C \in P'$, $y_C x_C^{\hat{y}} \le 1$. Le plan défini par l'inégalité (12.3) est un plan séparateur de $\hat{y}_C$ et de P'. On vient de décrire un algorithme séparateur de P' utilisant l'oracle optimiseur de P. $\square$

Par l'algorithme décrit au chapitre précédent, on sait donc aussi optimiser sur P'. Pour séparer sur P, on va maximiser la fonction $\bar{x}_C y_C$ sur P'. On obtient le point $\hat{y}_C$.

Théorème 12.2 *Si $\bar{x}_C \hat{y}_C \le 1$, alors $\bar{x}_C$ appartient à P. Sinon le plan F défini par :*

$$F = \{x_C \in \mathbb{R}^C, \ \hat{y}_C x_C \le 1\},$$

sépare le point $\bar{x}_C$ du polyèdre P

Preuve. On vient de démontrer qu'un oracle optimisant sur P permet de séparer sur P'. On en a déduit un oracle optimisant sur P', et donc un oracle séparateur sur P.

13 Les oracles polyédraux, et les autres

Dans ce chapitre nous allons montrer comment, au moyen d'un oracle séparateur simplement polynomial, on peut obtenir polynomialement un plan d'appui de longueur d'écriture ne dépendant que du polyèdre P. Dans une première partie on décrira un algorithme polynomial dû à A.K. Lenstra, H.W. Lenstra et L. Lovász [55], appelé *LLL* des initiales de ses trois auteurs, qui, étant donné un point $x_C \in \mathbb{Q}^C$ de longueur d'écriture α, et une approximation *suffisante* y_C de ce point (en fonction de α), permet, avec comme seules données y_C et α, de trouver x_C. Dans une deuxième partie, on montrera comment construire alors un plan d'appui.

13.1 L'algorithme *LLL*

Dans cette section, on se propose de démontrer le théorème suivant :

Théorème 13.1 *Il existe un algorithme polynomial qui, étant donnés des nombres rationnels $\alpha_1, \ldots, \alpha_n$, et $0 < \epsilon < 1$, calcule des entiers $p_1, \ldots, p_n$ et un entier q tels que :*

$$1 \leq q \leq 2^{n(n+1)/4} \epsilon^{-n},$$

et :

$$\forall i, \ 1 \leq i \leq n, \quad \alpha_i q - p_i < \epsilon.$$

On décrira de plus un algorithme qui construit les p_i et q. Nous allons commencer par montrer comment trouver un nombre rationnel dont on connaît une approximation.

13.1.1 Développement en fractions continues

Soient $x > 0$ le nombre rationnel représenté par la fraction $\frac{p}{q}$, où p et q sont premiers entre eux ($(p, q) = 1$). Posons $a_0 = p$, $a_1 = q$, et appelons $(a_2, \ldots, a_k)$ la suite des restes des divisions successives de a_{i-2} par a_{i-1} (le dernier $a_k = 0$ ce qui définit k). Appelons b_i les quotients (entiers) respectifs ($b_2 = a_0/a_1$). Comme on a $a_k = 1$, on a $b_{k+1} = a_{k-1}$. Par exemple pour $\frac{37}{22}$, la suite des a_i est $(37, 22, 15, 7, 1)$, celle des b_i (qui commence avec b_2 est $(1, 1, 2, 7)$.

Remarque 13.1 *On a $a_i < a_{i-1}$ et $a_i \le a_{i-1}/2$, ou bien $a_{i+1} \le a_{i-1}/2$ (dans ce cas le quotient est 1 et le nouveau reste $a_{i-1} - a_i \le a_{i-1}/2$). Toutes les deux itérations de cet algorithme d'Euclide a_i est au moins divisé par 2 Cet algorithme est donc polynomial (une analyse plus fine permet de prouver un meilleur résultat).*

On peut écrire :

$$\frac{p}{q} = b_2 + \frac{a_2}{a_1} = b_2 + \frac{1}{\frac{a_1}{a_2}}.$$

À nouveau on peut écrire :

$$\frac{a_1}{a_2} = b_3 + \frac{1}{\frac{a_2}{a_3}}.$$

On peut donc écrire :

$$\frac{p}{q} = b_2 + \cfrac{1}{b_3 + \cfrac{1}{\ddots b_{k-1} + \frac{1}{b_k}}}, \quad Ex : \frac{37}{22} = 1 + \cfrac{1}{1 + \frac{1}{2 + \frac{1}{7}}}.$$

C'est par définition le développement en fraction continue du nombre $x = \frac{p}{q}$, et donc :

Proposition 13.1 *Le développement en fraction continue $(b_2, b_3, \ldots, b_k)$ du nombre rationnel $x = \frac{p}{q}$ est une représentation polynomiale de $x = \frac{p}{q}$. On a : $\forall i, b_i \le Max(p,q)$ et $k \le 2\log_2 Max(p,q)$).*

Supposons à présent que le rationnel $x = \frac{p}{q}$ est donné par une approximation décimale $x' = \frac{p'}{10^{3n}}$, n étant une borne supérieure, connue a priori, des nombres de chiffres de p et q ($p < 10^n$, $q < 10^n$). Posons $q' = 10^{3n}$. Appelons a_i' et b_i' les suites des restes et des quotients correspondant à x'.

Remarque 13.2 *Le choix de q' dans les expressions précédentes nous assure qu'il existe $|\epsilon| \le \frac{1}{10^n}$ et $|\epsilon'| \le \frac{1}{10^n}$ tels que $x' = \frac{p+\epsilon}{q}$ et $\frac{a_1'}{a_2} = \frac{q+\epsilon'}{a_2}$.*

Preuve. On a $\frac{p'}{q'} \le \frac{p}{q} \le \frac{p'+1}{q'}$. Comme $q < 10^n$ et que $\frac{p}{q} - x' \le 10^{-3n}$, $|\epsilon| \le \frac{1}{10^{2n}} < \frac{1}{10^n}$.
Supposons que $p \ge 1$
Si $P \le 1$, le deuxième quotient est supérieur à 10^n, et la proposition (13.2) ci-dessous nous permet de conclure. Soit donc $p < q$ ainsi donc aussi $p' < q'$. Selon le signe de ϵ', on aura :

$$\frac{q'}{p'+1} \le \frac{q}{p} \le \frac{q'}{p'} \quad ou \quad \frac{q'}{p'} \le \frac{q}{p} \le \frac{q'}{p'-1}.$$

Dans le premier cas, on a :

$$\frac{q'}{p'} - \frac{q}{p} \le \frac{q'}{p'} - \frac{q'}{p'+1} = \frac{q'}{p'(p'+1)}.$$

Et donc, comme $\frac{q'}{p'} = \frac{q+\epsilon'}{p}$, on a :

$$\frac{q+\epsilon'}{p} - \frac{q}{p} = \frac{\epsilon'}{p} \le \frac{q+\epsilon'}{p}\frac{1}{p'+1},$$

d'où :

$$\frac{\epsilon'}{p}\frac{p'}{p'+1} \le \frac{q}{p(p'+1)},$$

et donc :

$$\epsilon' \le \frac{q}{p'} < \frac{1}{10^n}.$$

Dans le deuxième cas, on écrit $\frac{q'}{p'} = \frac{q-\epsilon'}{p}$, avec $\epsilon' \ge 0$, et donc :

$$\frac{q}{p} - \frac{q'}{p'} \le \frac{q'}{p'-1} - \frac{q'}{p'} = \frac{q'}{p'(p'-1)},$$

d'où :

$$\frac{q}{p} - \frac{q-\epsilon'}{p} = \frac{\epsilon'}{p} \le \frac{q-\epsilon'}{p}\frac{1}{p'-1},$$

et :

$$\frac{\epsilon'}{p}\frac{p'}{p'-1} \le \frac{q}{p(p'-1)},$$

finalement :

$$\epsilon' \le \frac{q}{p'} < \frac{1}{10^n}.$$

Remarque 13.3 *La valeur $q' = 10^{3n}$ est la meilleure possible pour pouvoir utiliser le test d'arrêt proposé dans la proposition (13.2). En effet la majoration de ϵ' par $\frac{1}{10^n}$ est serrée.*

Preuve. Supposons $q' = 10^{2n}$, avec $n = 2$, et considérons $\frac{p}{q} = \frac{1}{100}$. L'arrondi par excès à 10^{-4} près va être $0,0101$. Notre fraction approchée est donc $\frac{p'}{q'} = \frac{101}{10000}$. Le deuxième quotient va être 99, et le deuxième reste 1. La fraction *trouvée* correspondante est $\frac{1}{99}$, et non $\frac{1}{100}$.

Effectuons le développement en fraction continue de x'. On va montrer que le début du développement en fraction continue de x' est celui de x. Comme $a_0 = a_1 b_2 + a_2$, on peut écrire :

$$a_0 + \epsilon = a_1 b_2 + (a_2 + \epsilon), \tag{13.1}$$

De même on peut écrire :

$$a_1 + \epsilon' = a_2 b_3 + (a_3 + \epsilon'). \tag{13.2}$$

Remarque 13.4 *On a* $b'_2 = b_2,\ b'_3 = b_3, \ldots, b'_k = b_k \ldots$

Preuve. Le quotient de a'_0 et a'_1 est le même que celui de $a_0 + \epsilon$ et de a_1. Comme $|\epsilon| < 1$, $|\epsilon'| < 1$, et que $1 \le a_2 < a_1$, on a bien $0 < a_2 + \epsilon < a_1$, et de même $0 < a_3 + \epsilon' < a_2$.

Remarque 13.5 *En fait l'énoncé précédent est incorrect : il faudrait se limiter à* $b'_{k-1} = b_{k-1}$. *Si la valeur de* ϵ *est négative, l'itération suivante donnera* $b'_k = b_k - 1$ *et non* b_k. *cependant, on aura alors* $b'_{k+1} = 1$ *qui rajouté a* b'_k *donne bien* b_k. *Pour simplifier les énoncés, et sans restreindre la généralité, on supposera que ce dernier* ϵ *est positif.*

Remarque 13.6 *On vient aussi de démontrer :*

$$a'_2 = (a_2 + \epsilon) \times \frac{a'_1}{a_1} \ \ et \ \ a'_3 = (a_3 + \epsilon') \times \frac{a'_2}{a_2}.$$

Preuve. Prenons par exemple la relation (13.1), et multiplions la par $\frac{a'_1}{a_1}$. Il vient :

$$\frac{a'_1}{a_1}(a_0 + \epsilon) = \frac{a'_1}{a_1} a_1 b_2 + \frac{a'_1}{a_1}(a_2 + \epsilon).$$

Le premier terme n'est rien d'autre que $\frac{q'(p+\epsilon)}{q}$, soit $q'x' = q'\frac{p'}{q'} = p'$. Le deuxième est $a'_1 b_2$, et donc, par la remarque (13.4) vaut aussi $a'_1 b'_2$. Comme, par construction $p' = a'_1 b'_2 + a'_2$, le troisième est donc a'_2, d'où :

$$a'_2 = (a_2 + \epsilon) \times \frac{a'_1}{a_1}.$$

Proposition 13.2 *Pour* $i = 2, \ldots, k$, *on peut écrire les relations* (13.1) (13.2) *précédentes. Les* k *premiers* b'_i *donnent donc le développement en fraction continue de* $x = \frac{p}{q}$. *Le dernier reste est* ϵ *ou* ϵ', *selon la parité de* k. *On a donc :*

$$a_{k-1} + \epsilon = a_k(=1)b_{k+1} + \epsilon,$$

ou :

$$a_{k-1} + \epsilon' = a_k(=1)b_{k+1} + \epsilon'.$$

Comme ϵ *ou* ϵ' *sont, en valeur absolue, inférieurs à* $\frac{1}{10^n}$, *on a* $b_{k+2} \ge 10^n$. *On dispose donc d'un test d'arrêt de ce développement :* $b_i \ge 10^n$. *Cet algorithme est polynomial en* n, *la borne, connue a priori, des longueurs d'écriture de* p *et* q.

13.1.2 Un problème classique de Dirichlet

Considérons n nombres réels $\alpha_1, \ldots, \alpha_n$. On voudrait trouver n rationnels représentés par des couples (p_i, q), approximant correctement et simultanément les réels α_i. Le plus proche arrondi entier de $\frac{q\alpha_i}{q}$ donne, pour q fixé, une erreur commune inférieure à $\frac{1}{2q}$. On va voir que l'on peut faire mieux lorsque l'on remplace la condition q fixé par : $q \leq q_0$. Le théorème suivant, dû à Dirichlet, [15] garantit l'existence de tels nombres :

Théorème 13.2 *Étant donnés n réels $\alpha_1, \ldots, \alpha_n$ et $0 < \epsilon < 1$, il existe $(p_1, \ldots, p_n)$ et q tels que :*

$$\forall i, \ 1 \leq i \leq n, \ |\alpha_i - p_i/q| < \epsilon/q,$$

et :

$$1 \leq q \leq \epsilon^{-n}.$$

Preuve. Soit $\alpha = (\alpha_1, \ldots, \alpha_n) \in \mathbb{R}^n$, et $m = \lfloor \epsilon^{-n} \rfloor$. Considérons l'ensemble S de tous les points s de la forme :

$$s = k\alpha + z, \ z \in \mathbb{Z}^n, \ 0 \leq k \leq m.$$

Considérons l'ensemble C de tous les cubes c pour $s \in S$ de la forme :

$$c = \{x \in \mathbb{R}^n, \ \forall i, \ 1 \leq i \leq n, \ -\epsilon/2 < x_i - s_i < \epsilon/2\}.$$

À chaque point $z \in \mathbb{Z}^n$, on fait correspondre $m + 1$ cubes de volume ϵ^n. Leur volume total est donc $(m + 1)\epsilon^n > 1$. Lorsque z décrit $\mathbb{Z}^n$ on peut parler de la *densité* de l'union de tous ces cubes. Cette densité est supérieure à 1, le volume du cube unité centré sur z. Ces cubes ne peuvent donc pas être disjoints. On a donc :

$$\exists k_1 < k_2(\epsilon < 1), \ z_1, z_2, \ |k_2\alpha + z_2 - k_1\alpha - z_1| < \epsilon.$$

Le vecteur $p = z_2 - z_1$ et l'entier $q = k_2 - k_1$, répondent à la question. $\blacksquare$

Dans la section qui suit, après une étude des ensembles S de la forme précédente, on donnera un algorithme qui, sans trouver un vecteur p et un q ayant les propriétés précédentes, fournit un vecteur p' et un q' tels que $q'\alpha + p'$ est *suffisamment* petit.

13.1.3 Réseaux de $\mathbb{R}^n$

Soient $\{b_1, \ldots, b_n\}$, n vecteurs linéairement indépendants de $\mathbb{R}^n$.

Définition 13.1 *On appelle réseau euclidien l'ensemble L suivant :*

$$L = L(b_1, \ldots, b_n) = \left\{ \sum_{i=1}^{n} \lambda_i b_i, \ \lambda_i \in \mathbb{Z} \right\}.$$

L'ensemble $\{b_1, \ldots, b_n\}$ est appelé base du réseau.

Remarque 13.7 *Une base d'un réseau est donc un système de générateurs de l'ensemble des points du réseau, et pas seulement un ensemble libre maximum.*

Nous n'allons pas étudier ici les réseaux, mais proposer un algorithme permettant de trouver une *petite* base du réseau que nous venons de décrire. Soit A une matrice carrée à n colonnes, à coefficients entiers et de déterminant ± 1. Une telle matrice est dite *unimodulaire*. Nous avons remarqué théorème 9.1 que la matrice d'incidence d'un graphe orienté est totalement unimodulaire. Pour les graphes connexes, à la suppression d'une ligne près, les sous-matrices des colonnes d'un arbre à racine et plus généralement les sous-matrices inversibles sont donc unimodulaires. Les matrices unimodulaires ne sont pas nécessairement totalement unimodulaires (e.g. $\begin{smallmatrix} 1 & 0 \\ 5 & 1 \end{smallmatrix}$)

Soit L un réseau et $\{b_1, \ldots, b_n\}$ une base de L, soit A une matrice unimodulaire, et soit $b'_i = Ab_i$. Les vecteurs :

$$\{b'_1, \ldots, b'_n\},$$

constituent une autre base de L.

Proposition 13.3 *Toutes les bases de L s'obtiennent au moyen d'une telle transformation unimodulaire.*

Preuve. Soit $\{b_1, \ldots, b_n\}$ une base de L. Soit $\{b'_1, \ldots, b'_n\}$ une autre base de L. On a :

$$b'_i = \sum_{j=1}^{n} A_{i,j} b_j.$$

De même :

$$b_i = \sum_{j=1}^{n} A'_{i,j} b'_j.$$

Les $A_{i,j}$ et les $A'_{i,j}$ sont, par définition, des entiers. Appelons B, respectivement B' la matrice dont les vecteur colonnes sont les b_i, respectivement les b'_i. En écriture matricielle les égalités précédentes s'écrivent :

$$B' = B\,{}^tA, \ \ B = B'\,{}^tA'.$$

On a donc :

$$B = B\,{}^tA\,{}^tA'.$$

Les b_i étant linéairement indépendants, $AA' = I$. Le déterminant q de A est entier, celui de A' vaut $\frac{1}{q}$. Comme les éléments de A' sont entiers, son déterminant est entier. On a donc $\frac{1}{q} \in \mathbb{Z}$, et donc $q = \pm 1$.

La valeur $|det(b_1, \ldots, b_n)|$ ne dépend pas du choix de la base $\{b_1, \ldots, b_n\}$ du réseau L. On pose :

$$det(L) = |det(b_1, \ldots, b_n)|.$$

Le déterminant peut s'interpréter comme le *volume* du parallélépipède construit sur les vecteurs d'une base de L. En d'autres termes, et par construction de L, c'est le volume (commun) des parallélépipèdes construits sur 2^n points de L ne contenant aucun autre point de L. Parmi les bases de L, on veut en trouver une qui a de *petits* vecteurs.

Problème 13.1 *Trouver une base* $\{b_1, \ldots, b_n\}$ *telle que* $\|b_1\| \times \ldots \times \|b_n\|$, *le produit des normes euclidiennes de ses vecteurs, soit minimal.*

Ce problème est intéressant car ce produit représente le volume du parallélépipède *rectangle* construit sur les vecteurs $b_1, \ldots, b_n$. Le théorème d'Hadamard lie le déterminant d'une matrice et ce produit des normes euclidiennes de ses vecteurs (lignes ou colonnes). Énonçons le ici :

Théorème 13.3 (théorème d'Hadamard) *Soient* $b_1, \ldots, b_n$, n *vecteurs de* $\mathbb{R}^n$. *On a :*

$$\|b_1\| \times \ldots \times \|b_n\| \geq det(L).$$

Preuve. Supposons que ces vecteurs sont linéairement indépendants (sinon on a $det(L) = 0$, et l'inégalité est vérifiée). Considérons la base canonique $e_1, \ldots, e_n$ de $\mathbb{R}^n$ ainsi que la base $\{b_1, \ldots, b_n\}$. Considérons enfin la base $\{b'_1, b_2, \ldots, b_n\}$, où le vecteur b'_1 est orthogonal au sous-espace engendré par $b_2, \ldots, b_n$ (b'_1 peut être construit comme le vecteur directeur du plan passant par l'origine contenant les vecteurs $b_2, \ldots, b_n$ tel que $\|b'_1\| = \|b_1\|$). Dans cette dernière base $b_1 = b"_1 + y$ avec y dans le plan défini par $b_2, \ldots, b_n$, yt est donc linéairement dépendant des vecteurs $\{b_2, \ldots, b_n\}$. Le vecteur b'_1 étant de longueur égale à celle de b_1, $\|b"_1\| \leq \|b'_1\|$. Appelons B la matrice des vecteurs b_i, B' celle des $b'_1, b_2, \ldots, b_n$, $B"$ celle des $b_1, b_2, \ldots, b_n$ dans la base B', et enfin I la matrice unité. Dans la base B', $det(B") \leq 1$. Considérant les vecteurs de $B"$ représentés sur la base B', eux-même représentés sur la base e_i, on a :

$$B = B'B".$$

Par l'inégalité précédente, on a donc :

$$det(B) = det(B')det(B") \leq det(B').$$

Dans cette base, b'_1 est orthogonal aux vecteurs $b_2, \ldots, b_n$. On en déduit le résultat escompté.

On ne va pas résoudre le problème 13.1. En revanche, on va trouver une base telle que ce produit soit suffisamment petit.

Problème 13.2 *Étant donnés n vecteurs* $a_1, \ldots, a_n \in \mathbb{Q}^n$ *linéairement indépendants et un vecteur* $b \in \mathbb{Q}^n$, *trouver un vecteur* $v \in L(a_1, \ldots, a_n)$ *tel que* $\|b - v\|$ *soit minimal.*

On ne va pas non plus résoudre ce problème, mais trouver, en temps polynomial, une solution *satisfaisante* à ce problème. On précisera ultérieurement le sens donné à *satisfaisante*.

13.1.4 Orthogonalisation de Gram-Schmidt

Considérons une base ordonnée $\{b_1, \ldots, b_n\}$, de $\mathbb{R}^n$. Posons $b_1^* = b_1$, nous allons décrire les vecteurs b_i^* pour $i \geq 2$. Supposons connus $(b_1^*, \ldots, b_{j-1}^*)$, $j-1$ vecteurs linéairement indépendants. Définissons b_j^* de la façon suivante :

$$b_j^* = b_j - \sum_{i=1}^{j-1} \frac{{}^t b_j b_i^*}{\|b_i^*\|^2} b_i^*.$$

Proposition 13.4 *Les vecteurs* $(b_1^*, \ldots, b_j^*)$ *sont linéairement indépendants et engendrent le même sous-espace de* $\mathbb{R}^n$ *que* $b_1, \ldots, b_j$. *Cette base est orthogonale.*

Preuve. Si les vecteurs $b_1^*, \ldots, b_{j-1}^*$ sont linéairement indépendants, montrons que les $b_1^*, \ldots, b_j^*$ le sont aussi. Par construction b_j^* est combinaison linéaire de b_j et des b_i^*, $i \leq j - 1$. Par récurrence, b_j^* est donc combinaison linéaire des b_i, $i \leq j$. Supposons donc que les $b_1^*, \ldots, b_j^*$ sont linéairement dépendants c'est à dire $\sum_{i=1}^n \lambda_i b_i^* = 0$ avec les λ_i non tous nuls. Le coefficient λ_j de b_j^* est non-nul. Ces vecteurs restent liés lorsqu'ils sont représentés dans la base des b_i, vecteurs qui sont linéairement indépendants. Les combinaisons linéaires correspondante des b_i doivent être nulles, et donc avoir des coefficients nuls. Or le coefficient de b_j est $\lambda_j \neq 0$, ce qui est une contradiction. Ces vecteurs sont donc linéairement indépendants. La deuxième partie de la proposition découle de la remarque déjà faite que les b_i^* s'expriment en fonction des b_i.

Supposons alors que les vecteurs $b_1^*, \ldots, b_{j-1}^*$ sont orthogonaux et montrons :

$$\forall i, 1 \leq i \leq j - 1, \ {}^t b_i^* b_j^* = 0.$$

Soit :

$$
{}^t b_i^* \left(b_j - \sum_{i=1}^{j-1} \frac{{}^t b_j b_i^*}{\|b_i^*\|^2} b_i^* \right) = {}^t b_i^* b_j - {}^t b_i^* \frac{{}^t b_j b_i^*}{\|b_i^*\|^2} b_i^* = 0.
$$

Définition 13.2 *La base ordonnée,* $b_1^*, \ldots, b_n^*$, *est, par définition, l'orthogonalisation de Gram-Schmidt de la base* $b_1, \ldots, b_n$.

Considérons l'expression des b_i en fonction des b_i^*. De la définition des b_i^*, on tire :

$$b_j = \sum_{i=1}^j \mu_{ji} b_i^*,$$

avec $\mu_{jj} = 1$. Les autres ne sont pas, a priori, entiers. En écriture matricielle, μ étant la matrice des μ_{ji}, on a :

$$B = B^* \, {}^t \mu.$$

Corollaire 13.1 *La base des b_j^* étant orthogonale, son déterminant est, par construction, le produit des normes de ses vecteurs. La matrice μ est triangulaire inférieure. Les éléments de sa diagonale μ_{ii} sont tous égaux à 1. On a donc :*

$$det(L) = \|b_1^*\| \times \ldots \times \|b_n^*\|.$$

Remarque 13.8 *Par construction, b_j est combinaisons linéaire, pour $i \leq j$, des b_i^* qui sont orthogonaux. De plus μ_{jj} vaut 1, on a donc :*

$$\|b_j^*\|^2 = \|b_j\|^2 - \sum_{i=1}^{j-1} \frac{({}^t b_j b_i^*)^2}{\|b_i^*\|^2} \leq \|b_j\|^2.$$

Proposition 13.5 *La construction des (b_j^*) en fonction des (b_j), est polynomiale.*

Preuve. Il nous suffit de montrer que les coefficients μ_{ji} sont de longueur d'écriture polynomiale en fonction des données, ici les vecteurs a_i d'origine. En toute généralité, on peut supposer que les coordonnées de ces vecteurs sont entières.

Remarque 13.9 *La construction que nous allons décrire modifiera ces vecteurs en leur ajoutant un multiple entier d'un autre vecteur. Cette transformation conserve donc cette hypothèse.*

Le vecteur b_j^* est orthogonal au sous-espace vectoriel engendré par les vecteurs b_i^*, $(i < j)$. Ce sous-espace est aussi celui engendré par les b_i, $(i < j)$. Le vecteur b_j se décompose donc en la somme de b_j^*, orthogonal à ce sous-espace, et b_j', dans ce sous-espace. Posons :

$$b_j' = \sum_{k=1}^{j-1} \lambda_k b_k,$$

et exprimons que $b_j^* = b_j - b_j'$ est orthogonal à ce sous-espace, et donc à chacun des b_i :

$$\forall i, 1 \leq i \leq j-1, \left({}^t b_i (b_j - \sum_{k=1}^{j-1} \lambda_k b_k) \right) = 0.$$

Appelons $B_{n,J}$ la matrice dont les vecteurs colonnes sont les b_i $(i < j)$ $(B_{n,i} = b_i)$. Appelons λ_J, le vecteur des λ_i. En écriture matricielle, l'expression précédente s'écrit :

$$({}^t B_{n,J} B_{n,J}) \lambda_J = {}^t B_{n,J} b_j.$$

Une des conséquences est que $det({}^t B_{n,J} B_{n,J}) \lambda_J$ est un vecteur d'entiers, la composante λ_i est un quotient de déterminants d'entiers dont le dénominateur est $det({}^t B_{n,J} B_{n,J})$. On a donc aussi :

Remarque 13.10 *Le vecteur* $det(\,{}^tB_{n,J}B_{n,J})b_j^*$, *exprimé sur la base des* b_i, *est à coordonnées entières. Soit* $I = \{1,\ldots,i-1\}$; *la composante* $det(\,{}^tB_{n,I}B_{n,I})\mu_{ji}$, *exprimée sur la base des* b_j^*, *est donc aussi entière.*

Preuve. On a $\mu_{ji} = \,{}^tb_jb_i^*$, et donc $det(\,{}^tB_{n,I}B_{n,I})\mu_{ji}$ est entier. Nous venons de démontrer que $det(\,{}^tB_{n,I}B_{n,I})b_i^*$ est un vecteur d'entiers, ainsi que le vecteur b_j. De plus $det(\,{}^tB_{n,I}B_{n,I})$ est de longueur d'écriture polynomiale. Les coefficients μ_{ji} définis par $det(\,{}^tB_{n,I}B_{n,I})\mu_{ji} = \,{}^tb_j(det(\,{}^tB_{n,I}B_{n,I})b_i^*$, sont donc aussi de longueur d'écriture polynomiale. Posons :

$$D = \prod_{j=1}^{n} det(\,{}^tB_{n,J}B_{n,J}), \qquad (13.3)$$

D est donc aussi de longueur d'écriture polynomiale. D'autre part, chacune des composantes du vecteur b_j^*, exprimée sur la base des b_i^* et multipliée par un des termes du produit définissant D, est entière. Ces composantes sont donc aussi de longueur d'écriture polynomiale.

Remarque 13.11 *Le vecteur* $D \times b_j^*$, *exprimé sur la base des* b_i^*, *est donc aussi entier.*

Ce qui termine la démonstration de la proposition (13.5)□

13.1.5 Petit vecteur d'un réseau

Nous allons nous intéresser à choisir une base *suffisamment bonne*, c'est à dire une base ordonnée ayant une orthogonalisation de Gram-Schmidt contenant un vecteur suffisamment voisin de l'origine. Rappelons qu'à chaque ordre sur les vecteurs (b_i) (il y en a $n!$) correspondent des (b_i^*) a priori différents. Soit donc $L(b_1,\ldots,b_n)$ un réseau de $\mathbb{R}^n$. Considérons l'orthogonalisation de Gram-Schmidt $(b_1^*,\ldots,b_n^*)$ déduite de $(b_1,\ldots,b_n)$. On a alors :

$$\forall j = 1,\ldots,n,\ b_j = \sum_{i=1}^{j} \mu_{ji}b_i^* \ \text{et} \ \mu_{jj} = 1.$$

Lemme 13.1 *Pour tout vecteur* $b \in L$ *on a :*

$$\|b\| \geq min\{\|b_1^*\|,\ldots,\|b_n^*\|\}.$$

Preuve. On a :

$$b = \sum_{i=1}^{n} \lambda_i b_i,$$

avec $\lambda_i \in \mathbb{Z}$. Soit $k = \max_{\lambda_i \neq 0} i$.
Exprimons les b_i en fonction des b_i^* :

$$b = \sum_{i=1}^{k} \lambda_i^* b_i^*,$$

avec $\lambda_k^* = \lambda_k \ (\in \mathbb{Z})$. On a donc :

$$\|b\|^2 = \sum_{i=1}^{k} (\lambda_i^*)^2 \|b_i^*\|^2 \geq \lambda_k^2 \|b_k^*\|^2 \geq \|b_k^*\|^2.$$

Définition 13.3 *Une base* $(b_1, \ldots, b_n)$ *sera dite réduite si elle vérifie les deux conditions suivantes :*

1. $\forall 1 \leq i < j \leq n, \ |\mu_{ji}| \leq \frac{1}{2}$,

2. $\forall 1 \leq j \leq n, \ \|b_{j+1}^* + \mu_{j+1 \, j} b_j^*\|^2 \geq \frac{3}{4} \|b_j^*\|^2$.

On peut interpréter la première des conditions (13.3) comme la recherche d'une base "suffisamment" orthogonale, l'inégalité de la remarque (13.8) entraîne :

$$j > i, \ {}^t b_j b_i = \mu_{ji} \, {}^t b_i \mu_{ii} b_i = \mu_{ji} \|b_i\| \leq \frac{1}{2} \|b_i\|.$$

En d'autres termes, la projection de b_j sur b_i est inférieure ou égale à $\frac{1}{2}$, ou encore l'angle entre ces deux vecteurs est supérieur ou égal à $\frac{\pi}{3}$.

La deuxième de ces conditions peut s'éclairer de la façon suivante : l'échange de b_j et b_{j+1} change l'orthogonalisation de Gram-Schmidt, le nouveau vecteur b_j^* valant $b_{j+1}^* + \mu_{j+1 \, j} b_j^*$. Cette deuxième condition nous indique que, dans cet échange, la longueur de b_j^* ne croît pas trop.

Intéressons nous au vecteur de plus petit indice, b_1, d'une base réduite.

Théorème 13.4 *Soit* L *un réseau de* $\mathbb{R}^n$, *et* $(b_1, \ldots, b_n)$ *une base réduite de* L. *on a alors :*

1. $\|b_1\| \leq 2^{(n-1)/4} \sqrt[n]{det(L)}$,

2. $\|b_1\| \leq 2^{(n-1)/2} \min \|b\|, \ b \in L, \ b \neq 0$,

3. $\|b_1\| \cdot \ldots \cdot \|b_n\| \leq 2^{\binom{n}{2}/2} det(L)$.

Preuve. La propriété 2 de la définition 13.3 donne :

$$\frac{3}{4} \|b_j^*\|^2 \leq \|b_{j+1}^* + \mu_{j+1 \, j} b_j^*\|^2 = \|b_{j+1}^*\|^2 + \mu_{j+1 \, j}^2 \|b_j^*\|^2.$$

La propriété 1 donne $\mu_{j+1 \, j}^2 \leq \frac{1}{4}$, et donc :

$$\|b_{j+1}^*\|^2 \geq \frac{1}{2} \|b_j^*\|^2.$$

Cette dernière relation est vraie pour tout $j \leq n - 1$, et donc :

$$\forall 1 \leq i < j \leq n, \|b_j^*\|^2 \geq 2^{i-j}\|b_i^*\|^2. \tag{13.4}$$

Et comme $b_1^* = b_1$, on a aussi :

$$\|b_j^*\|^2 \geq 2^{1-j}\|b_1^*\|^2 = 2^{1-j}\|b_1\|^2. \tag{13.5}$$

Le produit de ces inégalités pour $j = 1, \ldots, n$ donne :

$$\|b_1^*\|^2 \cdots \|b_n^*\|^2 \geq 2^{-\binom{n}{2}}\|b_1\|^{2n}.$$

Le corollaire 13.1, qui s'obtient en analysant simplement la construction des b_j^* en fonction des b_j, dit que le premier membre de cette dernière expression est $det(L)^2$, d'où le point 1 du théorème.

Pour montrer le point 2, remarquons que le second membre de l'inégalité (13.5) est minimum pour $j = n$, et que donc :

$$\min_{j \in 1, \ldots, n} \|b_j^*\| \geq 2^{-(n-1)/2}\|b_1\|,$$

Le lemme 13.1 implique que le premier membre est une borne supérieure d'un quelconque $b \in L$. D'où ce point 2.

La propriété 1 de la définition 13.3 implique :

$$\|b_j\|^2 = \sum_{i=1}^{j} \mu_{ji}^2 \|b_i^*\|^2 \leq \|b_j^*\|^2 + \sum_{i=1}^{j-1} \frac{1}{4}\|b_i^*\|^2.$$

L'inégalité (13.4) implique :

$$\|b_j\|^2 \leq (1 + \sum_{i=1}^{j-1} \frac{1}{4}2^{j-i})\|b_j^*\|^2 \leq 2^{j-1}\|b_j^*\|^2.$$

en multipliant ces expressions pour $j = 1, \ldots, n$, on obtient :

$$\|b_1\|^2 \cdots \|b_n\|^2 \leq 2^{\binom{n}{2}}(det(L))^2,$$

d'où le point 3 du théorème.

13.1.6 L'algorithme LLL

Nous allons décrire à présent un algorithme qui va nous permettre de trouver une base réduite de notre réseau $L(a_1, \ldots, a_n)$. En toute généralité, on peut supposer que les $a_1, \ldots, a_n$ sont entiers. Notre base de départ sera $(b_1, \ldots, b_n) = (a_1, \ldots, a_n)$. Soit $(b_1^*, \ldots, b_n^*)$ l'orthogonalisation de Gram-Schmidt de cette base dont les coefficient sont μ_{ji}. Notons $\lceil \mu_{ji} \rfloor$ l'entier le plus voisin de μ_{ji}.

Données: $(b_1, \ldots, b_n) = (a_1, \ldots, a_n)$

Résultat: b_1

pour $j=1,2,\ldots,n$ **faire**

 pour $i=j-1,j-2,\ldots,1$ **faire**

  $b_j \leftarrow b_j - \lceil \mu_{ji} \rfloor b_i$

 fin

fin

tant que $\exists j$ *tel que* $\|b_{j+1}^* + \mu_{j+1,j} b_j^*\|^2 < \frac{3}{4}\|b_j^*\|^2$ **faire**

 échanger b_j et b_{j+1}

 pour $j=1,2,\ldots,n$ **faire**

  pour $i=j-1,j-2,\ldots,1$ **faire**

   $b_j \leftarrow b_j - \lceil \mu_{ji} \rfloor b_i$

  fin

 fin

fin

Théorème 13.5 *Cet algorithme est polynomial.*

Preuve.

Lemme 13.2 *La mise à jour des (b_i) après l'échange entre b_j et b_{j+1} ne change pas l'orthogonalisation de Gram-Schmidt $(b_1^*, \ldots, b_n^*)$ de la base ; elle se termine avec des μ_{ji} tels que $|\mu_{ji}| \le \frac{1}{2}$.*

Preuve. En effet, par construction, le vecteur b_i $(i < j)$, se décompose sur la base **orthogonale** $b_1^*, \ldots, b_i^*$, avec un coefficient $\mu_{ii} = 1$. Pour $k < i$, les termes ${}^t b_i^* b_k^*$ étant nuls, on a donc :

$$b_j'^* = b_j^* - \lceil \mu_{ji} \rfloor \sum_{k=1}^{i} \mu_{ik} b_k^* - \sum_{k=1}^{i} \frac{-\lceil \mu_{ji} \rfloor \mu_{ik} \, {}^t b_k^* b_k^*}{\|b_k^*\|^2} b_k^* = b_j^*.$$

Pour j donné, et $i < j$, le nouveau μ_{ji} satisfait $|\mu_{ji}| \le \frac{1}{2}$. Les i étant décrits de façon décroissante, le terme diagonal n'est plus modifié dans cette mise à jour. Les calculs effectués sur b_j ne modifient pas ses prédécesseurs (les (b_k) avec $k < j$).

Considérons l'orthogonalisation de Gram-Schmidt de la base obtenue à la fin de l'étape 2 de l'algorithme. Appelons (c_i^*) les vecteurs de la nouvelle orthogonalisation de Gram-Schmidt. On a :

Remarque 13.12 *Pour $i < j$ et $i > j + 1$, $c_i^* = b_i^*$.*

Le cas $i < j$ est évident par construction. Les vecteurs $b_1, \ldots, b_{j+1}$ engendrent, par construction, le même espace que $b_1^*, \ldots, b_{j+1}^*$ et que $c_1^*, \ldots, c_{j+1}^*$. Pour $i = j + 2$, la construction de c_i^* est simplement la décomposition de b_{j+2} en une partie dans ce sous-espace et l'autre orthogonale à celui-ci, d'où $c_{j+2}^* = b_{j+2}^*$. Pour les valeurs de i supérieures, on a la même construction et le même résultat.

Lemme 13.3 *On a :* $c_j^* = b_{j+1}^* + \mu_{j+1\,j} b_j^*$.

Preuve. On a :

$$b_{j+1}^* = b_{j+1} - \mu_{j+1\,j} b_j^* - \sum_{i=1}^{j-1} \mu_{j+1\,i} b_i^*,$$

d'où :

$$b_{j+1} = b_{j+1}^* + \mu_{j+1\,j} b_j^* + \sum_{i=1}^{j-1} \mu_{j+1\,i} b_i^*.$$

Par définition de c_j^*, on a aussi :

$$b_{j+1} = c_j^* + \sum_{i=1}^{j-1} \lambda_{j+1\,i} b_i^*.$$

La remarque 13.12 implique que pour $i < j$, $\lambda_{j+1\,i} = \mu_{j+1\,i}$. Par différence, on obtient le résultat annoncé. $\square$

Le fait que la deuxième condition de la définition (13.3) d'une base réduite ne soit pas satisfaite signifie :

$$\|b_{j+1}^* + \mu_{j+1\,j} b_j^*\|^2 < \frac{3}{4}\|b_j^*\|^2, \quad \|c_j^*\|^2 < \frac{3}{4}\|b_j^*\|^2.$$

Le corollaire 13.1 dit :

$$det(L) = \|b_1^*\| \cdot \ldots \cdot \|b_n^*\| = \|c_1^*\| \cdot \ldots \cdot \|c_n^*\|.$$

On en déduit que $\|c_j^*\|^2 \|c_{j+1}^*\|^2 = \|b_j^*\|^2 \|b_{j+1}^*\|^2$, et donc que :

$$\|c_j^*\|^{2(n-j+1)} \|c_{j+1}^*\|^{2(n-j)} < \frac{3}{4} \|b_j^*\|^{2(n-j+1)} \|b_{j+1}^*\|^{2(n-j)}. \tag{13.6}$$

Soit $J = \{1, 2, \ldots, j\}$; appelons $B_{n,J}$ la matrice dont les vecteurs colonnes sont les b_i ($B_{n,i} = b_i$), respectivement $B_{n,J}^*$ celle dont les vecteurs colonnes sont les b_i^*.

Remarque 13.13 *Considérons la matrice* ${}^t B_{n,J} B_{n,J}$ *; on a :*

$$\|b_1^*\|^2 \times \ldots \times \|b_j^*\|^2 = det({}^t B_{n,J} B_{n,J}).$$

Preuve. La matrice $T_{J,J}$ qui fait passer de $B_{n,J}^*$ à $B_{n,J}$ est la matrice des $\mu_{i,j}$. Elle est triangulaire et sa diagonale est composée de 1. Les éléments de la colonne i sont $T_{k,i} = \mu_{ik}$ ($k > i$, $T_{k,i} = 0$, $T_{i,i} = 1$). Puisque $B_{n,J} = B_{n,J}^* T_{J,J}$, on a :

$${}^t B_{n,J} B_{n,J} = {}^t T_{J,J} {}^t B_{n,J}^* B_{n,J}^* T_{J,J}.$$

Les colonnes de $B_{n,J}^*$ étant orthogonales entre elles, ${}^t B_{n,J}^* B_{n,J}^*$ est diagonale et ses éléments diagonaux sont les carrés des normes des vecteurs b_i^*. Le déterminant de $T_{J,J}$ est égal à 1 ; d'où le résultat.

Soit D le nombre défini par l'expression suivante :

$$D = \|b_1^*\|^{2n}\|b_2^*\|^{2(n-1)\cdot}\cdots\|b_n^*\|^2.$$

Lemme 13.4 *On a :*

$$D = \prod_{j=1}^{n} det(\,{}^tB_{n,J}B_{n,J}). \tag{13.7}$$

Les vecteurs b_j restant entiers tout au long de l'algorithme, D, qui a déjà été défini en (13.3), reste donc entier. Étant entier, on a : $D \geq 1$.

Preuve. C'est une application directe de la remarque 13.13 et de la définition (13.3) de D. $\square$

On ne restreint pas la généralité en supposant que les a_i sont à coordonnées entières, et donc que $\|a_i\| \geq 1$. Au départ, du fait la remarque 13.8, on a :

$$D_0 = \|a_1^*\|^{2n}\|a_2^*\|^{2(n-1)\cdot}\cdots\|a_n^*\|^2 \leq \|a_1\|^{2n}\|a_2\|^{2(n-1)\cdot}\cdots\|a_n\|^2$$

$$\leq (\|a_1\|\cdots\|a_n\|)^{2n}.$$

Comme nous le dit l'inégalité (13.6), à chaque étape 2 de l'algorithme, D diminue au moins d'un facteur $\frac{3}{4}$. Le nombre de fois où cette étape 2 est effectuée est donc au plus :

$$\frac{\log D_0}{\log \frac{4}{3}} \leq \frac{2n}{\log 4 - \log 3}(\log\|a_1\| + \ldots + \log\|a_n\|).$$

Ce nombre est polynomial dans la longueur d'écriture des données.
Posons $M = \max_{1 \leq i \leq n}(\|a_i\|)$.

Remarque 13.14 *On a vu, remarque (13.11), que les vecteurs Db_j^* sont entiers. On a d'autre part : $\max_{1 \leq i \leq n}(\|b_i^*\|) \leq M$.*

Preuve. À l'étape 2 de l'algorithme, seuls b_j^* et b_{j+1}^* sont modifiés. De plus, si on continue d'appeler c_j^* les nouveaux b_j^*, on a $c_j^* < b_j^*$. Montrons que $c_{j+1}^* \leq b_j^*$. Par définition :

$$c_{j+1}^* = c_{j+1}(= b_j) - \sum_{i=1}^{j-1}\frac{{}^tb_jb_i^*}{\|b_i^*\|^2}b_i^* - \frac{{}^tb_jc_j^*}{\|c_j^*\|^2}c_j^*.$$

Le terme c_{j+1}^* s'écrit encore :

$$c_{j+1}^* = b_j^* - \frac{{}^tb_jc_j^*}{\|c_j^*\|^2}c_j^*.$$

On a donc :

$$b_j^* = c_{j+1}^* + \frac{{}^t b_j c_j^*}{\|c_j^*\|^2} c_j^*.$$

Les deux vecteurs au second membre étant orthogonaux, on a bien :

$$c_{j+1}^* \leq b_j^*.$$

On a donc :

$$\max_{1 \leq i \leq n} (\|b_i^*\|) \leq \max_{1 \leq i \leq n} (\|a_i^*\|) \leq M.$$

Chaque coordonnée du vecteur b_i^* peut donc s'exprimer comme une fraction dont le dénominateur est inférieur à D et le numérateur est, en valeur absolue, inférieur à DM. Il nous reste à montrer que les vecteurs b_i restent suffisamment petits. À la fin d'une étape 1 de l'algorithme, on a :

$$b_j = \sum_{i=1}^{j} \mu_j^i b_i^*.$$

Comme les b_i^* sont orthogonaux entre eux, que chacune de leurs longueurs est inférieure à M, et que $|\mu_j^i| \leq 1$, on a :

$$\|b_j\|^2 = \sum_{i=1}^{j} \|b_i^*\|^2 \leq nM^2. \tag{13.8}$$

L'étape 2 ne fait que permuter les vecteurs, et donc ne change pas leur longueur d'écriture. Montrons que cette longueur reste modérée durant l'exécution d'une étape 1. Lorsque, à cette étape, le vecteur b_j est remplacé par $b_j - \lceil \mu_{ji} \rfloor b_i$, on a :

$$|\mu_{ji}| = \frac{|{}^t b_j b_i^*|}{\|b_i^*\|^2} \leq \frac{\|b_j\|}{\|b_i^*\|} \leq D\|b_j\|,$$

$$\lceil \mu_{ji} \rfloor \leq 2|\mu_{ji}| \leq 2D\|b_j\|,$$

et donc :

$$\|b_j - \lceil \mu_{ji} \rfloor b_i\| \leq \|b_j\| + |\lceil \mu_{ji} \rfloor| \|b_i\| \leq \|b_j\| + 2D\|b_i\| \|b_j\|.$$

Comme le vecteur b_i n'est plus remis en cause jusqu'à la fin de l'étape 1, l'inégalité (13.8) reste satisfaite, et donc :

$$\|b_j - \lceil \mu_{ji} \rfloor b_i\| \leq \|b_j\|(1 + 2\sqrt{n}DM) < 2nDM\|b_j\|.$$

Comme b_j est modifié au plus $j - 1 < n$ fois, le nouveau b_j ne dépasse pas :

$$(2nDM)^n \|b_j\|.$$

Puisque $\|b_j\| \leq \sqrt{n}M$ (13.8), durant cette étape, aucune des coordonnées (entières) de b_j ne dépasse la valeur :

$$(2nDM)^n \sqrt{n}M.$$

Sa longueur d'écriture reste donc polynomiale. Le théorème (13.5) est donc démontré, l'algorithme *LLL* est donc polynomial.

13.1.7 Application

Décrivons ici l'application de ce résultat dont nous avons besoin dans le cadre de cet ouvrage. Rappelons tout d'abord le résultat annoncé au tout début de ce chapitre :

Théorème 13.6 *Il y a un algorithme polynomial qui, étant donnés des nombres rationnels* $\alpha_1, \ldots, \alpha_n$, *et* $0 < \epsilon < 1$, *calcule des entiers* $p_1, \ldots, p_n$ *et un entier* q *tels que :*

$$1 \leq q \leq 2^{n(n+1)/4}\epsilon^{-n},$$

et :

$$\left|\alpha_i - \frac{p_i}{q}\right| < \frac{\epsilon}{q}, \quad \forall i, \, 1 \leq i \leq n.$$

Preuve. Considérons l'ensemble d'index $C' = C \cup \{n+1\}$. Soient, dans $\mathbb{R}^{C'}$, pour $1 \leq i \leq n$, $e_i = {}^t(0, \ldots, 0, 1, 0, \ldots, 0)$ (le 1 est en position i) et $a = {}^t(\alpha_1, \ldots, \alpha_n, 2^{-n(n+1)/4}\epsilon^{n+1})$. Soit L le réseau engendré par la base $\{e_1, \ldots, e_n, a\}$. Son déterminant vaut :

$$det(L) = 2^{-n(n+1)/4}\epsilon^{n+1}.$$

Les théorèmes 13.4 et 13.5 nous disent que l'on peut trouver, en temps polynomial, une base telle que l'on ait, d'une part $b_1 \neq 0$, et, d'autre part :

$$\|b_1\| \leq 2^{((n+1)-1)/4} \sqrt[n+1]{det(L)} = \epsilon.$$

On peut donc écrire :

$$b_1 = p_1 e_1 + \ldots + p_n e_n - qa,$$

avec $p_1, \ldots, p_n, q \in \mathbb{Z}$. On a, $0 < \epsilon < 1$, et donc $b_1 \neq 0$. Si $q = 0$, il y a un i tel que $p_i \neq 0$. On a alors, pour cet indice i, $|p_i e_i(i)| \geq 1 > \epsilon$, ce qui est une contradiction. On a donc toujours $q > 0$. La coordonnée $i \leq n$ de b_1 vaut donc $p_i - q\alpha_i$ et donc :

$$\forall i \leq n, \, |p_i - q\alpha_i| \leq \epsilon,$$

et :

$$q \, 2^{-n(n+1)/4}\epsilon^{n+1} \leq \epsilon.$$

Donc :
$$q \leq 2^{n(n+1)/4}\epsilon^{-(n+1)} \leq 2^{n(n+1)/4}\epsilon^{-n}.$$

C'est ce qu'il fallait démontrer.

Remarque 13.15 *On est toutefois assez loin du résultat donné par le théorème de Dirichlet 13.2, et ceci par un facteur* $2^{n(n+1)/4}$...

14 Optimisation par séparation : 2

Dans le chapitre 11 on a supposé que l'oracle séparateur était polyédral, c'est à dire que la longueur d'écriture du plan H fourni ne dépendait que du polyèdre P, indépendante de celle du point x que l'on veut séparer de P. Nous allons ici montrer que nous pouvons utiliser l'algorithme LLL 13.1 pour nous affranchir de cette hypothèse.

14.1 Oracle séparateur, plan d'appui

Nous commencerons par appliquer le résultat précédent (cf théorème 13.6) à la construction d'un plan d'appui. Nous montrerons ensuite comment adapter les constructions des chapitres précédents à ce nouvel outil.

14.1.1 Plan d'appui

Soit H un plan suffisamment proche du polyèdre P au sens où :

$$H = \{x \in \mathbb{R}^n, \ hx = h_0\},$$

tel que :

$$\|h\| = 1, \ \forall x \in P, \ hx \leq h_0,$$

et vérifiant :

$$\exists x^0 \in P, \ h_0 - \eta \leq hx^0 \leq h_0.$$

Pour faciliter l'exposé, nous supposons ici que $\|h\| = 1$. L'algorithme LLL qui fournit le plan défini par le couple (p, d) utilise comme données, aussi bien la représentation du plan H fournie par l'oracle, que celle avec h normé, ses coordonnées étant judicieusement arrondies. Si la norme de h n'est pas égale à 1, il faut simplement ajuster la valeur de ϵ. Parmi les points de P qui satisfont la dernière condition, il y a toujours un sommet de P. Nous supposerons donc que x^0 est un de ces sommets. Supposons de plus que chacun des éléments (sommets et facettes) du polyèdre P s'écrit en notation standard, et en base 2 avec moins de ν chiffres. On a bien entendu $n \leq \nu \leq 2^\nu$. Posons : $\eta = 2^{-10n\nu}$, $\epsilon = 2^{-4\nu}$. Le théorème 13.6 appliqué au point (h, h_0) avec ϵ permet de trouver un vecteur entier (p, d) et un entier q tels que :

$$|p_i - qh_i| \leq 2^{-4\nu}, \tag{14.1}$$

$$|d - qh_0| \leq 2^{-4\nu}, \tag{14.2}$$

$$1 \leq q \leq 2^{(n+1)(n+2)/4} 2^{4(n+1)\nu} \leq 2^{7n\nu}. \tag{14.3}$$

Théorème 14.1 *Le plan défini par le couple (p, d) est un plan d'appui de P. Sa longueur d'écriture est bornée indépendamment des données, c'est à dire celles du plan H. L'oracle qui nous donne le plan H, combiné à l'algorithme LLL 13.1, nous donne, lorsque H est suffisamment près de P, un oracle polyédral pour le problème "trouver un plan d'appui".*

Preuve. La relation (14.3) et l'inégalité (14.1) impliquent, si le vecteur p est nul, qu'on ait tous les $|h_i| \leq 2^{-4\nu}$. La norme euclidienne de h n'est donc pas égale à 1. Le vecteur p est donc non-nul. On peut écrire :

$$px - d = (p - qh)x + (qhx - qh_0) + (qh_0 - d). \tag{14.4}$$

Remarque 14.1 *C'est l'utilisation que l'on fait de cette décomposition qui nécessite que le **dénominateur** q de l'approximation (fournie ici par l'algorithme LLL) soit **commun** à tous les p_i.*

Pour les sommets $x \in P$, de longueur d'écriture inférieure à ν, on a :

$$|(p - qh)x| \leq n2^{\nu}2^{-4\nu} \leq 2^{-2\nu},$$

$$|qh_0 - d| \leq 2^{-4\nu}.$$

On a donc :

$$|(p - qh)x| + |qh_0 - d| \leq 2^{-2\nu+1}.$$

On a donc :

$$(qhx - qh_0) - 2^{-2\nu+1} \leq (px - d) \leq (qhx - qh_0) + 2^{-2\nu+1}.$$

Considérons alors le sommet x^0 proche du plan H :

$$q|hx^0 - h_0| \leq q\eta \leq 2^{7n\nu}2^{-10n\nu} = 2^{-3n\nu}.$$

On a donc :

$$|px^0 - d| \leq 2^{-3n\nu} + 2^{-2\nu+1} < 2^{-\nu}.$$

Cette dernière majoration est grossière. Le point x^0 ayant une représentation standard, (r^0, s_0), de longueur d'écriture inférieure ou égale à ν, son dénominateur s_0 a lui aussi une longueur d'écriture inférieure ou égale à ν. On a donc $1 < s_0 < 2^{\nu}$, d'où :

$$s_0|px^0 - d| < s_0 2^{-\nu} < 1.$$

Le premier membre de cette inégalité est entier. Il est donc nul : le point x^0 est donc dans le plan défini par $px = d$.

Considérons à présent les autres sommets de P. Soit x^1 l'un de ceux-ci. On a :

$$hx^1 - h_0 \leq 0,$$

et donc l'égalité (14.4) nous donne :

$$px^1 - d = (p - qh)x^1 + (qhx^1 - qh_0) + (qh_0 - d).$$

Le point x^1, comme tout sommet de P, a une longueur d'écriture inférieure à ν. Majorant le second membre, on obtient :

$$px - d \leq n2^\nu 2^{-4\nu} + 2^{-4\nu} < 2^{-\nu}.$$

Le point x^1 a, comme chacun des sommets de P, une représentation standard, (r^1, s_1), de longueur d'écriture inférieure ou égale à ν ; on a donc $s_1 < 2^\nu$, et :

$$s_1(px - d) < s_1 2^{-\nu} < 1.$$

Le premier membre étant entier, on a :

$$px - d \leq 0.$$

Il reste à montrer que la longueur d'écriture de cette nouvelle inégalité (celle de (p, d)) est polynomialement bornée indépendamment de celle de (h, h_0). Le vecteur h est normé, chacune de ses composantes est inférieure à 1. On a $|p_i - qh_i| \leq 2^{-4\nu}$, p_i et q étant entiers on en déduit :

$$|p_i| \leq qh_i \leq q \leq 2^{7n\nu}.$$

Le vecteur p est donc de longueur d'écriture inférieure à $n7n\nu \leq 7n^2\nu$. Le sommet x^0, de longueur au plus ν, appartenant au plan défini par (p, d), on a $d = px^0$. La longueur d'écriture de ce produit scalaire entier, est au plus la somme des longueurs d'écriture des deux vecteurs, et donc :

$$|d| \leq 2^{7n^2\nu} 2^\nu \leq 2^{8n^2\nu}.$$

La longueur d'écriture du couple (p, d) est donc au plus $15n^2\nu$.

14.1.2 Trouver un point

Dans le chapitre 11, le plan séparateur fourni par un oracle polyédral était, sous certaines conditions, plan d'appui. L'algorithme précédent, nous fournit un plan d'appui H, mais il n'est pas sûr que le point x_C^k, centre de notre ellipsoïde que l'on voulait séparer de notre polyèdre P, ne soit pas du même coté de H que P. L'arrondi a pu faire légèrement *tourner* le plan séparateur pour donner H. On se servait aussi du fait que l'intersection de deux plans séparateurs définissait une variété linéaire de dimension strictement plus petite. Considérons, par exemple, une variété de dimension $n - 1$, définie par un seul plan H. Comme précédemment, on va obtenir un oracle séparateur, et polynomial, à partir de l'oracle de notre polyèdre P. Ce dernier oracle va nous fournir un plan H' qui coupe notre plan H. Rien ne nous dit que l'arrondi du vecteur directeur et du second membre définissant ce plan H' ne nous redonne pas notre plan H. On doit donc effectuer l'arrondi dans la variété, et non dans l'espace tout entier.

Le théorème 14.1 nous dit que lorsqu'un plan séparateur s'approche du polyèdre P à une distance inférieure à $\eta (\eta = 2^{-10n\nu})$, alors le plan arrondi est un plan d'appui. Rappelons nous que la longueur d'écriture des éléments de notre polyèdre P était bornée par l'entier ν. Les différents polyèdres P_k que nous allons rencontrer au long de notre algorithme se trouvent dans une variété linéaire définie par des plans de type précédent. L'égalité précédente fournie à l'étape k étant : $p_{k,C} x_C = d_k$. Plaçons nous au début de l'étape $k + 1$, et considérons le polyèdre P_k. Il se trouve dans une variété linéaire, V_k, de dimension $n - t$ définie par les t égalités : $p_{k,C} x_C = d_k$ linéairement indépendantes. Posant $T = \{1, \ldots, k\}$, on a $V_T = \{x_C \in \mathbb{R}^C, p_{T,C} x_C = d_T\}$. Soit $J \subset C$ tel que la matrice $p_{T,J}$ soit carrée et régulière. Appelons P_k^J, la projection de P_k dans $\mathbb{R}^{C \setminus J}$.

Proposition 14.1 *Comme pour le polyèdre P, on peut faire l'hypothèse que la longueur d'écriture des éléments (sommets et facettes) de P_k^J est de longueur d'écriture bornée par ν.*

Preuve. On suit ici la démarche de la section 11.4 pour se placer dans la variété linéaire V_k. Les sommets de P_k^J sont déduits de ceux de P par simple suppression des coordonnées dans J ; ils sont donc de longueur d'écriture ν. Les inégalités, comme pour P, se construisent à partir des sommets, et sont donc de longueur polynomiale en ν. On redéfinit alors ν comme le maximum de ces deux valeurs. C'est ce que nous avons déjà fait pour P. La valeur choisie de ν tient donc déjà compte de ce maximum.

Proposition 14.2 *Notre oracle séparateur polynomial nous permet de construire un oracle séparateur polynomial pour P_k^J.*

Preuve. L'intersection du plan H, fourni par notre oracle, et de la variété linéaire V_k est un plan séparateur dans cette variété. L'élimination des variables indicées par J nous donne une inégalité pour P_k^J. Décrivons l'étape $j + 1$:

1. éliminer les variables x_J :

$$x_J = p_{T,J}^{-1}(d_T - p_{T,C \setminus J} x_{C \setminus J}),$$

(le centre de l'ellipsoïde courant est $x_{C \setminus J}^i$),

2. prolonger, au moyen de l'expression précédente, ce centre en un point x_C^i, séparer pour trouver le plan H défini par (h_C, h_0), en déduire le plan H'

défini par le couple $(h'_{C\setminus J}, h'_0)$, avec :

$$h'_{C\setminus J} = h_{C\setminus J} - h_J p_{T,J}^{-1} p_{T,C\setminus J},$$

$$h'_0 = h_0 - h_J p_{T,J}^{-1} d_T,$$

3. lorsque H' est à une distance de P_k^J inférieure à $\eta = 2^{-10n\nu}$, construire au moyen de l'algorithme LLL le plan H'_{k+1} d'appui de P_k^J défini par le couple $(p_{C\setminus J}^{k+1}, d_{k+1})$.

En posant $p^{k+1}(J) = 0$, le plan H_{k+1} défini par le couple (p_C^{k+1}, d_{k+1}), est un plan d'appui de P_k.

La construction décrite au point 2 est celle de cet oracle séparateur pour le polyèdre P_k^J.

Remarque 14.2 *Le vecteur p_C^{k+1} est non-nul. Comme $p_J^{k+1} = 0$, il est linéairement indépendant des précédents. On définit ainsi la variété linéaire V_{k+1}. Le polyèdre P_{k+1} est, par définition $P_k \cap H_{k+1}$.*

Remarque 14.3 *La longueur d'écriture des différents couples (p_C^{k+1}, d_{k+1}) est bornée par une expression ne dépendant que de l'écriture initiale des sommets de P. Les constructions définies aux différentes étapes précédentes sont donc polynomiales. Ce sont de simples calculs matriciels.*

Remarque 14.4 *Il se peut que l'oracle séparateur utilisé au point 2 nous réponde que le point $x_{C,i}$ appartient à P. Dans ce cas, on procédera, comme nous l'avons déjà fait, par dichotomie sur le segment $[x_{C,i-1}, x_{C,i}]$, jusqu'à trouver un point $x'_{C,i} \notin P$ à une distance de P inférieure à η. Le plan fourni satisfait alors les conditions du point 3.*

Remarque 14.5 *Le plan H'_{k+1}, défini au point 2, est plan d'appui du polyèdre P_k. Nous n'avons pas dit, comme c'était le cas pour l'algorithme 11.3.2, que c'était aussi un plan d'appui du polyèdre P.*

Remarque 14.6 *Comme dans l'algorithme que nous avions décrit lorsque nous disposions d'un oracle séparateur polyédral, à la dernière étape, lorsque $T = \{1, \ldots, n\}(n = |C|)$,, le polyèdre P_n est réduit à un point. Un seul appel à l'oracle avec ce point comme donnée nous dit si P est non-vide.*

14.2 Optimiser sur P

On procédera ici comme nous l'avons déjà fait lorsque nous disposions d'un oracle séparateur polyédral. Nous voulons ici maximiser la fonction linéaire $f_C x_C$ sur P. Par dichotomie, nous nous étions placés dans le polyèdre $P' = P \cap F$ de la proposition 11.9, avec F défini par :

$$F = \{x_C \in \mathbb{R}^C, \, f_C x_C = f_0 - \frac{\epsilon}{4}\}.$$

Les valeurs de f_0 et ϵ sont choisies de façon à ce que ce plan F coupe, et ne coupe que, des arêtes de P issues d'un sommet optimal. Définissons notre première variété linéaire V_1 comme celle définie par ce plan F.

Remarque 14.7 *L'algorithme que nous venons de décrire nous fournit, en temps polynomial, un sommet de ce polyèdre. Les différents plans (d'appui) construits successivement ne sont pas nécessairement des plans d'appui de P (remarque 14.5 ci dessus). Leur intersection ne définit donc pas une arête de P issue d'un sommet optimal.*

Utilisons donc ici un autre argument. Dans la définition du plan F ci-dessus, on va trouver une valeur de ϵ de façon à ce que le point x_C, sommet du polyèdre P', soit suffisamment proche d'un sommet optimal, pour que l'algorithme LLL appliqué à ce point nous fournisse ce sommet. Une arête joint deux sommets. En langage algébrique, c'est l'union des deux bases optimales correspondant à ce sommet et son voisin. C'est ce que l'on décrivait dans la résolution du petit programme 6.11 où les variables de base x_I variaient comme $-\bar{A}_{I,s}x_s$. Le vecteur $(x_I, 0)$ est donc augmenté d'un multiple non-négatif du vecteur $y_C = (-\bar{A}_{I,s}, 0_{C \setminus (I \cup \{s\})}, 1)$.

Remarque 14.8 *Pour une variation de x_s de θ, la fonction économique varie comme $\bar{f}_s \theta = f_C y_C \theta$.*

Théorème 14.2 *Soit x'_C un sommet de P' tel qu'il existe un sommet optimal $\hat{x}_C$ avec :*
$$x'_C = \hat{x}_C + \theta y_C.$$

Lorsque $\|\theta y_C\| \leq 2^{-n(n+1)/4} 2^{-2(n(\nu+2)} 2^{-2\nu}$, l'algorithme LLL appliqué à x'_C nous fournit $\hat{x}_C$.

Preuve. Nous allons utiliser la construction du théorème 13.6 pour construire un couple (p_C, q) à partir de l'approximation x'_C. Prenons $\epsilon = 2^{-(\nu+2)}$. Soit $C' = C \cup \{n+1\}$. Soient, dans $\mathbb{R}^{C'}$, pour $1 \leq i \leq n$, $e_i = {}^t(0, \ldots, 0, 1, 0, \ldots, 0)$ (le 1 est en position i) et $a = {}^t(x'_1, \ldots, x'_n, 2^{-n(n+1)/4} \epsilon^{n+1})$. Soit L le réseau engendré par la base $\{e_1, \ldots, e_n, a\}$. Comme pour le théorème 13.6, le vecteur $b_1 \neq 0$ trouvé par l'algorithme décrit dans la preuve du théorème 13.5 est tel que :
$$|b_1| \leq \epsilon.$$

On peut donc écrire :
$$b_1 = p_1 e_1 + \ldots + p_n e_n - qa,$$

avec $p_1, \ldots, p_n, q \in \mathbb{Z}$. Comme $b_1 \neq 0$, si $q = 0$, $\exists i$ tel que $p_i \neq 0$, et donc $|p_i e_{i,i} - 0 a_i| \neq 0$ est entier. Comme $\epsilon < 1$, $|p_i e_{i,i}| < 1$, on a une contradiction. On peut donc supposer $q > 0$. La coordonnée $i \leq n$ est donc $p_i - q x'_i$ et :

$$\forall i \leq n, \ |p_i - qx'_i| \leq \epsilon.$$

On a : $\theta y_i = x'_i - x_i$, $x'_i = x_i + \theta y_i$. L'inégalité précédente se réécrit :

$$|p_i - qx_i - q\theta y_i| \leq \epsilon,$$

et donc :

$$|p_i - qx_i| \leq \epsilon + q2^{-n(n+1)/4}2^{-2n(\nu+2)}2^{-2\nu}.$$

Comme $q2^{-n(n+1)/4}\epsilon^{n+1} \leq \epsilon$, on a :

$$q \leq 2^{n(n+1)/4}2^{n(\nu+2)}.$$

Remplaçons q par cette valeur dans l'inégalité précédente, il vient :

$$|p_i - qx_i| \leq \epsilon + 2^{n(n+1)/4}2^{n(\nu+2)}2^{-n(n+1)/4}2^{-2n(\nu+2)}2^{-2\nu},$$

$$|p_i - qx_i| \leq \epsilon + 2^{-2\nu} \leq 2^{-(\nu+1)}.$$

La composante x_i est le quotient de deux déterminants. On a donc $x_i = r_i/s$ ($s > 0$) de longueur (totale) d'écriture au plus ν, et donc $s \leq 2^\nu$. Multiplions l'expression précédente par s ; on obtient :

$$|sp_i - qr_i| \leq s2^{-(\nu+1)} < 1.$$

Le premier membre étant entier, le second membre est nul et donc :

$$p_i/q = r_i/s.$$

Le point (p_C, q) est notre sommet optimal du polyèdre P.

Il nous reste donc à estimer $\bar{f}_s\theta$, avec :

$$\|\theta y_C\| \leq 2^{-n(n+1)/4}2^{-2(n(\nu+2)}2^{-2\nu}.$$

Par le théorème d'Hadamard chacune des composantes y_i de y_C est bornée (on a choisi ν pour que 2^ν soit une telle borne). On a donc :

$$\theta \leq 2^{-n(n+1)/4}2^{-2n(\nu+2)}2^{-3\nu}.$$

Utilisant le théorème d'Hadamard on peut borner $\bar{f}_s > 0$. Il suffit de voir que le dénominateur de l'expression donnant $\bar{f}_s$ est borné par 2^ν. On a donc :

$$\bar{f}_s \geq 2^{-\nu}.$$

On peut alors dire :

Théorème 14.3 *Lorsque le plan F qui définit notre polyèdre P' coupe ce polyèdre sur une arête et est tel que sa distance à un sommet optimal est inférieure à $2^{-n(n+1)/4}2^{-2n(\nu+2)}2^{-4\nu}$, alors l'algorithme LLL appliqué au sommet x'_C de P' que l'on a trouvé fournit le point $\hat{x}_C$ sommet optimal de P. Ces quantités étant de longueur polynomiale, ce sommet est trouvé en temps polynomial.*

Remarque 14.9 *L'algorithme LLL n'est pas indispensable à la construction de $\hat{x}_C$ à partir du point x'_C. Il suffit de construire le point $\hat{x}_C$ composante par composante. Un développement en fractions continues suffit.*

Notons que nous ne savons pas nous passer de l'algorithme LLL dans la construction d'un plan d'appui (cf Théorème 14.1).

15 L'oracle appartenir

Ce chapitre est consacré à la description d'une construction [67] d'un plan séparateur du point x_C et du polyèdre P au moyen de l'oracle appartenir, lorsque, bien entendu, $x_C \notin P$. Dans [38], Grötschel Lovász et Schrijver décrivent la construction, due à Yudin et Nemirovskiĭ, d'un algorithme polynomial pour séparer un point x_C et un convexe K. La construction que nous proposons est d'un certain point de vue *naturelle*. Ces deux constructions nécessitent des conditions sur le polyèdre P et le convexe K dont nous discuterons dans la section suivante.

15.1 L'oracle

Définition 15.1 *Soit P un polyèdre bien défini (cf définition 11.4), à intérieur non-vide et dont nous connaissons un point intérieur a_C. L'oracle appartenance à P, pour un point x_C, répond :*
- *ou bien, x_C appartient à P,*
- *ou bien, x_C n'appartient pas à P.*

Suivant Lovász ([56], [38]), montrons que les deux conditions :
- à intérieur non-vide,
- connaissance d'un point a_C de cet intérieur,

sont nécessaires à l'existence d'un algorithme pour trouver un (autre) point de P en temps polynomial. Imaginons que je sois en face de vous, lecteur, et que je connaisse le polyèdre P que vous cherchez. Précisons le, c'est un des n segments de $\mathbb{R}$ de la forme $[\frac{i}{n}, \frac{i+1}{n}]$, avec $0 \le i < n$. Je connais la (bonne) valeur de i, je la dépose sur la table dans une enveloppe, et je veux bien faire l'oracle. À chaque réponse négative que je vous ferai, vous pourrez, si vous me proposez un point de la frontière commune à deux polyèdres contigus, éliminer au plus deux des n polyèdres de la famille. Imaginez à présent que je suis un oracle *tricheur mais pas menteur*, c'est à dire que si vous tombez sur le bon polyèdre, et qu'il en reste au moins un ne contenant aucun des points que vous m'avez proposés, je changerai mon choix pour l'un de ceux-ci ; en revanche, lorsque je n'aurai plus de choix, je répondrai que le point appartient à P. Vous serez donc amené à me poser au moins $\frac{n}{2}$ questions avant d'avoir une réponse *oui* de ma part, la question étant "le point x appartient-il au polyèdre P ?" Je pourrais toutefois avoir choisi, au départ, le dernier polyèdre et n'avoir jamais triché, dans ce cas vous m'auriez posé au moins $\frac{n}{2}$ questions. Les données numériques de P s'écrivent en base 2 au moyen de $2\log_2 n$ signes (les longueurs d'écriture de i et de n), le nombre de questions $\frac{n}{2}$ est donc exponentiel en cette longueur d'écriture. De la même façon, lorsque P est l'un des segments de $\mathbb{R}^2$ de la forme $[(\frac{i}{n}, 0), (\frac{n-i}{n}, 1)]$, pour $i \in \{0, 1, \ldots, n\}$, centrés sur le point $(\frac{1}{2}, \frac{1}{2})$, on aboutit aux mêmes conclusions.

Cependant, lorsque P est à intérieur non-vide et que l'on connaît un point $\bar{x}_C$ à l'intérieur de P, cet oracle permet de dériver polynomialement un plan séparateur, et donc d'optimiser ([83], [38]). Ces auteurs étudient le cas plus général des convexes K. Dans ce cas, on doit connaître aussi les rayons r et R de boules inscrites dans et circonscrites à K.

Donnons une justification intuitive de notre construction. Soit $x_C \notin P$; la demi-droite $\bar{x}_C, x_C$, coupe, dans la plupart des cas (tous en probabilité) la surface de P au milieu d'une facette. Un **petit** cône d'origine $\bar{x}_C$ et de base un **petit** simplexe dans le plan orthogonal à cette demi-droite, passant par x_C, et centré sur x_C, coupe, toujours dans la plupart des cas, cette même facette. Et dans ce cas, une simple dichotomie permet d'identifier $|C|$ points affinement indépendants de celle-ci. Toujours dans ce cas, une fois le plan de ces points trouvé, un développement en fractions continues de chacun des coefficients de ce plan permet alors de trouver le plan de cette facette, et donc de séparer...

15.2 Construction d'une facette séparatrice

Soit donc P un polyèdre bien défini à intérieur non-vide, a_C un point de son intérieur, et x_C un point n'appartenant pas à P. Le segment $[a_C, x_C]$ coupe au moins une facette de P. Nous allons construire le plan support de l'une, F, de ces facettes. Bien entendu, celui-ci séparera x_C et P.

15.2.1 La construction

Notons $front(P)$ l'ensemble des points (frontières) y_C de P, c'est à dire les point y de P tels qu'il n'existe pas de point $z_C \in P$ tel que y_C appartienne à l'intervalle ouvert $]a_C, z_C[$. Soit $\underline{x}_C$ l'intersection de $front(P)$ et du segment $[a_C, x_C]$. Notons G l'hyperplan contenant le point x_C et perpendiculaire à la droite (a_C, x_C). Nous utilisons ici le mot hyperplan pour le distinguer des plans de dimension 2 que nous allons aussi utiliser. Trivialement, l'équation de G se décrit polynomialement en fonction de la longueur des données. Nous allons supposer que notre système de coordonnées est composé d'un vecteur unitaire dans la direction (a_C, x_C) et d'un système de coordonnées de G. De plus, pour éviter les confusions entre indépendance affine et indépendance linéaire, nous allons supposer que le point a_C est à l'origine des coordonnées.

La coordonnée dans la direction (a_C, x_C) sera appelée 1, et, dans G, le vecteur unitaire dans la direction $(0, \ldots, 0, \overset{c}{1}, 0, \ldots, 0)$ sera appelé v^c. Comme la distance entre le point x_C et P est de longueur polynomiale, nous pouvons choisir la longueur des vecteurs unitaires dans G de telle façon que les points que nous allons construire dans G soient tous à l'extérieur de P.

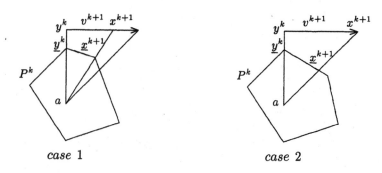

case 1   case 2

Fig. 15.1 – Construction de x^{k+1}

Nous allons construire deux paires de séquences de points reliées entre elles, $\{x_C^i, y_C^i\}$ et $\{\underline{x}_C^i, \underline{y}_C^i\}$, pour $i \in \{1, \ldots, n\}$. Les points x_C^i et y_C^i appartiennent à l'hyperplan G, tandis que $\underline{x}_C^i$ et $\underline{y}_C^i$ sont leur projection centrale de centre a_C sur la frontière de P : précisément $\underline{x}_C^i = [x_C^i, a_C] \cap front(P)$ et $\underline{y}_C^i = [y_C^i, a_C] \cap front(P)$.

Nous allons à présent décrire cette construction. Au départ les trois points $\underline{y}_C^1$, $\underline{x}_C^1$ et x_C coïncident. Supposons que, pour $i \leq k$, l'on ait déjà construit les points $\underline{x}_C^i$ et $\underline{y}_C^i$. Décrivons alors la construction des nouveaux points $\underline{x}_C^{k+1}$ et $\underline{y}_C^{k+1}$.

Définition de $\underline{x}_C^{k+1}$ et de y_C^{k+1} :

Dans le plan (à deux dimensions) défini par le point a_C, la droite (a_C, y_C^k) et la direction v^{k+1}, le point $\underline{x}_C^{k+1}$ est :

– soit le premier sommet de l'intersection de ce plan et P (cette intersection est un polygone), distinct de $\underline{y}_C^k$ dans la direction de v^{k+1} et dans le triangle défini par les points a_C, y_C^k et $y_C^k + v^{k+1}$, lorsqu'un tel sommet existe,

– soit le point d'intersection de $front(P)$ et du segment $[a_C, y_C^k + v^{k+1}]$.

On pose $\underline{y}_C^{k+1} = \frac{1}{2}(\underline{y}_C^k + \underline{x}_C^{k+1})$.

Théorème 15.1 *Les points $\underline{x}_C^1, \underline{x}_C^2, \ldots, \underline{x}_C^n$ définissent l'hyperplan support H_F d'une facette F contenant le point $\underline{x}_C^1 = x_C$ qui sépare donc le point x_C et le polyèdre P. Ces points, et donc l'hyperplan H_F, sont obtenus après un nombre polynomial d'appels de l'oracle d'appartenance.*

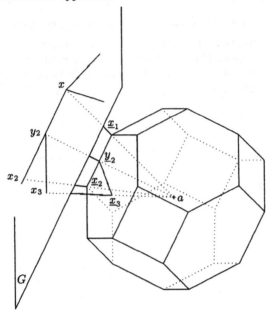

Fig. 15.2 – Construction générale

Preuve. Remarquons tout d'abord que l'intersection de P et du plan défini par les points a_C et y_C^k et par la direction v^{k+1} est un polygone. Les points $\underline{y}_C^k$ et $\underline{x}_C^{k+1}$ sont donc distincts. Remarquons aussi que la direction v^{k+1} de G est indépendante des précédentes, et donc que les points x_C^i sont affinement indépendants. Comme les $\underline{x}_C^i$ appartiennent à une facette F de P, ils appartiennent à l'hyperplan support H_F de cette facette. Comme de plus on a $\underline{x}_C^i = [x_C^i, a_C] \cap H_F$, les points $\underline{x}_C^i$ sont aussi affinement indépendants.

Remarque 15.1 *Chaque face de P qui contient $\underline{y}_C^k$, un point à l'intérieur du simplexe formé par les points $\underline{x}_C^i$ pour $i \leq k$, contient aussi tous ces points. Ainsi, une face qui contient à la fois $\underline{y}_C^k$ et $\underline{x}_C^{k+1}$ contient aussi tous les $\underline{x}_C^i$ pour $i \leq k + 1$.*

Les points $\underline{x}_C^i$ pour $i = 1, 2, \ldots, n$ définissent donc le plan H support de la facette F contenant $\underline{x}_C$; ce qui prouve la première affirmation. En ce qui concerne la seconde, montrons :

Lemme 15.1 *Les points x_C^i sont de longueur d'écriture polynomiale. Les points $\underline{x}_C^i$ sont donc aussi de longueur d'écriture polynomiale.*

Preuve. L'intersection du plan G et du cône polyédral d'origine a_C, de base F borné inférieurement par l'hyperplan parallèle à G passant par le point a_C, est un polyèdre bien défini P_F de G. La projection centrale sur le plan H de la base de l'espace du plan G est évidemment une base de l'hyperplan H. Cependant un changement de l'origine de la base dans l'hyperplan G change (par projection) la direction des vecteurs de la base correspondante de H.

C'est pourquoi nous avons choisi de faire simultanément notre construction dans G et H, l'analyse de la construction étant plus simple à faire dans G.

Dans le polyèdre P_F exprimons x_C^{k+1} en fonction de y_C^k. Nous avons :
- soit $x_C^{k+1} = y_C^k + v^{k+1}$, et dans ce cas x_C^{k+1} a la même longueur d'écriture que y_C^k,
- soit $x_C^{k+1} = y_C^k + \lambda v^{k+1}$ ($\lambda \neq 1$).

Dans ce dernier cas, la valeur de λ est bornée par le fait que, pour un certain hyperplan support du polyèdre P_F, le point $y_C^k + \lambda v^{k+1}$ appartient à une facette de P_F. Soit $\sum_{c \in \{2,...,n\}} \alpha_c z_c = \beta$ l'équation de son hyperplan support, équation écrite avec des coefficients entiers. Nous avons donc,

$$\sum_{c=2}^n \alpha_c (y_c^k + \lambda v_c^{k+1}) = \beta.$$

Puisque v^{k+1} est un vecteur unitaire, nous avons :

$$\lambda = \frac{1}{\alpha_{k+1}} (\beta - \sum_{c=2}^n \alpha_c y_c^k).$$

Seule la $(k+1)^{ième}$ composante de x_C^{k+1} est différente de celle de y_C^k :

$$x_{k+1}^{k+1} = \frac{1}{\alpha_{k+1}} (\beta - \sum_{c=2}^n \alpha_c y_c^k).$$

Son dénominateur est divisé par α_{k+1}, il reste donc polynomial. Une façon de montrer que le numérateur (entier) est aussi de longueur d'écriture polynomiale est de remarquer que, par le théorème d'Hadamard (13.3) , il est borné polynomialement car appartenant au polyèdre bien défini P_F. Pour le point y_C^{k+1} les composantes sont encore divisées par 2, ce qui reste polynomial. La dernière composante sera alors divisée par $2^n \times \prod_{i=1}^n \alpha_i$, (les α_i ne sont pas coefficients du même hyperplan), ce qui reste polynomial. Les points $\underline{x}_C^i$ qui sont des projections centrales des points x_C^i sur l'hyperplan H_F sont donc aussi de longueur d'écriture polynomiale.

Il reste à montrer que l'on peut effectivement construire, en temps polynomial, les points $\underline{x}_C^i$ et $\underline{y}_C^i$.

Le point x_C^i étant donné, par dichotomie sur le segment $[a_C, x_C^i]$ et en appelant l'oracle appartenance, on peut, polynomialement, approximer $\underline{x}^i$. On peut alors, utilisant une réduction par fractions continues (cf section 13.1.1) sur chacune des composantes, calculer la valeur exacte du point $\underline{x}_C^i$.

Soit z_C un point de l'hyperplan G hors de P, soit $\underline{z}_C$ l'intersection du segment $[a_C, z_C]$ et de $front(P)$. Soit z_C' le milieu du segment $[y_C^k, z_C]$, et $\underline{z}_C'$ le point correspondant de $front(P)$. On peut tester, en temps polynomial, si le segment $[\underline{y}_C^k, \underline{z}_C]$ est sur la frontière de P. On a seulement à vérifier si les points $\underline{z}'_C$ et l'intersection des droites (a_C, z'_C) et $(\underline{y}^k_C, z_C)$ sont les mêmes. Nous pouvons approximer x^{k+1}_C par dichotomie sur le segment $[y^k_C, y^k_C + v^{k+1}]$ en utilisant la construction précédente. Nous pouvons alors calculer le point x^{k+1}_C, en utilisant encore une réduction par fractions continues.

15.3 Conséquences sur les classes de complexité 2

Comme dans la section (11.6) consacrée aux relations entre l'existence d'un oracle séparateur et les hypothèses $\mathcal{P} = \mathcal{NP}$ et $\mathcal{NP} = \text{co}\mathcal{NP}$, montrons ici les liens entre l'existence d'un algorithme polynomial réalisant l'oracle appartenir et ces mêmes hypothèses.

Corollaire 15.1 *Si $\mathcal{P} \neq \mathcal{NP}$, il n'y a pas d'oracle polynomial répondant à la question : le point x appartient-il au polyèdre P ?*

Preuve. On a vu dans cette même section qu'on peut ramener le polyèdre du voyageur de commerce à sa variété propre. De plus, le transformé du point $(\frac{2}{n-1}, \ldots, \frac{2}{n-1})$ est intérieur, l'oracle appartenir permet de séparer sur ce polyèdre. On est alors ramené au corollaire (11.4).

De même, la vérification qu'un point **appartient** au polyèdre combinatoire P est un problème $\mathcal{NP}$. Ceci entraîne :

Corollaire 15.2 *Si $\mathcal{NP} \neq \text{co}\mathcal{NP}$, il n'existe pas de description des facettes du polyèdre P permettant de vérifier, en temps polynomial, qu'une inégalité $\alpha_C x_C \leq \beta$ est valide pour P.*

Preuve. Vérifier qu'un point appartient à un polyèdre dont la vérification des sommets est polynomiale est bien entendu dans $\mathcal{NP}$. En effet, dans un espace à n dimensions, tout point d'un polyèdre borné P est combinaison convexe de $n + 1$ sommets de P. Le problème "Le point x_C appartient-il au polyèdre P" appartient donc à $\mathcal{NP}$. Une inégalité $\alpha_C x_C \leq \beta$ est valide pour P si pour tout sommet $\hat{x}_C$ de P on a $\alpha_C \hat{x}_C \leq \beta$. Soit $f^C x_C$ une fonction à maximiser sur le polyèdre P, et soit $\hat{x}_C$ un sommet de P maximisant cette fonction. Le théorème d'optimalité des programmes linéaires nous dit que $\hat{x}_C$ maximise cette fonction si on a n facettes, définies par les inégalités $\alpha_{iC} x_C \leq \beta_i$ et contenant $\hat{x}_C$, telles que $-f^C$ soit combinaison affine des α_{iC}. Si l'on sait vérifier que les inégalités $\alpha_{iC} x_C \leq \beta_i$ sont valides, on sait vérifier que $\hat{x}_C$ maximise $\hat{x}_C$.

Considérons par exemple le problème d'appartenance de $\mathcal{NP}$ "Le graphe $G = (X, E)$ est-il hamiltonien ?". Ce problème se réduit au problème d'optimisation. Il suffit en effet de considérer la fonction f^C fonction caractéristique du graphe G. Si G est hamiltonien, son maximum vaut n ; sinon cette valeur est inférieure à $n - 1$. Si l'on sait polynomialement vérifier que $\hat{x}_C$ maximise f^C, on sait donc polynomialement vérifier que G n'est pas hamiltonien ($f^C x_C \leq n - 1$).

Inversement, si $\mathcal{NP} = co\mathcal{NP}$, le problème "Le point x_C appartient-il au polyèdre P?" appartenant à $\mathcal{NP}$, il appartient aussi à $co\mathcal{NP}$. On peut donc polynomialement vérifier que le point x_C n'appartient pas au polyèdre P. Comme *appartenir* permet de *séparer* (dans le cas du polyèdre du voyageur de commerce, on connaît son espace propre et un point intérieur est $(\frac{2}{n-1}, \frac{2}{n-1}, \ldots, \frac{2}{n-1})$), on peut certifier au moyen d'un algorithme polynomial qu'une inégalité définit une facette.

16 Épilogue

Nous voici arrivés à la fin de cet ouvrage. Nous avions au départ deux objectifs :

1. Donner une présentation générale des problèmes de complexité des algorithmes,

2. montrer que la séparation d'un point et d'un polyèdre, et l'optimisation des fonctions linéaires sur ce polyèdre, sont des problèmes polynomialement équivalents.

Les problèmes de complexité sont présentés aux chapitres 3, 4 et dans une moindre mesure 5. Trouver un point du polyèdre P, un sommet de P, optimiser une fonction linéaire sur P lorsque l'on a un oracle séparateur, sont présentés aux chapitres 11 et 14 selon que l'oracle est polyédral ou quelconque. Le problème inverse, séparer lorsque l'on sait optimiser, est présenté au chapitre 12. Pour cette présentation, il faut cependant étudier la programmation linéaire et la dualité, ce qui est fait au chapitres 6, ainsi que la façon de mener à bien les calculs, cf chapitre 7. L'étude élémentaire des polyèdres que nous effectuons au chapitre 8 fait appel à ces résultats. Il y a aussi deux chapitres plus techniques : l'un pour décrire les méthodes pour trouver un point d'un polyèdre (chapitre 10), l'autre (chapitre 13) où nous décrivons l'algorithme LLL qui permet de trouver des approximations simultanées rationnelles satisfaisante de n nombres réels. La figure suivante (16.1) est un guide de dépendance d'"optimiser" à partir de "séparer", en pointillés lorsque l'oracle séparateur n'est pas polyédral. Le chapitre est référencé entre parenthèses.

16.1 Application à la séparation de deux polyèdres

Soient P_1 et P_2 deux polyèdres bornés de $\mathbb{R}^C$ définis par les oracles séparateurs polynomiaux $\mathcal{O}_1$ et $\mathcal{O}_2$. Notons ici P le polyèdre $P = P_1 \cap P_2$.

Remarque 16.1 *On a un algorithme polynomial pour séparer un point x_C de P. Il suffit de séparer par l'un des plan fourni par les deux oracles $\mathcal{O}_1$ et $\mathcal{O}_2$. Si aucun des deux ne fournit un plan, alors x_C appartient à P.*

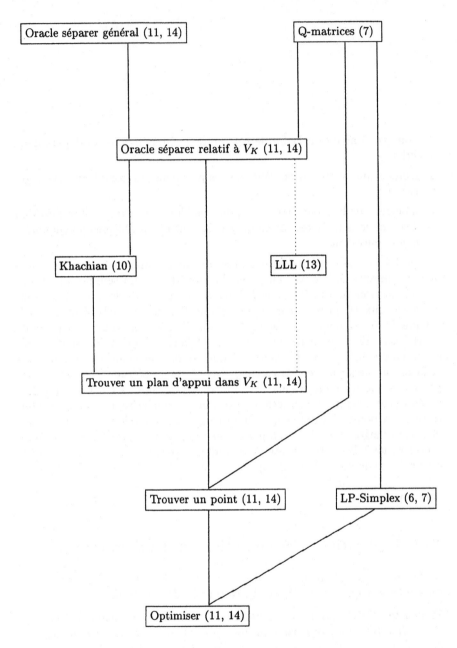

Fig. 16.1 – Dépendances des problèmes

Proposition 16.1 *On a donc un algorithme polynomial pour :*
  – trouver un sommet de P, ou dire que P est vide,
  – optimiser une fonction linéaire sur P.

Si le polyèdre P est vide, on sait qu'il existe alors un plan H qui sépare strictement les polyèdres P_1 et P_2. Comment construire un tel plan en temps polynomial ? Existe-t-il un tel plan de longueur d'écriture polynomiale ?

On a vu à la section 8.4 que la distance entre deux polyèdres à sommets rationnels P_1 et P_2 disjoints était supérieure à $\frac{1}{D}$ avec D de longueur d'écriture polynomialement liée à celle des sommets de P_1 et P_2. Appelons K_1 et K_2 les ensembles des indices des sommets des polyèdres P_1 et P_2. On va chercher un plan H tel que :

$$\begin{cases} \forall k_1 \in K_1, \ \forall k_2 \in K_2, \\ x_{C,K_1} h_C \geq x_{C,K_2} h_C + \epsilon, \\ \forall c \in C, \ -1 \leq h_c \leq 1. \end{cases} \tag{16.1}$$

Remarque 16.2 *Le point $h_C = 0$ n'est pas solution de ce système ($0 < \epsilon$). D'autre part, un point extrême de ce polyèdre en h_C a toujours une coordonnée égale à 1 ou -1, puisque sinon il existe $\lambda_1 > 1$, $\lambda_2 < 1$ avec :*

$$\lambda_2 h_C < h_C < \lambda_1 h_C.$$

La norme euclidienne d'un h_C extrême est donc ≥ 1.

Remarque 16.3 *Le polyèdre défini par ces inégalités avec $\epsilon = \frac{1}{D}$ est donc non-vide.*

Preuve. Soient $\bar{x}_C^1$ et $\bar{x}_C^2$ deux points parmi les plus proches de P_1 et P_2. On a vu à la section 8.4 comment construire ces points (en temps a priori non-polynomial). Considérons le vecteur $\bar{h}_C$ normé à 1 dans la direction de $\bar{x}_C^1$, $\bar{x}_C^2$.

Remarque 16.4 *Ce vecteur a priori réel satisfait les inégalités du système précédent. Ce système a donc une solution, et donc une solution (extrême) rationnelle, puisque ses données sont rationnelles (corollaire 6.1).*

En effet, la seule propriété à vérifier est que :

$$\forall x_C \in P_1, \ \bar{h}_C x_C \geq \bar{h}_C \bar{x}_C^1.$$

Sinon P_1 contiendrait des points plus proches de $\bar{x}_C^2$ que $\bar{x}_C^1$. On a la même propriété pour P_2.

On définit ainsi un polyèdre (dans l'espace des h_C). Comment séparer sur ce polyèdre ? Soit h_C un point quelconque de l'espace :

1. Il est facile, et polynomial, de vérifier la dernière contrainte qui est polynomiale. Un plan séparateur sera de la forme $h_c x_c \leq 1$.

2. En minimisant h_C sur P_1, on obtient, en temps polynomial, un sommet x_C^1, puis en maximisant sur P_2 on obtient, en temps polynomial, un sommet x_C^2. Il est donc polynomial de vérifier la deuxième contrainte. Si elle n'est pas vérifiée, un plan séparateur sera de la forme $(x_C^1 - x_C^2)h_C \geq \epsilon$.

On sait donc séparer sur ce polyèdre, et donc trouver un point extrême en temps polynomial. Soient h_C une solution de ce système, et x_C^1 un sommet minimisant h_C sur P_1. Le plan H suivant répond à la question :

$$H = \{x_C \in \mathbb{R}^C,\ h_C x_C = h_C x_C^1 - \frac{\epsilon}{2}\}.$$

Intéressons nous à présent à séparer deux polyèdres P_1 et P_2 à intérieur non-vide de $\mathbb{R}^C$ ayant un point commun, mais pas de point intérieur commun.

Remarque 16.5 *On a un algorithme polynomial pour vérifier la condition précédente. Il suffit de vérifier que les polyèdres P_1 et P_2 ne sont contenus dans aucune sous-variété linéaire de $\mathbb{R}^C$, et qu'en revanche $P = P_1 \cap P_2$ est contenu dans une telle sous-variété linéaire. Il suffit pour cela d'utiliser l'algorithme décrit dans la section 12.3.1.*

On a vu à la section 8.4 que ce problème revient à séparer, au sens large, l'origine du polyèdre $P_{1-2} = P_1 - P_2$. Trouver un plan séparateur des polyèdres P_1 et P_2 c'est alors chercher un vecteur h_C **non-nul** tel que :

$$\begin{cases} \forall k_1 \in K_1,\ \forall k_2 \in K_2, \\ h_C x_{C,K_1} \geq x_{C,K_2} h_C, \\ \forall c \in C,\ -1 \leq h_c \leq 1. \end{cases} \tag{16.2}$$

Il s'agit d'un polyèdre voisin du précédent. Le point $h_C = 0$ est ici solution de ce système. On a vu dans la section 8.4 qu'il y avait un plan séparateur, et donc un $h_C \neq 0$. Il y a donc, ici aussi, une solution extrême, donc à coordonnées rationnelles non-nulles (corollaire 6.1). On a le même algorithme séparateur. Pour être sûr de trouver un $h_C \neq 0$, il suffit de maximiser et minimiser dans les $2n$ directions de l'espace, ce qui reste polynomial.

Remarque 16.6 *On aurait pu aussi considérer le même polyèdre P_{1-2} pour séparer strictement deux polyèdres disjoints.*

16.2 Application aux libres communs à deux matroïdes

Certains polyèdres combinatoires sont décrits au chapitre 9. En particulier le théorème (9.4) donne un ensemble d'inégalités définissant l'enveloppe convexe des parties libres communes à deux structures de matroïdes, $M_1 = (E, \mathcal{F}_1)$ et $M_2 = (E, \mathcal{F}_2)$, définies sur le même ensemble fini E. Supposons que l'on dispose, pour chacun des deux matroïdes, d'un algorithme polynomial pour dire si la partie $F \subset E$ est libre. On rappelle que l'on dispose de l'algorithme *glouton*, justifié au théorème 9.3 pour maximiser une fonction linéaire sur les fonctions caractéristiques des parties libres de chacun des deux matroïdes. Avec l'hypothèse précédente, cet algorithme est polynomial. On rappelle que l'enveloppe convexe P des parties libres communes aux deux matroïdes est définie par les inégalités suivantes (9.5) :

$$\begin{cases} \forall A \subset E, \ \sum_{e \in A} x_e \leq Min(r_1(A), r_2(A)), \\ \forall e \in E, \ x_e \geq 0. \end{cases} \tag{16.3}$$

Appelons P_1, respectivement P_2, l'enveloppe convexe des parties libres de M_1, respectivement M_2.

Remarque 16.7 *On a $P \subset P_1$, $P \subset P_2$ et $P = P_1 \cap P_2$.*

Soit x_E un point de $\mathbb{R}^E$, on a :

Proposition 16.2 *De deux choses l'une :*
- *ou bien, pour $i \in \{1,2\}$, $x_E \notin P_i$, et il y a un plan H_i séparant x_E de P_i,*
- *ou bien, pour $i = 1, 2$, $x_E \in P_i$, et donc x_E appartient à P.*

Remarque 16.8 *Le plan H_i qui sépare le point x_E du polyèdre P_i sépare aussi x_E de $P \subset P_i$.*

Comment optimiser sur P ? On a montré au chapitre 12 que, lorsque l'on sait, polynomialement, optimiser une fonction linéaire sur le polyèdre P_i, on sait aussi séparer sur ce même polyèdre P_i. On sait ici optimiser polynomialement sur les polyèdres P_1 et P_2 (au moyen de l'algorithme glouton). La proposition précédente nous dit que l'on sait alors séparer polynomialement sur P.

Théorème 16.1 *Les algorithmes décrits au chapitre 11 permettent alors :*

1. *de dire si $P \neq \emptyset$,*

2. *d'optimiser sur P.*

Remarque 16.9 *Dans l'énoncé du théorème précédent, on n'a pas fait référence au chapitre 13. En effet, on sait obtenir un plan séparateur qui correspond à un sommet du polyèdre polaire de P_i, et qui est donc de longueur d'écriture ne dépendant que de celle de P (des P_i). Cet algorithme séparateur est donc un oracle polyédral pour notre problème.*

Remarque 16.10 *Supposons que les libres des deux matroïdes soient les libres de deux ensembles de vecteurs de $\mathbb{Q}^E$ indicés par E, et soient définis par deux matrices $A_{L_1,E}$ et $A_{L_2,E}$. On peut alors tester si $F \in E$ est libre au moyen de la modification d'Edmonds, section 5.4, de l'algorithme de Gauss. On peut donc tester si F est une partie libre en temps polynomial.*

L'algorithme que nous venons de décrire, pour trouver la partie libre de poids maximum commune à deux structures de matroïdes sur le même ensemble, n'est ni le premier décrit, ni le plus efficace dans la pratique. Ces problèmes ont été initialement résolus par Jack Edmonds ([20], [18], [23]).

16.3 Conclusion

Le lecteur intéressé par d'autres conséquences de ces constructions pourra consulter les ouvrages, d'approche plus difficile, de Martin Grötschel, Lásló Lovász et Alexander Schrijver [38] et d'Alexander Schrijver [74]. Ce dernier comporte des notes historiques très bien documentées.

Bibliographie

1. S. Agmon, *The relaxation method for linear inequalities*, Canadian Journal of Mathematics **6** (1954) 382-392. [131]

2. J. Aráoz, *Polyedral neopolarities*, Doctoral thesis, University of Waterloo, Waterloo, Ontario, 1973. [167]

3. C. Berge, *Graphes et Hypergraphes*, Dunod, Paris-Bruxelles-Montréal, 1973. [48]

4. R. Bland, *New finite pivoting rules for the simplex method*, Mathematics of Operations Research **2** (1977) 103-107. [79, 82]

5. K.H. Borgwardt, *The average number of pivot steps required by the simplex method is polynomial*, Zeitschrift für Operations Research, **26** 1982 157-177. [69]

6. C. Carathéodory, *Über den Variabilitätsbereich der Fourierschen Konstanten von positiven harmonischen Funktionen*, Rendiconti del Circolo Matematico di Palermo **32** (1911) 193-217. [106]

7. V. Chvátal, *Edmonds polytopes and a hierarchy of combinatorial problems*, Discrete Mathematics **4** (1973) 305-337. [129]

8. V. Chvátal, *Linear Programming*, Freeman, New York, 1983.

9. S. A. Cook, *The complexity of theorem-proving procedures*, Proceedings of Third Annual ACM Symposium on Theory of Computing, ACM, New York, (1971) 151-158. [39]

10. G. Cornuéjols, J. Fonlupt and D. Naddef *The traveling salesman problem on a graph and some related polyedra*, Mathematical Programming **33** (1985) 1-27. [126]

11. G. Cramer *Introduction à l'analyse des lignes courbes algébriques*, Les frères Cramer et C. Philibert, Genève, 1750. [partiellement dans : H. Midonick, *The Treasury of Mathematics : 2*, A Pelican Book, Penguin Books, Harmondsworth, 1968, 311-319. [17]

12. G.B. Dantzig, *Maximization of a linear function of variables subject to linear inequalities*, Activity Analysis of Production and Allocation (Tj. C ; Koopmans, ed.), Wiley, New York, 1951, 339-347. [69]

13. G.B. Dantzig, *Note on solving linear programs in integers*, Naval Research Logistic Quarterly **6** (1959) 75-76.

14. G.B. Dantzig, D.R. Fulkerson, and S.M. Johnson, *On a linear-programming combinatorial approach to the traveling-salesman problem*, Operations Research **7** (1959) 58-66. [117, 126]

214   Bibliographie

15. G. Lejeune Dirichlet, *Verallgemeinerung eines Satzes aus der Lehre von den Kettenbrüchen nebst einigen Anwendungen auf die Theorie der Zahlen*, Bericht über die zur Bekanntmachung geeigneten Verhandlungen der Königlich Preussischen Akademie der Wissenschaften zu Berlin (1842) 93-95 (reprinted in : L. Kronecker (ed.), *G. Lejeune Dirichlet's Werke* Vol. I, G. Reimer, Berlin, 1889 (reprinted : Chelsea, New York, 1969), 635-638). [177]

16. Jack Edmonds, *Paths, trees, and flowers*, Canadian Journal of Mathematics **17** (1965) 449-467. [27]

17. J.R. Edmonds, *Maximum matching and a polyedron with 0,1-vertices*, Journal of Research of the National Bureau of Standards (B) **69** (1965) 125-130. [117]

18. J.R. Edmonds, *Optimum branchings*, Journal of Research of the National Bureau of Standards (B) **71** (1967) 233-240. [211]

19. Jack Edmonds, *System of distinct representatives and linear algebra*, Journal of Research of the National Bureau of Standards (B) **71** (1967) 241-245. [65]

20. J.R. Edmonds, *Matroids and the greedy algorithm*, Matematical Programming **1** (1971) 127-136. [117 211]

21. J.R. Edmonds and R.M. Karp, *Theoritical improvements in algorithmic efficiency for network flow problems*, Journal of the Association for Computing Machinery **19** (1972) 248-264. [133]

22. Jack Edmonds, communication orale, 1974. [117]

23. J.R. Edmonds, *Matroids intersection*, Annals of discrete Mathematics 4 (1979) 39-49. [117 211]

24. Jack Edmonds, communication orale, 1993. [106]

25. Jack Edmonds, *Exact Pivoting*, For ECCO VII, February 21, 1994. [68 92]

26. Jack Edmonds et Jean François Maurras, *Note sur les Q-matrices d'Edmonds*, RAIRO, Operations Research **31** (1997) 203-209. [68 92]

27. J. Farkas, *A Fourier-féle mechanikai elv alkalmazásai*, Mathematikai és Természettudományi Értesitö **12** (1893) 457-472. [73 104]

28. J. Farkas, *Theorie der einfachen Ungleichungen*, Journal für die reine und angewandte Mathematik **124** (1902) 1-27. [106]

29. J.B.J. Fourier, *Solution d'une question particulière du calcul des inégalités*, Nouveau Bulletin des Sciences par la Société Philomathique de Paris (1826) 99-100. [69]

30. J.B.J. Fourier, dans :*Analyse des travaux de l'Académie Royale des Sciences pendant l'année 1823, Partie mathématique, Histoire de l'Académie Royale des Sciences de l'Institut de France 6 [1823] (1826)*, [partiellement repris dans : Premier extrait : Oeuvres de Fourier, tome II (G. Darboux éditeur), Gauthier-Villars, Paris, 1890].

31. J.B.J. Fourier, dans :*Analyse des travaux de l'Académie Royale des Sciences pendant l'année 1824, Partie mathématique, Histoire de l'Académie Royale des Sciences de l'Institut de France 7 [1824] (1827)*, [repris dans : Second extrait : Oeuvres de Fourier, tome II (G. Darboux éditeur), Gauthier-Villars, Paris, 1890]. [103]

32. M.R. Garey and D.S. Johnson, *Computers and intractability, a guide to the theory of $\mathcal{NP}$-Completeness* Freeman, San Francisco, 1979. [24]

33. R.E. Gomory, *Solving linear programming problems in integers*, in : Combinatorial Analysis (R.Bellman and M. Hall, Jr, eds.), Proceedings of Symposia in Applied Mathematics X, American Mathematical Society, Providence, R.I., (1960), 211-215.

34. M. Grötschel, *Polyedrische Charakterisierungen kombinatorischer Optimierungsprobleme*, Verlag Anton Hain, Meisenheim am Glan, 1977. [117 126]

35. M. Grötschel, L. Lovász, A. Schrijver, *Geometric methods in combinatorial optimization*, in : Progress in Combinatorial Optimization (Jubilee Conference, University of Waterloo, Waterloo, Ontario, 1982 ; W. R. Pulleyblank, ed.), Academic Press, Toronto, 1984, 167-183. [151]

36. M. Grötschel, L. Lovász, A. Schrijver, *The ellipsoid method and its consequences in combinatorial optimization*, Combinatorica 1 (1981), 169-197.

37. M. Grötschel, L. Lovász, A. Schrijver, *Corrigendum to our paper "The ellipsoid method and its consequences in combinatorial optimization"*, Combinatorica 4 (1984), 291-295.

38. M. Grötschel, L. Lovász, A. Schrijver, *Geometric Algorithms and Combinatorial Optimization*, Springer-Verlag, Second Corrected Edition, 1988, 1993. [199 200 212]

39. M. Grötschel, and M.W. Padberg, *On the symmetric travelling salesman problem*, Report No 7536-OR, Institute für Ökonometrie und Operations Research, Universität Bonn, Bonn 1975. [126]

40. M. Grötschel and M.W. Padberg, *On the symmetric travelling salesman problem I : Inequalities*, Mathematical Programming 16, 265-280, 1979. [129]

41. M. Grötschel and M. W. Padberg, *On the symmetric travelling salesman problem II : Lifting theorems and facets*, Mathematical Programming 16, 281-302, 1979. [129]

42. B. Grünbaum, *Convex Polytopes*, Interscience-Wiley, John Wiley and sons, London, New York, Sidney, 1967.

43. M. Held, and R.M. Karp, *The traveling-salesman problem and minimum spanning trees*, Operations Research 18 (1970) 1138-1162. [126]

44. M. Held, and R.M. Karp, *The traveling-salesman problem and minimum spanning trees : part II*, Mathematical Programming 1 (1971) 6-25. [126]

45. A.W. Ingleton, *Representation of matroids* In Combinatorial mathematics and its applications (ed. D.J.A. Welsh), pp 149-167, Academic Press, London (1971). [120]

46. F. John, *Extremum problems with inequalities as subsidiary conditions*, Studies and Essays, presented to R. Courant on his 60th birthday January 8, 1948, Interscience, New York, 1948, 187-204 [reprinted in : Fritz John, Collected papers Volume 2 (J. Moser, ed) Birkhäuser, Boston, 1985, 543-560.

47. N. Karmarkar, *A new polynomial-time algorithm for linear programming*, Combinatorica 4 (1984) 373-395.

48. R.M. Karp, *Reducibility among combinatorial problems*, in : R.E. Miller and J.W. Thatcher eds., *Complexity of Computer Computations*, Plenum Press, New York, 1972, 85-103. [47 126]

216   Bibliographie

49. R.M. Karp and C.H. Papadimitriou, *On linear characterization of combinatorial optimization problems*, in 21th Annual Symposium on Foundations of Computer Science, Syracuse, New York, 1980,1-9 (final publication : SIAM Journal on Computing **11** (1982) 620-632). [163]

50. L.G. Khachiyan, *A polynomial algorithm in linear programming*, Soviet Mathematics Doklady **20** (1979) 191-194. [131]

51. V. Klee and G. Minty *How good is the simplex algorithm ?*, in : Inequalities,III (O. Shisha, ed.), Academic Press, New York, 1972, 159-175. [69 75]

52. D.E. Knuth *The Art of Computer Programming, Vol. 2 / Seminumerical Algorithms, Second Edition*, Addison-Wesley, Reading, Massachussets, 1980, 443. [25]

53. H.W. Kuhn *Solvability and consistency for linear equations and inequalities*, The American Mathematical Monthly **63** (1956) 217-232. [103]

54. E.L. Lawler et al. (eds), *The Traveling Salesman Problem*, John Wiley and Sons, 1985. [126]

55. A.K. Lenstra, H.W. Lenstra and L. Lovász, *Factoring polynomials with rational coefficients*, Mathematische Annalen **261** (1982) 515-534. [173]

56. L. Lovász, *An Algorithmic Theory of Numbers, Graphs and Convexity*, CBMS-NSF Regional Conference Series in Applied Mathematics **50**, SIAM Philadelphia 1986. [199]

57. L. Lovász and A. Schrijver, *Cone of matrices and set-functions and $0-1$ optimization*, SIAM J. Optimization **1** (1991) 166-190.

58. J.F. Maurras, *Some results on the convex hull of the hamiltonian cycles of symmetric complete graphs*, in B. Roy ed., Combinatorial Programming, Methods and Applications, D. Reidel, Dordrecht, (1975). [117 126]

59. J. Machado and J.F. Maurras *The short-term management of hydroelectric reserves*, Mathematical Programming study, 9 : Mathematical Programming in use, 1978. [VII]

60. J.F. Maurras, *Bons algorithmes, vieilles idées*, Note E.D.F. HR 32.0320, 1978. [131 132]

61. J.F. Maurras, *Good algorithms, old ideas*, manuscript, Text of a talk made in Szeged at the conference on Combinatorics, August 1978. [131 132]

62. J.F. Maurras, K. Truemper and M. Akgül, *Polynomial algorithms for a class of linear programs*, Mathematical programming **21** (1981) 121-136. [131 132 133]

63. J.F. Maurras, *Convex hull of the edges of a graph and near bipartite graphs*, Discrete Mathematics **46** (1983) 257-265.

64. J.F. Maurras, *Complexité Algébrique*, Cahiers de Mathématiques de la décision, CEREMADE 1982, et in proceedings du colloque d'algèbre, Rennes 1, 1985. [115]

65. J.F. Maurras, *The line-polytope of a finite affine plane*, Discrete Mathematics **115** (1993) 283-286.

66. J.F. Maurras, *Supporting hyperplanes and the strong solution problem*, Document interne du LIM, Marseille 1995.

67. J.F. Maurras, *From membership to separation, a simple construction*, à paraître dans Combinatorica, 2002. [199]

68. T.S Motzkin, *Beiträge zur Theorie der linearen Ungleichungen*, Azriel, Jerusalem, 1936 [Traduction anglaise *Contributions to the theory of linear inequalities*, RAND Corporation Translation 22, Santa Monica, Cal., 1952. [103]

69. T.S Motzkin, and I.J. Schoenberg, *The relaxation method for linear inequalities*, Canadian Journal of Mathematics 6 (1954) 393-404. [131]

70. J. von Neumann, *Collected Works*, N.Y. : Macmillan, 1963. [28]

71. J.G. Oxley, *Matroid theory*, Oxford University Press, 1992. [120]

72. V.R. Pratt, *Every prime has a succint certificate*, SIAM Journal on Computing 4 (1975) 214-220. [36]

73. A. Schrijver, *On Cutting planes*, [in : Combinatorics 79 Part II (M. Deza and I.G. Rosenberg, eds.),] Annals of Discrete Mathematics 9 (1980) 291-296.

74. A. Schrijver, *Theory of Linear and Integer Programming*, John Wiley and Sons, Chichester, New York, Brisbane, Toronto, Singapore, 1986. [212]

75. S. Smale, *On the average number of steps in the simplex method of linear programming*, Mathematical Programming 27 (1983) 241-262. [69]

76. A.M. Turing, *On computable numbers, with an application to the Entscheidungsproblem*, Proceedings of the London Mathematical Society (2) 42 1936 230-265.

77. S.I. Veselov, and V.N. Shevchenko, *Exponential qrowth of coefficients of aggregating equations (in Russian)*, Kibernetika (Kiev) (4) (1978) 78-79 [English Translation : Cybernetics 14 (1978) 563-565].

78. P. Vámos, *On the representation of independance structures*, Unpublished manuscript, 1968. [120]

79. B.L. Van Der Waerden, *Algebra*, Seventh Edition, Ungar, New York, 1970. [13]

80. H. Weyl, *Elementare Theorie der konvexen Polyeder*, Commentarii Mathematici Helvetici 7 (1935) 290-306. [106]

81. H. Whitney, *On the abstract properties of linear dependance*, American Journal of Mathematics 57 (1935) 509-533. [120]

82. V.A. Yemelitchev, M.M. Kovalev, and M.K. Krastov, *Mnogogranniki grafy otimizatsiya*, Izdat. Nauka, Moscow, 1981 [English translation : *Polytopes, Graphs and Optimisation*, Cambridge University Press, Cambridge, 1984].

83. D.B. Yudin and A.S. Nemirovskiĭ, *Informational complexity and efficient methods for the solution of convex extremal problems (en Russe)*, Ékonomika i Matematicheskie Metody 12 (1976) 357-369 (Traduction anglaise : Matekon 13 (3) (1977) 25-45). [200]

Index

Déjà parus dans la même collection

Printing: Mercedes-Druck, Berlin
Binding: Stein+Lehmann, Berlin